高职高专土建类立体化系列教材

建筑施工技术专业综合实务

主　编　万巨波　彭子茂　许　磊

副主编　罗维刚　谭　智　张　倪　朱俊杰

　　　　王斌斌

参　编　盛　珏　张妮丽　刘晓晖　崔鹏飞

　　　　张　敏　张　坚　颜迎胜

主　审　万小华

机械工业出版社

本书是为适应高等职业教育院校建筑工程技术等专业建筑施工技术课程实训的教学需要而编写的。全书包括土方工程、地基处理与桩基础工程、钢筋工程、模板工程、混凝土工程、砌体工程、脚手架工程、装饰装修工程、防水工程九个项目，项目内容包括实训目的、实训内容、知识拓展、施工方案实例、实训环节及实训自评几个环节。本书采用二维码集成了38个施工动画视频，以便读者理解相关实务。

本书可作为高等职业教育院校建筑工程技术、建设工程管理、工程造价、智能建造技术等专业的理论和实训一体化教学用书，也可作为全国技能大赛砌筑项目和混凝土项目及装饰装修、防水等项目参赛学生学习的参考书，还可作为工程建设管理和施工人员的参考书。

图书在版编目（CIP）数据

建筑施工技术专业综合实务／万巨波，彭子茂，许磊主编. -- 北京：机械工业出版社，2025. 6. --（高职高专土建类立体化系列教材）. -- ISBN 978-7-111-78234-6

Ⅰ. TU74

中国国家版本馆 CIP 数据核字第 2025QL4156 号

机械工业出版社（北京市百万庄大街 22 号　邮政编码 100037）

策划编辑：马军平		责任编辑：马军平　张大勇
责任校对：张勤思　张慧敏　景 飞		封面设计：张 静
责任印制：单爱军		

保定市中画美凯印刷有限公司印刷

2025 年 7 月第 1 版第 1 次印刷

184mm×260mm · 16.25 印张 · 398 千字

标准书号：ISBN 978-7-111-78234-6

定价：59.00 元

电话服务　　　　　　　　　网络服务

客服电话：010-88361066　　机　工　官　网：www.cmpbook.com

　　　　　010-88379833　　机　工　官　博：weibo.com/cmp1952

　　　　　010-68326294　　金　书　网：www.golden-book.com

封底无防伪标均为盗版　机工教育服务网：www.cmpedu.com

前言

根据中共中央办公厅、国务院办公厅《关于加强新时代高技能人才队伍建设的意见》，大力弘扬劳模精神、劳动精神、工匠精神，全面实施"技能中国行动"。到"十四五"时期末，高技能人才制度政策更加健全、培养体系更加完善、岗位使用更加合理、评价机制更加科学、激励保障更加有力，尊重技能尊重劳动的社会氛围更加浓厚，技能人才规模不断壮大、素质稳步提升、结构持续优化、收入稳定增加，技能人才占就业人员的比例达到30%以上，高技能人才占技能人才的比例达到三分之一，东部省份高技能人才占技能人才的比例达到35%。力争到2035年，技能人才规模持续壮大、素质大幅提高，高技能人才数量、结构与基本实现社会主义现代化的要求相适应。

根据国家相关部门文件要求，实践性教学课时不少于总课时的50%，实践课程在课程教学中越来越被重视，鼓励校企合作开发建设配套实训教材资源。建筑施工技术实训是建筑工程类相关专业的一门核心实训课程，其主要目的是培养学生在施工技术方面的基本知识和操作技能，巩固学生对分部分项工程的施工工艺、技术要求、质量验收标准、质量通病防治及安全技术措施等方面的认识和理解，便于学生在将来的技术工作中能够及时发现和解决工程施工中的实际问题，使学生获得进入工作岗位的初步工作能力，为将来的工作打好基础，做好铺垫。

本书在编写过程中以高等职业教育院校建筑工程类专业建筑施工技术实训课程标准为依据，注重结合建筑工程类专业实训环境，并参考了土建行业职业资格要求及职业技能竞赛项目内容，对建筑施工技术实训项目进行了合理设置，力求使实训项目具备实践性和可操作性，是一本校企双元合作、岗课赛证融通教材。

本书在编写项目内容时，明确了实训目的和实训内容，设置了导读、知识拓展、施工方案实例、实训环节、实训自评五大环节。

1. 导读。课程导读结合典型工程或者分部分项工程特点，挖掘思政亮点，融入课程教学之中，培养学生的工匠精神、敬业爱业精神、爱国精神、质量意识、安全意识等素质。

2. 知识拓展。对项目实训内容进行分解，设置了一些基础性问题，便于学生巩固所学的理论知识，更好地指导实践。知识拓展内容本着够用必要的原则，结合新规范、新设备、新技术编写，能满足实训教学和施工员等职业技能证书考核的知识需求。

3. 施工方案实例。在知识拓展章节内容之后，施工方案实例精选自国内典型工程，通过实例介绍知识要点和施工方案的编制，学习后能够掌握施工方案的组成和编写要点。

4. 实训环节。利用学校实训条件，合理设置实训项目，引导学生将所学的专业知识和专业技能运用到具体的操作中，各院校可以根据自身实训条件选择实训项目。实训项目是结合专业教学标准中实训要求和国家（世界）技能大赛及住建部相关技能竞赛项目设置的。

5. 实训自评。通过学生填写实训自评表，便于学生查漏补缺，以便于教师了解学生实训任务的完成程度，及时进行教学效果分析，提高教学质量。

为提高学生的学习积极性，增强知识目标的针对性，本书编写时设置了较多的必要知识点，教师可在课前布置任务，要求学生在进行实训任务前查找规范和相关资料完成本书特意设置成空白处的知识点，以提高学生的自学能力和信息处理能力。

本书由湖南三一工业职业技术学院万巨波、湖南交通职业技术学院彭子茂、长沙建筑工程学校许磊担任主编，兰州理工大学罗维刚、湖北海天时代科技股份有限公司谭智、西安三好软件技术股份有限公司张倪、武汉晴川学院朱俊杰、湖南三一工业职业技术学院王斌斌担任副主编，三一筑工科技股份有限公司盛珏、湖南三一工业职业技术学院张妮丽、湖南安全职业技术学院刘晓晖、长沙职业技术学院崔鹏飞、海南职业技术学院张敏、九江科技职业技术大学张坚、三一筑工科技股份有限公司颜迎胜参与编写，全书由湖南工程职业技术学院万小华担任主审。教材编写分工如下：全书由万巨波负责总体策划和统稿，项目1由万巨波、彭子茂编写，项目2由张敏、张坚、张妮丽编写，项目3由万巨波、王斌斌编写，项目4由朱俊杰、崔鹏飞编写，项目5和项目9由罗维刚编写，项目6由谭智、许磊编写，项目7由刘晓晖、盛珏编写，项目8由许磊、颜迎胜编写，西安三好软件技术股份有限公司张倪制作了二维码集成的相关动画视频和课件，还为教材编写提供了技术支持。

本书在编写过程中参考了部分规范和同行资料，得到了湖南三一工业职业技术学院各位领导和老师的大力帮助，在此表示衷心感谢。

由于编者水平有限，书中难免存在不足之处，敬请读者批评指正，以便重印或再版时改进。联系邮箱：108588111@ qq.com。

编　者
2025 年 3 月

目 录

项目 1

土方工程

【导读】

2020 年一场突如其来的新型冠状肺炎病毒疫情让世界感受到了中国力量和中国速度，火神山医院历经 10 天时间建设完工（见图 1-1）。火神山医院开工第一天近 300 台机械投入场地平整、基坑开挖回填，除夕当天挖土达 15 万 m³，如此大规模的土方开挖保障了抗击疫情的胜利，也为基坑开挖提供了很好的学习素材。火神山医院基础施工因无地下室，开挖深度小，无须支护开挖，故节省了部分工期；后续土方开挖、回填处理，设计、施工人员根据场地实际情况，预留回填土方，及时外运多余挖方，流水施工，合理调配土方，又节省了部分工期。另外，施工现场的进出车辆及时清洗，弃土车辆密闭或全覆盖，最大限度地避免扬尘，保护环境。

图 1-1 火神山医院施工

1.1 实训目的

1）熟悉土的工程性质，掌握土方工程量的计算方法。
2）了解土方工程施工机械的特点。
3）掌握土方边坡施工坡度的影响因素及支护方法。
4）了解边坡开挖及支护方案。
5）掌握土方工程施工验收的质量标准及检查方法。

1.2 实训内容

1）学习《建筑施工土石方工程安全技术规范》（JGJ 180—2009）、《建筑地基基础工程施工质量验收标准》（GB 50202—2018）、《土方与爆破工程施工及验收规范》（GB 50201—2012），以及《危险性较大的分部分项工程安全管理规定》（住房和城乡建设部第 37 号令）、《住房城乡建设部办公厅关于实施〈危险性较大的分部分项工程安全管理规定〉有关问题的通知》（建办质〔2018〕31 号文）等有关土方工程的质量安全施工技术要求和工艺的基本知识。

2）了解土及各种岩石矿物的成因及性质。

3）学习常规基坑、沟槽、场地平整等工程的土方计算方法。

4）了解各种建筑施工机械，了解其工作原理及使用方式。

5）学习边坡形式及支护方法。

1.3　知识拓展

龙门桩板

1.3.1　土方工程开挖准备工作

1. 土的工程性质

土是散碎颗粒的集合体，颗粒间必然存在着孔隙，而孔隙中也必然包含着水或空气。因此，土是由土颗粒（固相）、水（液相）和空气（气相）组成的三相体，如图 1-2 所示。

土是岩石风化后的产物，是岩石经过外力地质作用而形成的碎散颗粒的集合体。

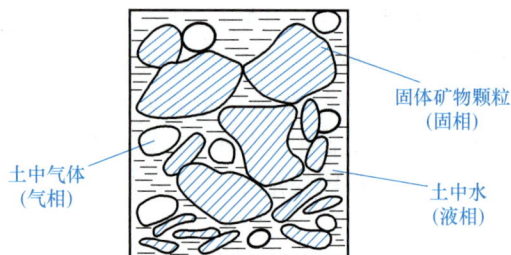

图 1-2　土的三相组成

在施工过程中，不同土的坚硬程度不同，根据土的坚硬程度和开挖方法，将土分为 _____ 类，分别为 _____、_____、_____、_____、_____、_____、_____、_____。

土的物理性质包括土的内摩擦角、抗剪强度、黏聚力、天然含水量、天然密度、干密度、孔隙率、孔隙比、密实度和可松性等。

2. 土方施工机械

（1）推土机　推土机具有操纵灵活、运转方便、所需工作面小、行驶速度快的特点，能爬 30°左右的坡，多用于场地清理和平整，开挖深度 1.5m 以内的基坑，填平沟坑，配合铲运机、挖土机工作，如图 1-3 所示。推土机适用于 _____

_____。

（2）铲运机　铲运机具有操纵简单、运转方便、行驶速度快、生产效率高的特点，是能独立完成铲土、运土、卸土、填筑、压实等全部土方施工工序的施工机械，常用于大面积场地平整、大基坑、填筑路基，如图 1-4 所示。铲运机适用于 _____

_____

_____。

图1-3 推土机

图1-4 铲运机

（3）单斗挖土机 单斗挖土机主要用于挖掘基坑、沟槽，清理和平整场地，更换工作装置后还可进行凿除、松土、装卸、起重、打桩等其他作业，能一机多用，工效高、经济效果好，是工程建设中的常用机械。

挖土机按行走方式分为_____和_____，按工作装置分为_____、_____、_____、_____，斗容量为0.1～2.5m³。常用的挖土机有正铲挖土机和反铲挖土机。

1）正铲挖土机。正铲挖土机适用于开挖含水量较小的_____类土和经爆破的岩石及冻土。其主要用于开挖停机面_____（以上/以下）的土方，如图1-5所示，且需与汽车配合完成土方的挖运工作，其工作特点是："_____、_____"。采用正铲挖土机开挖大型基坑，应考虑工作面的大小、形状和开行通道的设置，其开挖方式有：正向挖土、侧向卸土；正向挖土、后方卸土两种。

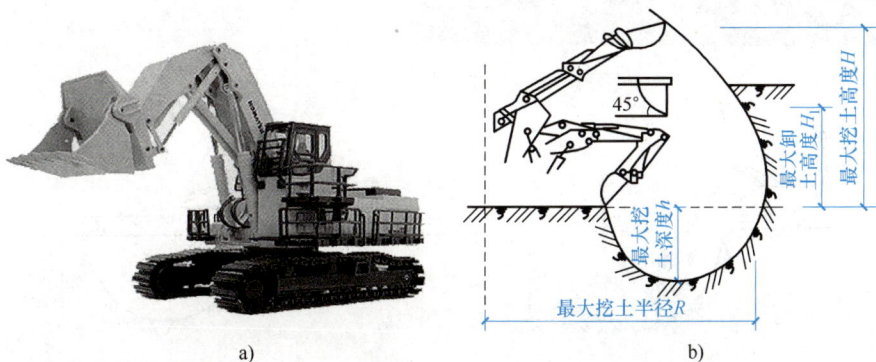

a)   b)

图1-5 正铲挖土机

请在下画线上写出图1-6中的开挖方式。

2）反铲挖土机。反铲挖土机适用于开挖_____类的砂土或黏土，主要用于开挖停机面_____（以上/以下）的土方，如图1-7所示。一般反铲挖土机的最大挖土深度为4～6m，经济、合理的挖土深度为3～5m。反铲挖土机也需要配备运土汽车进行运输，其工作特点是："_____、_____"。开挖方式有沟端开挖法和沟侧开挖法两种。

请在下画线上写出图1-8中的开挖方式。

3）拉铲挖土机。拉铲挖土机的挖土特点是："后退向下，自重切土"。其挖土半径和挖

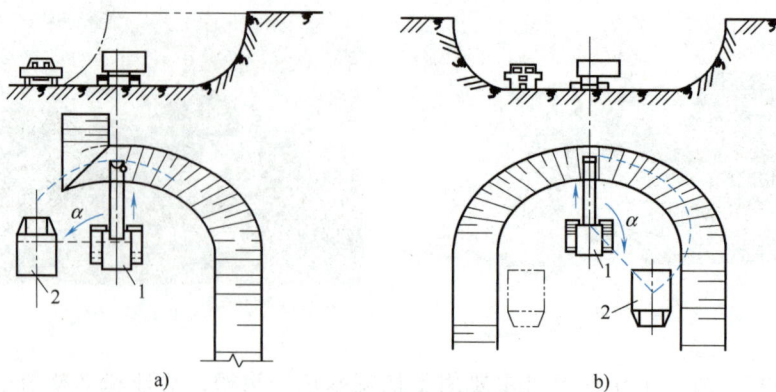

a) b)

图 1-6 正铲挖土机开挖方式

1—正铲挖土机 2—自卸汽车

a) _____ b) _____

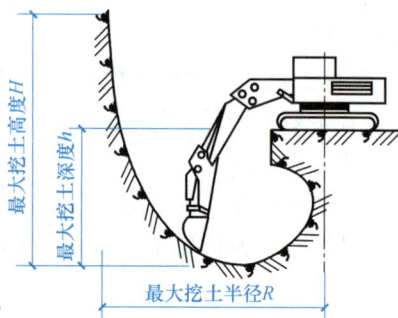

a) b)

图 1-7 反铲挖土机

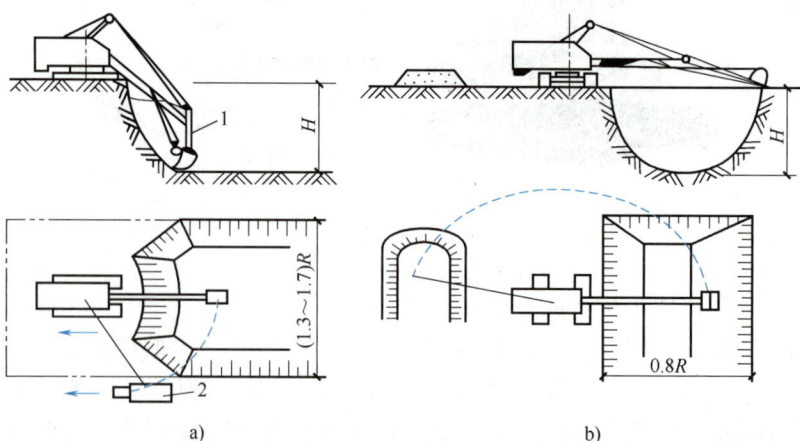

a) b)

图 1-8 反铲挖土机开挖方式

1—反铲挖土机 2—自卸汽车

a) _____ b) _____

土深度较大，能开挖停机面_____（以上/以下）的_____类土，如图1-9所示。拉铲挖土机工作时，利用惯性将铲斗甩出去，挖得比较远，但不如反铲挖土机灵活、准确，适用于开挖大而深的基坑或水下挖土。

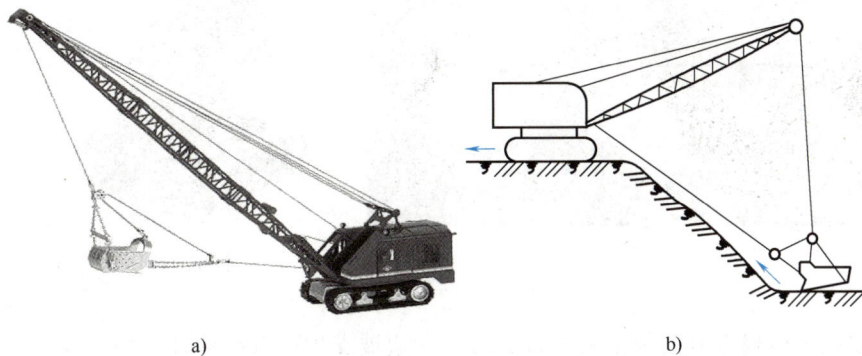

a)   b)

图1-9　拉铲挖土机

4）抓铲挖土机。抓铲挖土机的挖土特点是："直上直下，自重切土"，适用于开挖停机面_____（以上/以下）的_____类土，如图1-10所示，特别适合水下挖土及深而窄的基槽，但操作不够灵活。

在工程施工中应合理选择土方施工机械，保证安全、高效且按期完成工作。

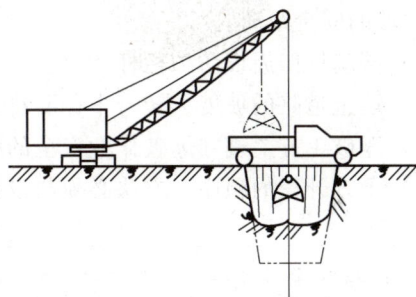

a)   b)

图1-10　抓铲挖土机

（4）智能远程遥控挖掘机机器人　操作人员通过大屏幕能清晰地观看到铲斗的第一视角和远、近第三视角。通过移动5G网络，工作人员在上海启动了远在千里之外，河南洛阳栾川钼矿的全球第一台"三一"5G遥控挖掘机，如图1-11所示。将机器人技术应用到挖掘机上，实现挖掘机的机器人化和无人化作业，这样既减轻了操作人员的劳动强度，又提高了系统的安全性和节能性。

3. 土方开挖原则

在施工前，需根据工程规模和特性，地形、地质、水文、气象等自然条件，工程进度要求，施工条件及可能采用的施工方法等，研究选定开挖方式。为了保证施工安全，应遵守以下原则：

1）在施工组织设计中，要有专项土方工程施工方案，对施工准备、开挖方法、放坡、

a)　　　　　　　　　　　　　　　　b)

图 1-11　挖掘机机器人作业

排水、边坡支护应根据有关规范要求进行设计，边坡支护要有设计计算书。

2）人工挖基坑时，操作人员之间要保持安全距离，一般大于 2.5m；多台机械开挖，挖土机之间的距离应大于 10m，挖土要自上而下，逐层进行，严禁先挖坡脚的危险作业。

3）挖土方前对周围环境要认真检查，不能在危险岩石或建筑物下面进行作业。

4）基坑开挖应严格按要求放坡，操作时应随时注意坡的稳定情况，发现问题及时加固处理。

5）机械挖土，多台阶同时开挖土方时，应验算边坡的稳定。根据规定和验算确定挖土机高边坡的安全距离。

6）深基坑四周设防护栏杆，人员上下要有专用爬梯。

7）运土道路的坡度、转弯半径要符合有关安全规定。

8）爆破土方要遵守爆破作业安全的有关规定。

9）土方开挖的顺序、方法必须与设计要求相一致，并遵循＿＿＿＿＿＿＿＿＿＿＿

＿＿＿＿＿＿＿＿＿＿＿＿＿＿＿＿＿＿＿＿＿＿＿＿＿＿的原则。

4. 土方开挖的方法

基坑土方开挖的常用方法包括下坡分层开挖、盆式开挖和岛式开挖。

1）下坡分层开挖，如图 1-12 所示，常用于无坑内支撑的工程。分层厚度取决于边坡稳定、土钉和锚杆层距及机械挖深能力，并在适当位置留出坡道将土运出。每层土按机械开挖半径、挖运方便及周边环境分条分块进行开挖。

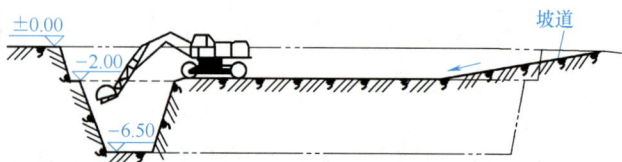

a)　　　　　　　　　　　　　　　　b)

图 1-12　下坡分层开挖

2）盆式开挖，如图 1-13 所示，适用于基坑中部支撑较为密集的大面积工程。先开挖基坑中部土方形成盆状，再开挖周边土方。这种开挖方法使基坑支护挡墙受力较晚，可在支撑系统养护阶段进行开挖。

3）岛式开挖，如图 1-14 所示，适用于坑内支撑系统沿基坑周边布置、中部留有较大空间的工程。先挖基坑周边土方，在较短时间内完成支撑系统，在支撑系统养护阶段再开挖基坑中部岛状土体。该法对基坑变形控制较为有利。

a) 反铲配合抓斗盆式开挖

a)

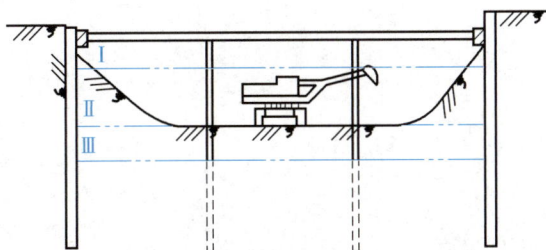

b) 分层开挖

图 1-13　盆式开挖

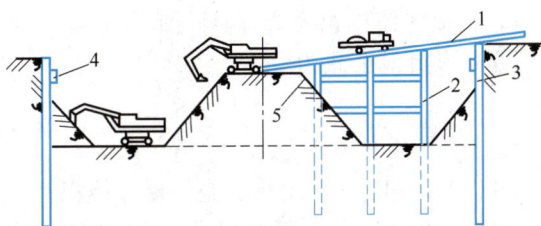

b)

图 1-14　岛式开挖

1—栈桥　2—支架或利用工程桩　3—围护墙
4—腰梁　5—土墩

5. 基坑工程土方开挖边坡留置

基坑开挖可根据勘察报告，依据土层的类别与性质合理选择边坡开挖留置形式，边坡可做成直线形、折线形或阶梯形，如图 1-15 所示。

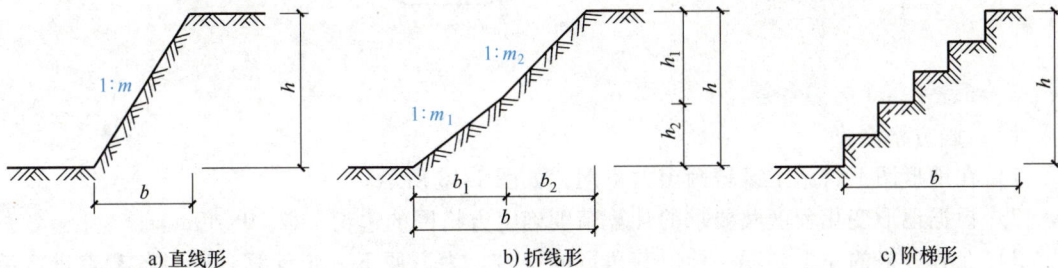

a) 直线形　　　　b) 折线形　　　　c) 阶梯形

图 1-15　边坡开挖留置形式

在工程中为了反映边坡坡度的大小，引入了坡度及坡度系数两个参数：坡度 = ＿＿＿＿＿＿＿；坡度系数 = ＿＿＿＿＿＿＿。

影响边坡坡度的因素：＿＿＿＿＿＿＿＿＿＿＿＿＿＿＿＿＿＿＿＿＿＿＿＿＿＿

＿＿＿＿＿＿＿＿＿＿＿＿＿＿＿＿＿＿＿＿＿＿＿＿＿＿＿＿＿＿＿＿＿＿＿＿＿＿＿。

施工过程中应综合考虑以上因素，选择合适的边坡坡度或支护形式。当边坡坡度较大、条件复杂时，可采用土力学的方法进行稳定性分析。

基坑开挖完成后，边坡应采取坡面保护（水泥砂浆抹面、浆砌片石护坡、塑料膜覆盖、钢筋网喷浆护面等措施），永久边坡应采取永久性加固措施。

浆砌石护坡施工

1.3.2　土方开挖工程量的计算

1. 沟、渠类工程量的计算

基槽、渠、路堤等的土方量计算，常用平均断面法，基槽断面如图 1-16 所示。

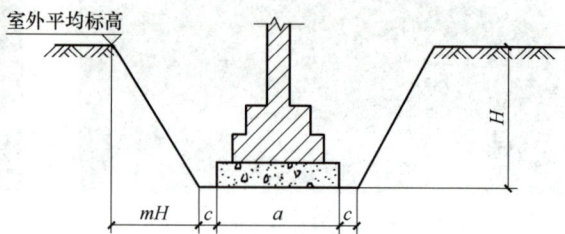

当自然地面比较平整，开挖基坑时，按拟柱体体积公式计算，如图 1-17 所示，其计算公式为

图 1-16　基槽断面

$$V_坑 = \frac{H}{6}(A_1 + 4A_0 + A_2)，\quad V_槽 = \frac{L_1}{6}(A_1 + 4A_0 + A_2)$$

式中　$V_坑$、$V_槽$——基坑、基槽土方体积；

A_1、A_2——基坑上、下底面面积，或基槽两端面积；

A_0——基坑（槽）中部横截面面积；

H——基坑深度；

L_1——基槽长度。

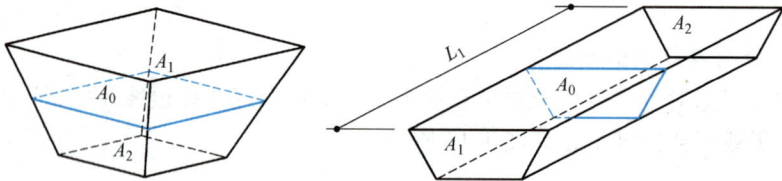

图 1-17　基坑体积

2. 场地平整土方量计算

（1）画方格网

1）在地形图上将施工区域画出方格网，如图 1-18 所示。

2）根据地形变化程度及要求的计算精度确定方格网的边长，取 10~40m。

3）在各方格的左上方逐一标出其角点的编号。为方便下一步计算，应对各节点进行编号，如图 1-19 所示。

（2）确定各角点的地面标高　根据两相邻等高线，用插入法求得，或现场测量。

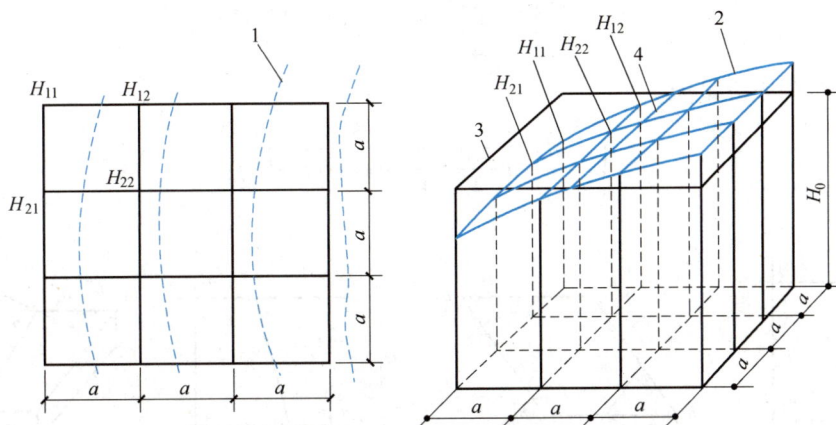

图1-18 方格网法计算原理

1—等高线 2—自然地面 3—设计标高平面 4—开挖零线

（3）确定各角点的设计标高 确定场地设计标高方法：由设计单位按竖向规划给定；挖填平衡原则由施工单位自行确定。

（4）计算零点并绘出零线 零点，即不挖、不填点。当相邻两角点的施工高度出现"+"与"−"时，如图1-20所示，零点的位置计算方法为

$$x_1=\frac{h_1}{h_1+h_2}a, \quad x_2=\frac{h_2}{h_1+h_2}a$$

式中 x_1、x_2——角点至零点的距离；

h_1、h_2——相邻两个角点的施工高度绝对值；

a——方格网的边长。

将各零点连接起来，即为不挖不填的零线。

（5）计算各土方量并汇总 场地各方格土方量的计算，一般有下述四种类型，可采用四角棱柱体的体积计算方法。

1）方格四个角点全部为填方（或挖方），如图1-21所示，其土方量为

$$V=\frac{a^2}{4}(h_1+h_2+h_3+h_4)$$

式中 h_1、h_2、h_3、h_4——方格四角点的施工高度，以绝对值代入。

2）方格的一个角点为挖方或填方时，如图1-22所示，其挖（填）方土方量为

$$V=\frac{1}{2}bc\frac{\sum h}{3}=\frac{bch_3}{6}$$

3）方格相邻的两个角点为挖方，另两角点为填方，如图1-23所示，其填方部分的土方量为

施工高度	设计标高
编号	地面标高

图1-19 节点编号

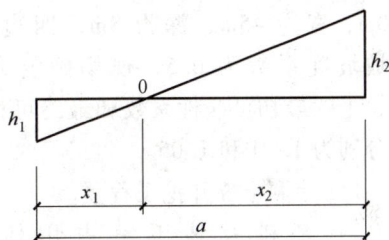

图1-20 零点的确定

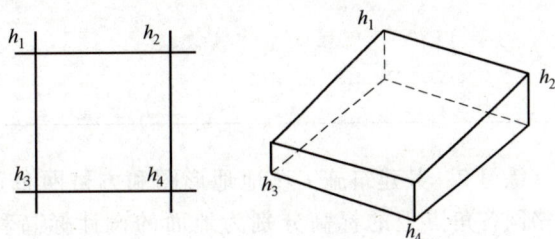

图1-21 全挖（全填）方格

9

$$V_+ = \frac{b+c}{2}a\frac{\sum h}{4} = \frac{a}{8}(b+c)(h_1+h_3)$$

挖方部分的土方量为

$$V_- = \frac{d+e}{2}a\frac{\sum h}{4} = \frac{a}{8}(d+e)(h_2+h_4)$$

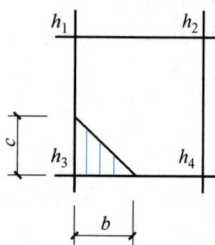

图 1-22　一点填方或挖方方格

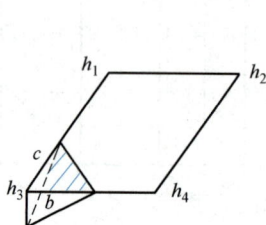

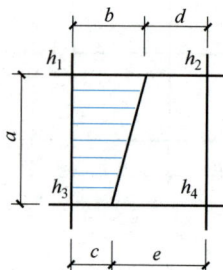

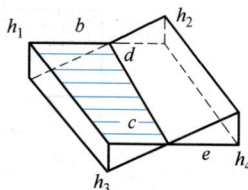

图 1-23　两挖两填方格

4）方格的三个角点为挖方或填方时，如图 1-24 所示，土方量为

$$V = \left(a^2 - \frac{bc}{2}\right)\frac{\sum h}{5} = \left(a^2 - \frac{bc}{2}\right)\frac{h_1+h_2+h_4}{5}$$

练习 1：某基坑底为长方形，长为 120m，宽为 45m，深为 8m，四边放坡，边坡坡度系数为 0.5，现场确定为二类土，土的最初可松性系数和最终可松性系数分别为 1.14 和 1.05。

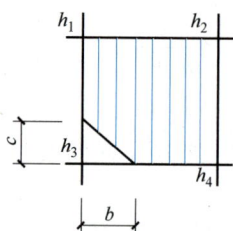

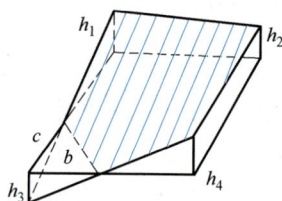

图 1-24　三挖一填（或三填一挖）方格

1）计算土方开挖工程量。

2）基础及地下室占用体积为 20000m³，则应预留多少回填土？

3）如果用斗容量为 3.5m³ 的汽车外运，需要运多少车？

练习 2：某建筑施工场地地形图和方格网布置如图 1-25 所示，方格网的边长 $a = 20$m，方格网各角点上的标高分别为地面的设计标高和自然标高，设计填方区边坡坡度系数为 1.0，挖方区边坡坡度系数为 0.5，计算挖、填土方量。

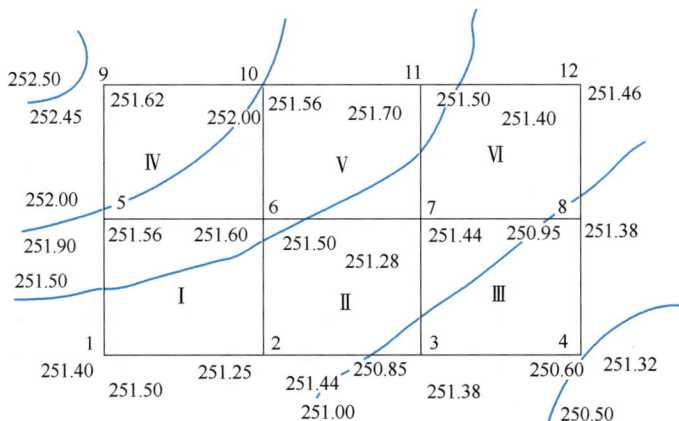

图 1-25　某场地土方平整方格网划分

1.3.3　基坑支护

当基坑开挖无放坡条件或放坡无法保证周围建筑及管线安全时，应采用支护措施，保证基坑的土壁稳定。

常采用的支护形式有：_____

_____

_____。

（1）横撑式支撑　开挖深而较窄的基槽、渠等多采用横撑式支撑。横撑式支撑根据挡土板的不同，分为断续式水平挡土板支撑、连续式水平挡土板支撑和连续式垂直挡土板支撑三种。

练习3：分别手绘断续式水平挡土板支撑、连续式水平挡土板支撑和连续式垂直挡土板支撑的工作原理简图。

（2）板桩支撑　板桩支撑可分为悬臂式板桩支撑（挡墙系统）和带支撑（拉锚系统）式板桩支撑。

1）悬臂式板桩支撑常用的有型钢、钢板桩、钢筋混凝土板桩、钢筋混凝土灌注桩、地下连续墙，少量也可采用木桩。

2）带支撑（拉锚系统）式板桩支撑是在悬臂式板桩支撑基础上增加支撑系统，支撑系统一般可采用大型钢管、H型钢或格构式钢支撑，也可采用钢筋混凝土支撑。

钢板桩支护

练习4：悬臂式板桩施工就是先将桩并排打入，然后将桩内侧的土挖出，依靠插入土层的悬臂桩承受另一侧土压力，保护基坑不塌方的一种支护结构。根据以上原理手绘悬臂式板桩支撑的工作原理简图。

（3）地下连续墙　地下连续墙是利用专门的成槽设备和机具，在泥浆护壁的条件下向地下钻挖一段狭长的深槽，在槽内吊入钢筋笼，然后灌注混凝土筑成一段钢筋混凝土墙段，再把每一墙段逐个连接起来形成一道连续的地下墙壁。

请问：地下连续墙施工的流程是什么？修筑导墙有何作用？导墙施工如图1-26所示。

_____

_____

_____

_____ 。

地下连续墙施工

a)　　　　　　　　　　　　　b)

图1-26　导墙施工

（4）土钉墙支护　由天然土体通过土钉就地加固并与喷射混凝土面板相结合，形成一个类似重力挡墙，并以此来抵抗墙后的土压力，从而保持开挖面的稳定，这种土挡墙称为土钉墙。土钉墙是通过钻孔、插筋、注浆来设置的，一般称砂浆锚杆，也可以直接打入角钢、粗钢筋形成土钉，如图1-27所示。

a) 钻孔　　　　b) 插筋、注浆　　　c) 铺设钢筋网　　　d) 喷射混凝土护面

图 1-27　土钉墙

请问：土钉墙外立面上挂钢筋网片喷射混凝土有何作用？

_____

_____

_____

_____。

（5）旋喷桩支护　喷射注浆法又称旋喷法注浆，简称旋喷桩，20世纪八九十年代在全国得到全面发展和应用，是一种化学加固边坡的方式，从受力上属于重力式挡墙支护。实践证明，此法对处理淤泥、淤泥质土、黏性土、粉土、砂土、人工填土和碎石土等有良好的效果。如图1-28所示，旋喷桩是利用钻机将旋喷注浆管及喷头钻置于桩底设计高程，将预先配制好的浆液通过高压发生装置使液流获得巨大能量后，从注浆管边的喷嘴中高速喷射出来，形成一股能量高度集中的液流，直接破坏土体，喷射过程中，钻杆边旋转边提升，使浆液与土体充分搅拌混合，在土中形成一定直径的柱状固结体，从而使地基得到加固。

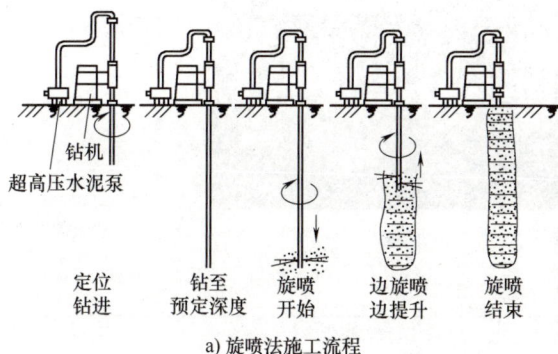

钻机
超高压水泥泵

定位　　　钻至　　　旋喷　　　边旋喷　　　旋喷
钻进　　　预定深度　　开始　　　边提升　　　结束

a) 旋喷法施工流程　　　　　　　　b) 高压旋喷桩施工

图 1-28　旋喷桩

1.3.4　人工降排地下水的施工技术

降水工程必须按《危险性较大的分部分项工程安全管理规定》（住房和城乡建设部第37号令）的规定执行。开挖深度超过_____ m（含_____ m），或虽未超过_____ m但地质条件和周边环境复杂的降水工程，属于危险性较大的分部分项工程范围。开挖深度超过

_____ m（含_____ m）的基坑（槽）的降水工程及开挖深度虽未超过_____ m，但地质条件、周围环境和地下管线复杂，或影响毗邻建（构）筑物安全的基坑（槽）的降水工程，属于超过一定规模的危险性较大的分部分项工程范围。

1. 地下水控制技术方案选择

1）地下水控制应根据工程地质情况、基坑周边环境、支护结构形式选用截水、降水、集水明排或其组合的技术方案。

2）在软土地区开挖深度浅时，可边开挖边用排水沟和集水井进行集水明排。当基坑开挖深度超过3m时，一般就要用井点降水；当因降水而危及基坑及周边环境安全时，宜采用截水或回灌方法。

3）当基坑底为隔水层且层底作用有承压水时，应进行坑底突涌验算。必要时可采取水平封底隔渗或钻孔减压措施，保证坑底土层稳定，避免突涌的发生。

2. 人工降低地下水位施工技术

人工降低地下水位常用的方法为各种井点排水技术。在基坑土方开挖之前，将真空（轻型）井点、管井井点或喷射井点深入含水层内，用不断抽水的方式使地下水位下降至坑底以下，同时，使土体产生固结，以方便土方开挖。

（1）真空（轻型）井点 真空（轻型）井点是在基坑的四周或一侧埋设井点管深入含水层内，井点管的上端通过连接弯管与集水总管连接，集水总管再与真空泵和离心水泵相连，起动抽水设备，地下水便在真空泵吸力的作用下，经滤水管进入井点管和集水总管。排出空气后，由离心水泵的排水管排出，使地下水位降到基坑底以下，如图1-29所示。

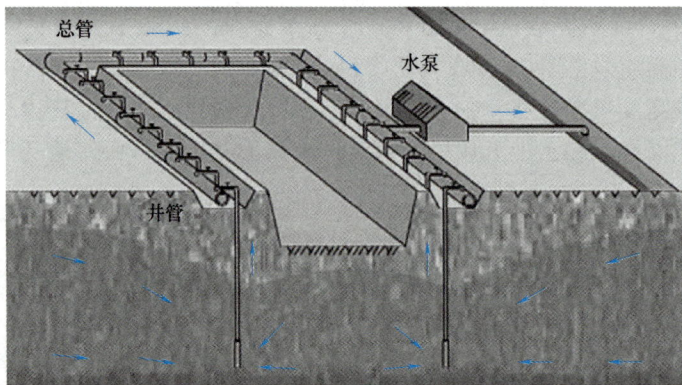

图1-29 真空（轻型）井点原理

本方法适用于_____
_____
_____。

轻型降水系统由管路系统（滤管、井点管、弯联管及总管）和抽水设备（真空泵、离心泵和水汽分离器）组成。

在施工方案中，轻型井点降水措施首先需要解决井点的平面布置与井点的竖向布置两个问题。

1）轻型井点平面布置有以下几种方案：

① 单排布置：如图1-30所示，适用于_____

井点管应布置在地下水的上游一侧，两端的延伸长度不宜小于坑槽的宽度 B。

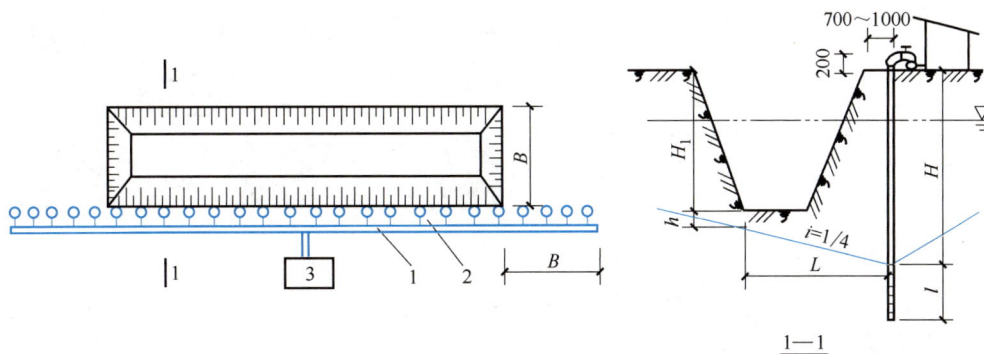

图 1-30　井点管单排布置

1—井点管　2—集水管　3—集水井

② 双排布置：如图 1-31 所示，适用于 _____

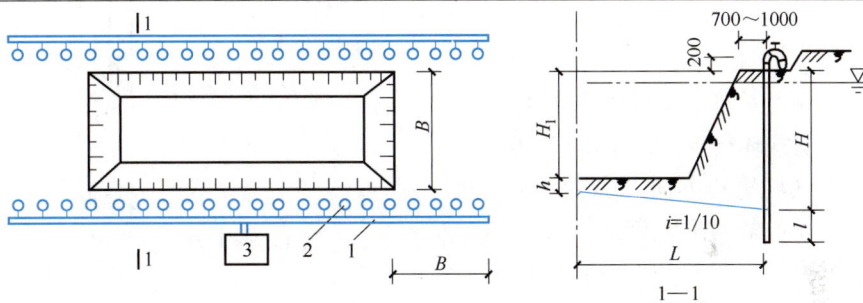

图 1-31　井点管双排布置

1—井点管　2—集水管　3—集水井

③ 环形或 U 形布置：如图 1-32 和图 1-33 所示；适用于 _____

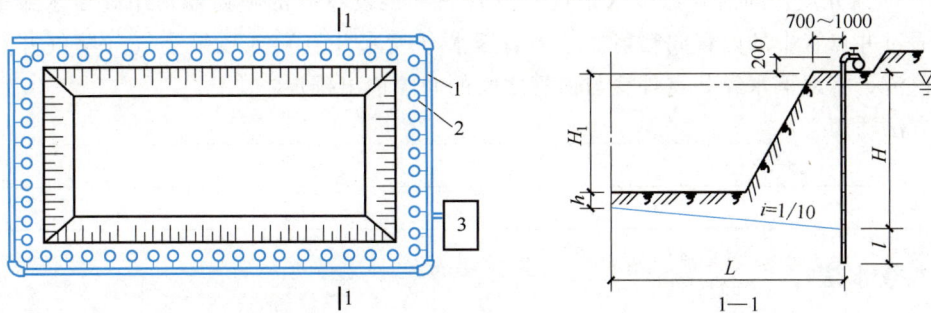

图 1-32　井点管环形布置

1—井点管　2—集水管　3—集水井

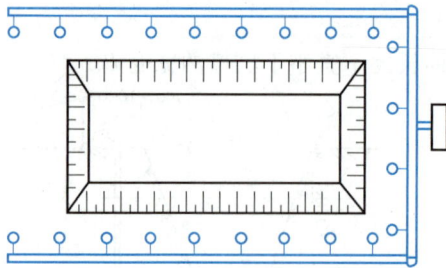

图 1-33　井点管 U 形布置

2）轻型井点高程布置，如图 1-34 所示。轻型井点降水深度一般≤6m。井点管埋置深度 H（不包括滤管），可按下式计算

$$H \geq H_1 + h + iL$$

式中　H_1——井点管埋设面至基坑底面的距离；

　　　h——降低后的地下水位至基坑中心底面的距离，一般取 0.5～1.0m；

　　　i——水力坡度，单排井点 1/4，双排或环状井点取 1/15～1/10；

　　　L——基坑短边方向井点管至基坑中心的水平距离。

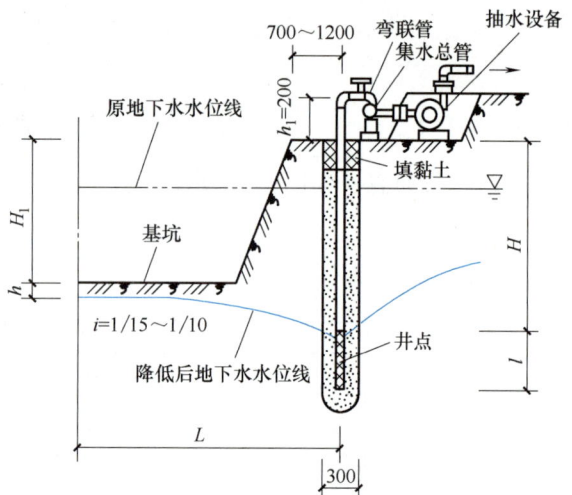

图 1-34　轻型井点高程布置

（2）管井井点　管井井点由滤水井管、吸水管和抽水机械等组成。管井井点设备较为简单，排水量大，降水较深，较轻型井点具有更大的降水效果，可代替多组轻型井点作用，水泵设在地面，易于维护。

本方法适用于＿＿＿＿＿＿＿＿＿＿＿＿＿＿＿＿＿＿＿＿＿＿＿＿＿＿＿＿＿＿＿＿＿＿＿

＿＿＿＿＿＿＿＿＿＿＿＿＿＿＿＿＿＿＿＿＿＿＿＿＿＿＿＿＿＿＿＿＿＿＿＿＿＿＿。

（3）喷射井点　喷射井点降水是在井点管内部装设特制的喷射器，用高压水泵或空气压缩机通过井点管中的内管向喷射器输入高压水（喷水井点）或压缩空气（喷气井点）形成水汽射流，将地下水经井点外管与内管之间的间隙抽出排走。

本方法适用于＿＿＿＿＿＿＿＿＿＿＿＿＿＿＿＿＿＿＿＿＿＿＿＿＿＿＿＿＿＿＿＿＿＿＿

＿＿＿＿＿＿＿＿＿＿＿＿＿＿＿＿＿＿＿＿＿＿＿＿＿＿＿＿＿＿＿＿＿＿＿＿＿＿＿。

1.3.5　截水法

截水法也称封闭式降水，是在基坑周围设置止水挡墙或截水帷幕等封闭基坑，切断外部向基坑内的渗水通道，仅在基坑内进行疏干降水的地下水控制方法，如图 1-35 所示。这种

方法有利于保护地下水环境，避免基坑周围地面沉降带来的隐患。

常用截水帷幕的做法有深层搅拌法、压密注浆法、冻结法等。止水挡墙可采用地下连续墙、水泥土墙、型钢水泥土墙、钢板桩、咬合桩等阻水支护挡墙，也可在排桩间用旋喷、摆喷水泥土桩进行封闭，或采用在无阻水功能的支护结构后加设水泥土截水帷幕的复合挡墙形式。

截水帷幕的厚度应满足防渗要求，其深度应插入下卧不透水层或封底层内 $0.2h \sim 0.5b$

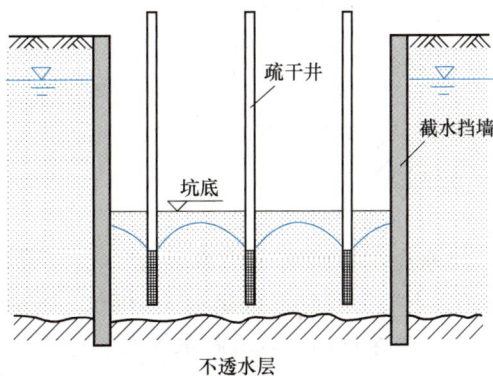

图 1-35　封闭式降水（截水法）

（h 为作用水头，b 为帷幕厚度）。坑内设置降水井点将土疏干并使水位降至基坑底 0.5m 以下，当有较大压力的承压水层时还应设置减压井，防止坑底隆起或突涌。

1.3.6　降水危害与预防

降排地下水会造成土颗粒流失或土体压缩固结，易引起周围地面沉降。由于土层的不均匀性和形成的水位呈漏斗状，地面沉降多为不均匀沉降，可能导致邻近建（构）筑物倾斜、下沉，道路开裂或管线断裂。因此，当降排地下水时，必须采取防沉措施，以防发生危害。

1. 回灌法

对于浅层潜水可用砂井、砂沟回灌，对于承压水则需用回灌井进行回灌。该方法是在降水井点与需保护的既有建（构）筑物间设置一排回灌沟、井。在降水的同时，向土层内灌入适量的水，使既有建（构）筑物下仍保持较高的地下水位，以减小其沉降程度，如图 1-36a 所示。

为确保基坑施工安全和回灌效果，同层回灌沟、井与降水井点之间应保持不小于 6m 的距离，降水与回灌应同步进行。同时，在回灌沟、井两侧要设置水位观测井，监测水位变化，调节控制降水井点、回灌井点的运行及回灌水量。

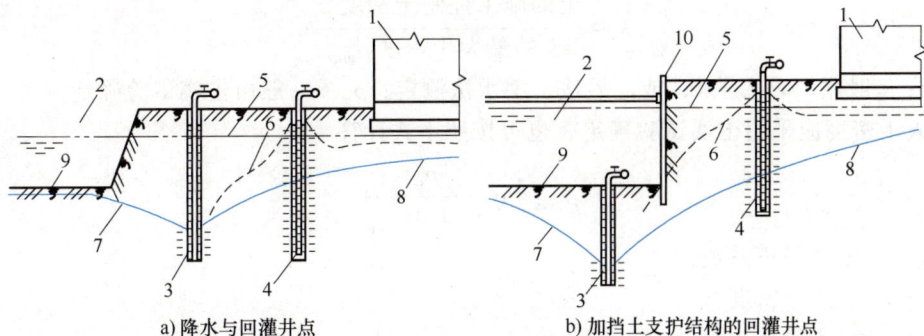

a）降水与回灌井点　　　　　　b）加挡土支护结构的回灌井点

图 1-36　回灌井点布置

1—既有建（构）筑物　2—开挖基坑　3—降水井点　4—回灌井点　5—原有地下水位线
6—降灌井点间水位线　7—降水后的水位线　8—不回灌时的水位线　9—基坑底　10—截水挡墙

2. 设置止水帷幕法

在降水井点区域与既有建（构）筑物之间设置一道止水帷幕，使基坑外地下水的渗流路径延长，从而使既有建（构）筑物的地下水位基本保持不变。止水帷幕可结合挡土支护结构设置，也可单独设置，如图 1-36b 所示。常用截水帷幕的做法有深层搅拌法、压密注浆法、冻结法等。

3. 减少土颗粒损失法

降水应严格控制出水含砂量。稳定抽水 8h 后的含砂量，土层为粗砂时不得超过 1/50000，土层为砂时不得超过 1/20000，土层为粉细砂时不得超过 1/10000。可采用加长井点、调小水泵阀门、减缓降水速度、选择适当的滤网、加大砂滤层厚度等方法，减少土颗粒随水流流出。

1.3.7 土方的填筑与夯实

1. 土料的选用与处理

填方土料应符合设计要求，以保证填方的强度和稳定性。无设计要求时，应符合下列规定：

1）碎石类土、砂石和爆破石渣可用于表层下的填土。
2）含水量符合压实要求的黏性土，可作为各层填土。
3）碎块草皮和有机质含量大于 8% 的土，仅用于无压实要求的填方。
4）淤泥和淤泥质土，一般不能用作填土。

2. 压实方法

填土压实方法可采用人工压实，也可采用机械压实。当压实量较大或工期要求比较紧时，一般采用机械压实。常用的机械压实方法有：_____、_____、_____。

3. 影响填土压实的因素

影响填土压实的因素有：_____

_____。

4. 填土压实的质量检查

填土压实后应达到一定的密实度。检验指标为压实系数（压实度）λ_c，即

$$\lambda_c = \frac{\text{土的施工控制干密度 } \rho_d}{\text{土的最大干密度 } \rho_{max}}$$

式中，ρ_d 一般用"环刀法"，或灌砂法、灌水法测定；ρ_{max} 一般由击实试验确定。

最大干密度应采用击实试验确定，也可按照下式计算

$$\rho_{max} = \eta \frac{\rho_d}{1+0.01w_{op}}$$

式中　η——密度修正系数；

ρ_d——填土干密度；

w_{op}——填土最优含水量。

5. 土方工程质量检验

1）柱基、基坑、基槽和管沟基底的土质必须符合设计要求，并严禁扰动基底土层。
2）填方的基底处理必须符合设计要求或施工规范规定。

3）填方柱基、基坑、基槽、管沟回填的土料必须符合设计要求和施工规范要求。

4）填方和柱基、基坑、基槽、管沟的回填，必须按规定分层夯压密实。取样测定压实后土的干密度，90%以上符合设计要求，其余10%的最低值与设计值的差不应大于 $0.08g/cm^3$，且不应集中。

土的实际干密度可用环刀法或灌砂法测定。其取样组数：柱基回填取样不少于柱基总数的10%，且不少于5个；基槽、管沟回填每层按长度 20～50m 取样一组；基坑和室内填土每层按 100～500m^2 取样一组；场地平整填土每层按 400～900m^2 取样一组，取样部位应在每层压实后的下半部。用灌砂法取样应为每层压实后的全部深度。

5）土方工程的允许偏差和质量检验标准，应符合表 1-1 和表 1-2 的规定。

表 1-1 土方开挖工程质量检验标准

项序		项目	允许偏差或允许值/mm					检验方法
			柱基坑基槽	挖方场地平整		管沟	地（路）面基层	
				人工	机械			
主控项目	1	标高	−50	±30	±50	−50	−50	用水准仪检查
	2	长度、宽度（由设计中心线向两边量）	+200 −50	+300 −100	+500 −150	+100	—	用经纬仪和钢尺检查
	3	边坡坡度	按设计要求					观察或用坡度尺检查
一般项目	1	表面平整度	20	20	50	20	20	用 2m 靠尺和楔形塞尺检查
	2	基本土性	按设计要求					观察或土样分析

注：地（路）面基层的偏差只适用于直接开挖、填方上做地（路）面的基层。

表 1-2 填土工程质量检验标准

项序		检查项目	允许偏差或允许值/mm					检验方法
			柱基坑基槽	场地平整		管沟	地（路）面基层	
				人工	机械			
主控项目	1	标高	−50	±30	±50	−50	−50	用水准仪检查
	2	分层压实系数	按要求设计					按规定方法
一般项目	1	表面平整度	20	20	30	20	20	用 2m 靠尺和楔形塞尺检查
	2	回填土料	按设计要求					取样检查或直观鉴别
	3	分层厚度及含水量	按设计要求					用水准仪及抽样检查

1.3.8 土石方工程安全技术措施

1. 专项施工方案

土石方工程在施工中易发生安全事故，为对安全风险进行预控，故规定：需要事先编制专项施工安全方案，必要时由专家进行论证。

2. 技术交底与安全教育

施工前应针对安全风险进行安全教育及安全技术交底。特种作业人员必须持证上岗，机械操作人员应经过专业技术培训。

3. 安全隐患意识培养

1）施工中发现安全隐患时，要及时整改。当发现有危及人身安全和公共安全的隐患时，要立即停止作业，以避免事故的发生；在采取措施排除隐患后，才能恢复施工。防止出现冒险蛮干的现象。

2）根据国家有关法律、法规的规定，如发现古墓、古物等文物要立即停止施工并报告相关部门进行文物鉴定和保护。当发现异常气体、液体、异物时，也要立即停止作业，待专业人员检测无害后，方可继续施工，防止发生意外伤害事故。

练习5：学习建筑工程技术专业的张某毕业后到某施工企业从事安全管理工作，小张能否直接上岗，上岗前需要具备什么条件？

_____

_____

_____ 。

练习6：学习建筑工程技术专业的小王在施工单位经过六年技术员的工作锻炼，具备了丰富的施工经验和较强的工作能力，施工企业准备任命小王为项目经理。小王要具备何种条件才能担任项目经理的工作？

_____

_____

_____ 。

练习7：小王在敦煌某大型工程项目部任项目经理，在工地土方开挖的过程中遇到了古墓，古墓中许多壁画隐约可见，还意外地发现了许多金币。小王为了不延误工期，对古墓进行了铲除回填作业，并在施工后将金币交给了文物保护部门。试分析小王的处理方式有何不妥？

_____

_____

_____

_____ 。

4. 安全生产措施

（1）机械挖土安全措施

1）多台挖土机开挖，挖土机间距应大于10m。在挖土机工作范围内，不许进行其他作业。挖土应由上而下，逐层进行，严禁先挖坡脚或逆坡挖土。

2）不得在危岩、孤石的下边或贴近未加固的危险建筑物的下挖土。

3）开挖应严格按要求放坡。操作时应随时注意土壁的变动情况，如发现有裂纹或部分坍塌现象，应及时进行支撑和放坡，并注意支撑的稳固和土壁的变化。

4）机械多台阶同时开挖，应验算边坡的稳定，挖土机离边坡应有一定的安全距离，以防坍方，造成翻机事故。

5）分层开挖时上下应先挖好阶梯或支撑靠梯，或开斜坡道，并采取防滑措施，禁止踩踏支撑上下。应设安全栏杆。

6）重物距土坡安全距离：汽车不小于3m；土方堆放不小于1m，堆土高不超过1.5m；材料堆放，应不小于1m。

7）爆破土石方应遵守爆破作业安全有关规定。

（2）爆破作业安全措施

1）爆破施工应有严格的组织性和计划性，重要工程应事先编制施工组织设计，经报上级有关部门审批后方准执行。每项爆破工程应有专门的技术负责人或安全负责人。

2）对参加爆破人员，应进行专门的安全技术培训和考核，进行详细的安全技术交底，并履行严格的交接手续和填写交接记录，制定安全检查制度。

3）在施爆前，应对拟爆破建（构）筑物的结构、材料进行严格的检查与了解，根据结构、材料与周围环境情况，确定保证安全施工的具体爆破拆除程序。

4）制作起爆雷管或起爆体时应远离装药现场，并同装药现场一样，周围应有特别的警戒。要严禁烟火，不允许无关人员进入现场，不允许工作人员吸烟或带入发火工具。装药工具应是塑料制品、铝制品或木棒。

5）爆破作业时，每个爆破点的出入口应保持畅通无阻，以便遇到危险情况时，人员能迅速转移到安全地点。

6）各种联络信号必须统一，不得与其他信号干扰或混淆。

7）爆破时应严格确定危险区域和影响区域，必要时各通道口设置围栏，各交通路口要设置警哨站岗。

8）制定并做好出现意外事故的特殊措施，一时出现有毒气体、火灾、爆炸，或垮塌物料掩埋人员、设备等，应有抢救人员、设备的特殊准备措施。

1.4　土方工程施工方案实例

深基坑工程施工涉及土方开挖、支护结构设计、地下水治理、周边环境安全保护等，故需要综合考虑，应在确保施工安全、环境安全的前提下，尽量节省资金，加快施工进度。

1. 工程概况

某大厦位于某市繁华的商业地段，南北宽68.5m，东西长132.5m，地下室建筑面积为18147m²，基坑一次性开挖面积为9250m²。该工程地质条件差，上层滞水地下水位高，不透水层下部承压水极为丰富，且与长江水位有水力联系。基坑四周紧临房屋道路并且地下管网密布，施工现场非常狭窄，土方开挖量大，使基坑支护及开挖具有很大的难度和风险，如图1-37所示。

该工程由38层主楼和10层裙楼两部分组成，地下室分为二层和三层，平面呈不规则状。该建筑北临中山大道，相距11m；南靠清芬一路，相距0.8m；东临桥西商厦，相距14.2m；西靠新华影院，相距仅2.6m。桥西商厦为桩基础，设有护坡桩；新华影院为桩基础，基础回填土层较厚；中山大道和清芬一路均是主要交通要道。该工程地处闹市中心，周

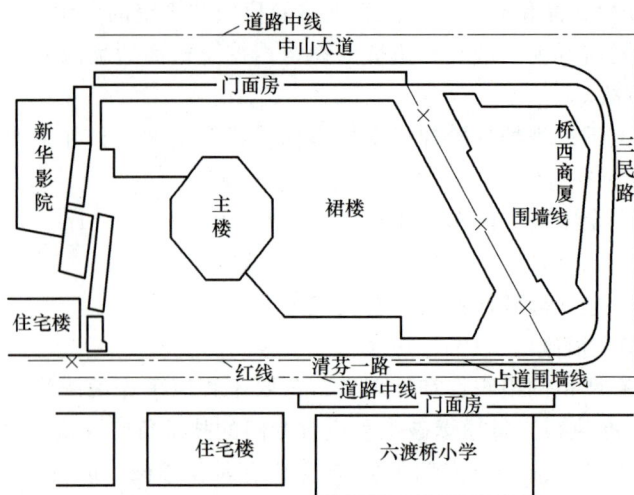

图 1-37　某大厦地下室周边环境情况

边建筑及环境保护要求高，现场非常狭窄。

该建筑场地地质土层情况见表 1-3。

表 1-3　场地地质土层分布状态表

层数	层厚/m	土质	状态
Ⅰ层	6~7.8	人工填土层,由煤渣、碎砖瓦、砂和淤泥质土混杂而成	松散,湿~很湿
Ⅱ层	0.8~5.3	黏土层,由软土和粉土构成	软塑~可塑,湿~很湿
Ⅲ层	0.66~3.6	粉质黏土层	软塑~可塑,湿~很湿
Ⅳ层	0.55~3.4	粉质黏土夹粉细砂	软塑~硬塑
Ⅴ层	6.7~12	粉细砂	稍密~中密
Ⅵ层	14.4~21.6	粉细砂夹黏土	稍密~中密,饱和

Ⅵ层以下依次为细、中、粗砾砂夹卵石层，卵石层，岩基层。地下水分为上层滞水和承压水两种，上层滞水主要存在于人工填土层中，接受大气降水和地表水渗透补给。承压含水层顶板为粉质黏土层，含水层厚为 45m，承压水静止水位埋深为 4.8m，标高为 19.6m。

地下室建筑结构特征见表 1-4。

表 1-4　该大厦地下室建筑结构特征

建筑面积/m²	18147		占地面积/m²		7000	
建筑结构特征	主楼		裙楼			
			①~③轴		③~㉓轴	
坑底标高/m	-13.3		-11.7		-11.7	
层数	2		2		3	
楼层	1	2	1	2	1	2	3
层高/m	5.4	5.1	5.4	5.5	3	3.8	4.1
底板厚度/m	2.7		0.7			
底板混凝土体积/m²	3800		3670			
底板混凝土强度等级	C35、S8		C35、P8			

2. 基坑支护及地下水处理方案的优化和选择

（1）方案优选

由中建某局科学技术委员会主持召集局内专家及公司总工、项目经理参加该大厦深基坑支护方案优选评审会，会上分别对钢筋混凝土灌注桩加内支撑方案、钢筋混凝土灌注桩锚拉方案、双排悬臂式钻孔灌注桩方案进行了认真的评审，通过分析、论证，在会上确认"双排悬臂式钻孔灌注桩"配合"全封闭整体止水帷幕"方案为优选方案。该方案的主要优点为：

1）内排桩顶的锁口梁反挑，并在梁上堆载，增加反向弯矩，从而减少土压力产生的弯矩，减少桩断面及配筋，其构思新颖，便于操作。

2）采用两次挖土的卸载措施，减少土壤侧压力和挡土桩的桩长。

3）不受基坑周围建筑物基础、地下管网等地下障碍物的限制。

4）全封闭整体止水帷幕较为安全，可避免降水方案给周围房屋道路带来不均匀沉降、开裂等问题。

（2）方案的再次优化

因受资金影响，该工程项目施工进度缓慢，只完成了支护桩、工程桩和竖向帷幕的施工。需再次优化方案，改进内容为：

1）将原方案的悬臂支护改为桩锚支护，取消了原方案的内排桩上加红砖压重。

2）对靠近基坑的新华影院基础采取花管注浆软托换，并配合在该处的基坑内采用一层内支撑和加锚杆加固的综合技术措施。

3）桥西商厦一侧，外排桩采用短锚杆加固和三排水平花管注浆加固土体的综合技术措施。

4）将原方案的坑底"全封底水平隔水帷幕"改为"半封半降"的综合治理方案。

3. 深基坑支护结构体系设计与施工

设计人员针对基坑周边环境条件进行分段设计，支护主要采用桩锚支护体系，局部地段采取加设内支撑，配合花管注浆加固土体，花管注浆对临近房屋基础软托换；调整锚杆长度等措施。

1）支护主要采用双排钻孔灌注桩，呈外高内低设置，外排桩桩径为1000mm，间距为1.3m，桩顶标高为−0.7m，内排桩桩径为1200mm，间距为1.5m，桩顶标高为−6.70m。外排桩桩长为15.2m，内排桩桩长为19.1m、22.1m、22.6m不等，靠新华影院一侧采用单排桩加内支撑，桩径为1500mm，间距为1.73m。桩混凝土采用C30。支护桩布置如图1-38、图1-39所示。锚杆均采用 Φ25 螺纹钢。

2）中山大道侧（AB 段），清芬一路侧（CD 段），外排桩采用一桩一锚，锚杆标高为−4.20m，锚杆长19m。内排桩锚杆标高为−6.35m，锚于锁口梁上，锚杆长度为16m，对应于外排桩二桩之间的空当处设置。内外排桩的锚杆均采用3Φ25 螺纹钢。

3）桥西商厦侧（BC 段）考虑桥西商厦护坡桩的因素，外排桩采用一桩一锚的短锚方式，如图1-38所示。锚杆标高−4.20m，锚杆长度7.6m，采取二次全程注浆加固，另在−1.7m、−2.9m、−5.4m标高上设三排水平向花管注浆加固土体。内排桩锚杆布设标高为−6.35m，锚于锁口梁上，锚杆长度11.4m，用2Φ25 螺纹钢。

4）新华影院一侧（HA 段），由于距离基坑太近，为解决新华影院对基坑开挖将形成过大超载，加固新华影院基础以下厚层回填土层及此处现场平面尺寸受限等问题，采取了以下综合技术处理措施。

① 设 1.5m 直径的单排支护桩。

② 在支护桩外侧布置两排垂直向的花管注浆，长度为 10m，孔距为 1.2m，排距为 1m。在支护桩内侧的 -2.95m、-4.15m 标高处设两排水平向花管注浆，长度分别为 7m、6m，形成对新华影院基础的托换，如图 1-39 所示。

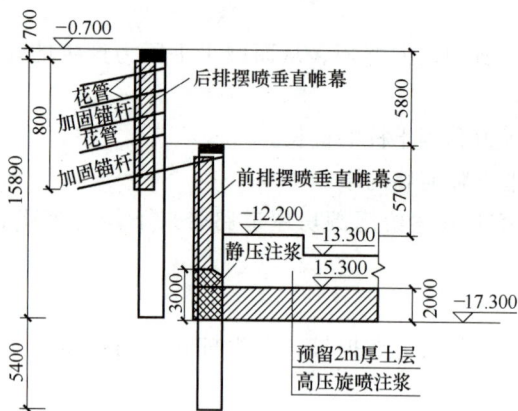

图 1-38 桥西商厦一侧支护及防渗布置

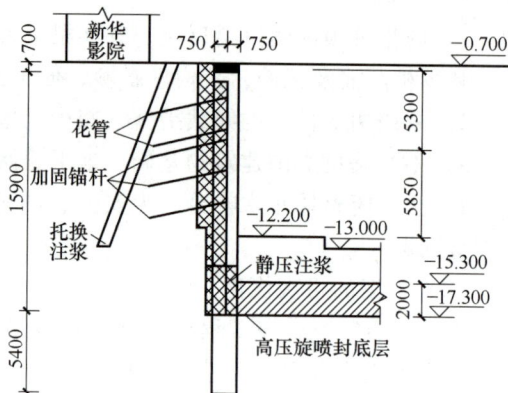

图 1-39 新华影院一侧支护及软托换

③ 在此处基坑两内角上设置上层内支撑采用 $\phi609\text{mm} \times 14\text{mm}$，$\phi426\text{mm} \times 9\text{mm}$ 的无缝钢管组成，标高为 -1.4m，如图 1-40 所示。

④ 在 -4.7m、-6.7m、-8.50m 标高处设一桩一锚加固，锚杆长为 25m，采用 $3\Phi28$ 螺纹钢。

5) 清芬一路（EK 段），因现场平面尺寸所限，支护桩布置于地下车道的两侧，采取分层开挖，分次施工，并加设内支撑做加固，内支撑采用 $\phi609\text{mm} \times 14\text{mm}$，$\phi426\text{mm} \times 9\text{mm}$ 的无缝钢管组成，标高为 -0.7m，如图 1-41 所示。

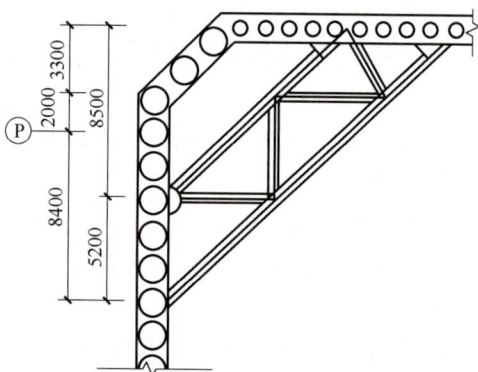

图 1-40 靠新华影院处坑内局部支撑

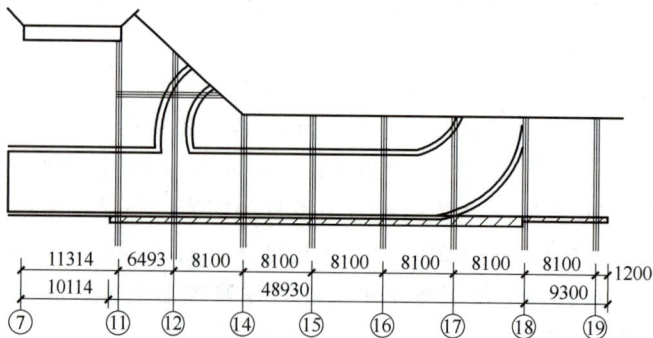

图 1-41 清芬一路侧车道处锁口梁及内支撑

4. 地下水治理设计与施工

该大厦处于典型软土地基之上，其特点是地下水位高、土层含水丰富、土体处于湿~软塑状态，土方及地下室施工必须在降水条件下或隔水条件下才能施工。该工程采用封、降结合的办法治理地下水。

1）基坑侧壁垂直采用高压摆喷注浆工艺，形成隔水防渗垂直帷幕。帷幕的布设：在排桩外侧设一道，顶标高为-1.2m，底标高为-9.20m，摆喷有效长度为8m，主要隔绝上层滞水；在内排桩外侧设一道，顶标高为-7m，底标高为-17.3m，摆喷有效长度为10.3m，主要隔绝基坑底部坑壁可能出现的侧涌。

2）基坑采取高压旋喷注浆工艺封底，配合减压降水的综合方案。封底厚度为2m，在封底层的顶面至基坑底留2m厚配重土层，使基坑开挖后还剩有4m厚的不透水盖层。

3）垂直帷幕与水平封底层在支护桩的连接处采取静压注浆，使基坑形成整体的全封闭防渗帷幕。

4）在基坑底形成4m厚的相对不透水层后，设置13口减压降水井进行降水，设置4口备用井作为应急使用。降水井直径为650mm，井深为45m，后期能达到预期的降水效果。

5. 土方开挖及信息化施工

土方采取分层开挖，与预应力锚杆、花管注浆施工安排穿插施工作业，并按施工组织设计要求控制每次挖土深度。在开挖方向和顺序上先挖坑边的土层，再挖基坑中部的土层，使锚杆施工、花管注浆等工作尽早进行，加快了施工进度。在锚杆施工成孔时，上部土层中含水量特别大，以至插入锚杆后，无法进行正常注浆，故采取在孔口设一根塑料管，再用土工布封堵孔口，使孔口的水从塑料管中排除，最后分三次注浆的方法进行施工。

在地下室施工期间，对环境及支护结构体系进行监测，支护结构顶部最大位移小于50mm。周围建（构）筑物沉降值控制在10~45mm。

1.5　实训环节

1.5.1　土方工程施工参观

1. 实习内容

1）了解土方边坡形式及支护方法。

2）了解施工现场排水与降水的基本类型。

3）了解施工现场土方施工机械性能及作业方法。

4）了解施工现场土方压实方案。

2. 实习纪律

1）服从指导人员的安排，有组织、有步骤、有秩序地参观、听讲。

2）在施工现场参观时，要佩戴安全帽，不得乱跑、乱动，随时注意安全，防止发生事故。

3）在工地不得随便靠近施工机械，严禁未经允许，触摸施工现场的开关按钮。

4）在参观、听讲时，注意力集中，不能吵闹，不明白的地方可向指导人员虚心请教。

3. 实习总结

在实习过程中，应对参观内容认真做好记录。

4. 实训作业

完成机械挖土施工技术交底内容，见表1-5。

表 1-5 机械挖土施工技术交底记录

工程名称		交底部位	
工程编号		日　期	

交底内容：

机械挖土施工技术交底

一、材料要求

二、主要机具

三、作业条件

四、操作工艺

五、质量标准

六、成品保护

七、应注意的质量问题

技术负责人：	交底人：	接受交底人：
日期：	日期：	日期：

1.5.2　土方填筑与检验

1. 实习内容

1）了解施工现场土方填筑压实的方法。

2）了解施工现场土方填筑质量检验方法。

3）理解土方填筑的质量影响因素。

2. 实习纪律

1）服从指导人员的安排，有组织、有步骤、有秩序地参观、听讲。

2）佩戴安全帽，不得乱跑、乱动，随时注意安全，防止发生事故。

3）不得随便靠近施工机械，未经允许，严禁触摸施工现场的开关按钮。

4）在参观、听讲时，注意力要集中，不要吵闹，不明白的地方可向指导人员虚心请教。

3. 实习总结

在实习过程中，应对实训内容认真做好记录。

4. 实训作业

1）土方填筑压实的方法哪些？

_____

_____

_____

_____。

2）土方填筑质量的影响因素有哪些？填土压实质量检验的方法有哪些？

_____

_____

_____

_____。

3）按照以下步骤完成环刀法检测试验。施工单位在施工时，对每一层回填土，都需要进行检测。

①在质量检测部门试验室人员所确定的取样位置，用平铲铲除表层，铲土深度为每层自上表面以下 1/3 处（在 2/3 处的取样，环刀可能深入下层），铲后的土表面应平整无浮土。

②在环刀内壁涂一层薄薄的凡士林。

③将环刀刀口向下，放在铲平的土表面上，放上环盖，用锤击打环盖手柄，至环刀上口深入土内且不接触环盖内表面为宜。在取样过程中，环刀下口与土表面保持垂直。

④将环刀和环盖一同挖出，轻轻取下环盖，用削土刀削去环刀两端的余土，修平、称重。

⑤送到质量检测部门试验室进行检测。

⑥土工现场干密度环刀法检测报告范例见表1-6。

表 1-6　某工程土工现场干密度环刀法检测记录（范例）

工程名称：	××项目		施工单位：		××单位	
代表部位：	基础		击实种类：	轻型击实	试验日期：	×年×月×日
取样桩号	K0+480 点		K0+420 点		K0+350 点	
取样深度	20cm		20cm		20cm	
取样位置	第三层		第三层		第三层	
土样种类	素土					

	环刀号	1	2	1	2	1	2
湿密度	环刀+土质量/g	615.4	613.6	616.2	616.9	614.1	619.0
	环刀质量/g	230.0	230.0	230.0	230.0	230.0	230.0
	土质量/g	385.4	383.6	386.2	386.9	384.1	389.0
	环刀容积/cm³	200.0	200.0	200.0	200.0	200.0	200.0
	湿密度/(g/cm³)	1.927	1.918	1.931	1.934	1.920	1.945

	盒号	1	2	1	2	1	2	1	2	1	2	1	2
干密度	盒+湿土质量/g	50.10	50.64	50.46	50.81	51.14	52.25	51.90	52.09	51.35	51.83	50.18	51.29
	盒+干土质量/g	44.78	45.38	45.13	45.57	45.66	46.69	46.27	46.56	45.91	46.38	44.82	45.86
	水质量/g	5.32	5.26	5.33	5.24	5.48	5.56	5.63	5.53	5.44	5.45	5.36	5.43
	盒质量/g	11.50	12.00	11.50	12.00	11.50	12.00	11.50	12.00	11.50	12.00	11.50	12.00
	干土质量/g	33.28	33.38	33.63	33.57	34.16	34.69	34.77	34.56	34.41	34.38	33.32	33.86
	含水量（%）	15.98	15.76	15.86	15.62	16.05	16.03	16.20	16.00	15.80	15.86	16.09	16.03
	平均含水量（%）	15.9		15.7		16.0		16.1		15.8		16.1	
	干密度/(g/cm³)	1.663		1.657		1.664		1.666		1.658		1.676	
	平均干密度/(g/cm³)	1.660				1.665				1.667			
	最佳干密度/(g/cm³)	1.740				1.740				1.740			
	压实度（%）	95.4				95.7				95.8			

备注	本试验经二次平行测定后，其平行差值不得大于规定，取其算术平均值

审核：　　　　　　　　　试验：

1.6　实训自评

请如实填写表 1-7。

表 1-7　实训自评

姓名：　　岗位职务：　　班级：　　　学号：　　　组别：

目标	掌握	了解	不会
土方工程的安全施工技术要求和工艺的基本知识			
基坑边坡留置及支护原理			
基坑施工降水措施			
编制施工技术交底文件			
土的填筑质量检验			

<table>
<tr><td colspan="2" align="center">总结与提高</td></tr>
<tr><td>总结你在整个任务完成过程中做得好的是什么？有什么不足？有何打算？</td><td></td></tr>
<tr><td>你在整个任务完成过程中出现了哪些问题？你是如何解决的？你还有什么问题不能解决？</td><td></td></tr>
<tr><td>教师评价</td><td></td></tr>
</table>

项目2

地基处理及桩基础工程

【导读】

2009 年 6 月 27 日清晨 5 时 30 分左右，上海闵行区莲花南路、罗阳路口西侧"莲花河畔景苑"小区，一栋在建的 13 层住宅楼全部倒塌（图 2-1a），造成一名工人死亡。庆幸的是，由于倒塌的高楼尚未竣工交付使用，所以，事故并没有酿成居民伤亡事故。

"莲花河畔景苑"商品房小区工地共有 11 幢在建 13 层楼房，在淀浦河（宽约 40m）的南面，11 幢在建楼房长度方向与淀浦河河岸基本平行，这些楼房北面边界距淀浦河河岸距离在 20~50m，其中倒塌楼房距防汛墙最近，目测仅有二三十米。土方紧贴建筑物，堆积在 7 号楼（倒塌楼房）楼房北侧，北面的空地上堆放 7 号楼南面基坑开挖的泥土有足球场那么大，堆土在 6 天内即堆高 10m 左右。

桩基础作为地基桩体最为关键的力量支撑，暴露在外的地桩钢筋有拇指般粗。在倒塌大楼的底部，地基桩体散落一地。这些桩体基本为圆柱形的，有些是实心的，有些则为空心。

房屋倾倒的主要原因是，紧贴 7 号楼北侧，在短期内堆土过高，最高处达 10m 左右；与此同时，紧邻大楼南侧的地下车库基坑正在开挖，开挖深度 4.6m，大楼两侧的压力差使土体产生水平位移，过大的水平力超过了桩基的抗侧能力，导致房屋倾倒（图 2-1b）。从事故案例中，可以看出在工程施工中，必须要遵守规范、按照规范要求施工，重视安全事故的防范，树立"安全第一"的安全责任意识。

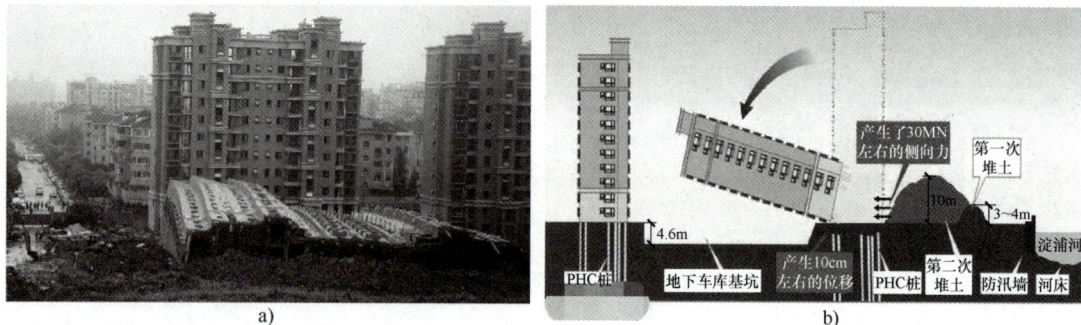

a)   b)

图 2-1 小区住宅倾倒实例

2.1　实训目的

1）掌握基坑验槽和地基加固的方法。
2）掌握地基加固的原理，了解加固方案的原则。
3）了解预制桩的构造，掌握锤击沉桩和静力沉桩的施工方法。
4）掌握各类灌注桩的工艺原理和施工要点。
5）了解桩基础施工机械。
6）掌握桩基工程质量控制和检测验收的方法。

2.2　实训内容

1）学习地基处理与基础工程的技术要求和工艺的基本知识。
2）去施工现场参观地基处理过程和基础施工过程。
3）分析并解决地基处理与基础工程常见质量问题。

2.3　知识拓展

2.3.1　基坑验槽

建（构）筑物基坑（桩基）均应进行施工验槽，如图2-2所示。基坑挖至基底设计标高并清理后，施工单位必须会同勘察、设计、建设（或监理）等单位共同进行验槽，合格后方能进行基础工程施工。

1. 验槽前的准备工作

1）察看结构说明和岩土工程勘察报告，对比结构设计所用的地基承载力、持力层与报告所提供的是否相同。

2）询问、察看建筑位置是否与勘察范围相符。

3）察看场地内是否有软弱下卧层。

4）场地是否为特别的不均匀场地，是否存在勘察方要求进行特别处理，而设计方没有进行处理的情况。

5）要求建设方提供场地内是否有地下管线和相应地下设施的资料。

图2-2　基坑验槽

2. 验槽时必须具备的资料和要求

1）勘察、设计、监理、施工、建设等各方相关技术人员应共同参加验槽。

2）验槽时，现场应具备岩土工程勘察报告、轻型动力触探记录（可不进行轻型动力触探的情况除外）、地基基础设计文件、地基处理或深基础施工质量检测报告等。当设计文件对基坑坑底检验有专门要求时，应按设计文件要求进行。

3）开挖完毕，槽底无浮土、松土（若分段开挖，则每段条件相同），条件良好的基槽。

4）验槽应在基坑或基槽开挖至设计标高后进行，留置保护土层时，其厚度不应超过100mm；槽底应为无扰动的原状土。

5）遇到下列情况之一时，尚应进行专门的施工勘察：

① 工程地质与水文地质条件复杂，出现详勘阶段难以查清的问题时。

② 开挖基槽发现土质、地层结构与勘察资料不符时。

③ 施工中地基土受严重扰动，天然承载力减弱，需进一步查明其性状及工程性质时。

④ 开挖后发现需要增加地基处理或改变基础形式，已有勘察资料不能满足需求时。

⑤ 施工中出现新的岩土工程或工程地质问题，已有勘察资料不能充分判别新情况时。

6）进行过施工勘察时，验槽时要结合详勘和施工勘察成果进行。

7）验槽完毕填写验槽记录或检验报告，对存在的问题或异常情况提出处理意见。

3. 验槽的主要内容

不同建（构）筑物对地基的要求不同，基础形式不同，不同的地基土质，验槽的内容也不同，主要有以下几点：

_____

_____

_____

_____

_____

_____

_____

_____ 。

4. 验槽方法

验槽的方法以观察为主，辅以夯、拍或轻便勘探。

（1）观察验槽 观察验槽的内容包括：

1）检查基坑（槽）的位置、断面尺寸、标高和边坡等是否符合设计要求，如图2-3所示。

2）检查槽底是否已挖至老土层（地基持力层）上，是否继续下挖或进行处理。

3）对整个槽底土进行全面观察：土的颜色是否均匀一致；土的坚硬程度是否均匀一致，有无局部过软或过硬；土的含水量情况，有无过干或过湿；在槽底行走或夯、拍，有无震颤现象或空穴声音等。

观察验槽应重点注意柱基、墙角、承重墙下受力较大的部位。仔细观察基底土的结构、孔隙、湿度、含有物等，并与设计勘察资料相比较，确定是否已挖至设计土层。对于可疑之处，应局部下挖检查，如图2-4所示。

（2）夯、拍验槽 夯、拍验槽是用木夯、蛙式打夯机或其他施工工具对干燥的基坑进行夯、拍（对潮湿和软土地基不宜夯、拍，以免破坏基底土层），从夯、拍声音判断土中是否存在土洞或墓穴。对可疑迹象，应用轻便勘探仪进一步调查。

图 2-3　拉线检查

图 2-4　挖掘探查

（3）轻便勘探验槽　轻便勘探验槽是用钎探、轻便动力触探、手摇小螺纹钻、洛阳铲等对地基主要受力层范围的土层进行勘探，如图 2-5 所示，或对上述观察、夯或拍发现的异常情况进行探查。

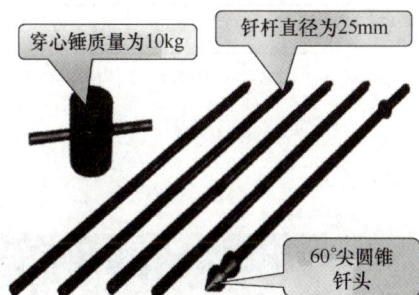

a) 轻型动力触探仪

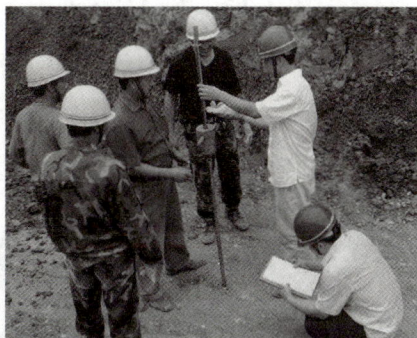

b) 检查现场

图 2-5　基坑底层基土质量钎探检查

2.3.2　地基加固处理

1. 地基加固的原理

当结构的荷载较大，地基土质又较软弱（强度不足或压缩性大），不能作为天然地基时，可采取加固处理的方法改善地基性质，提高承载力，增加稳定性，减少地基变形和基础埋置深度。地基加固的原理是"将土质由松变实""将土的含水量由高变低"。

2. 地基处理的目的

提高软弱地基的强度，保证地基的稳定性；降低软弱地基的压缩性，减少基础的沉降；防止地震时地基土的振动液化；消除特殊土的湿陷性、胀缩性和冻胀性。

3. 地基处理的对象

1）软弱地基，包括淤泥、淤泥质土、冲填土、杂填土或其他高压缩性土层构成的地基。

2）特殊土地基，包括软土、湿陷性黄土、膨胀土、红黏土和冻土等地基。

4. 地基加固的方法

地基加固处理的方法很多，有换土地基、重锤夯实、强夯，振冲、砂桩挤密、深层搅拌、堆载预压、化学加固等方法，归纳起来无非是："挖""填""换""夯""压""挤""拌"七个字。

（1）换填法　软土层较厚时，将基础下面一定范围内的软土挖去，代之以人工填筑的垫层作持力层。采用砂石、三合土、矿渣等材料换土的地基分别称为砂石地基，如图 2-6 和图 2-7 所示。

（2）夯实法　利用打夯工具或机具夯击土壤，排出土壤中的水分，加速土壤的固结，提高土壤的密实度和承载力，如图 2-8 和图 2-9 所示。

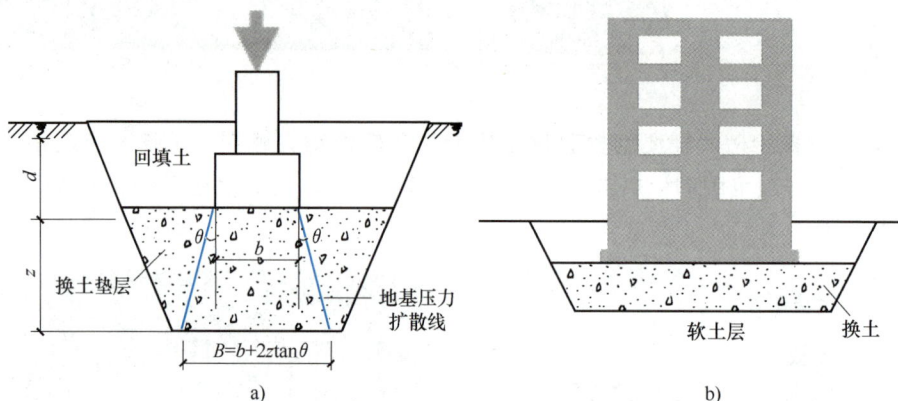

图 2-6　砂石垫层

图 2-7　砂石地基施工

图 2-8　平板振动夯实地基

（3）预压法　预压法是在建（构）筑物施工前，在地基表面分级堆土或其他荷重，使地基土压密、沉降、固结，从而提高地基强度和减少建（构）筑物建成后的沉陷量。待达到预定标准后再卸载，建造建（构）筑物。适用于各类软弱地基，以及沉

图 2-9　冲击夯进行软土压实施工

降要求较低的地基。

1）堆载预压法。在饱和软土地基上施加荷载后，孔隙水被缓慢排出，孔隙体积随之减少，地基发生固结变形，土体的密实度和强度提高。堆载预压法包括加压系统和排水系统，如图2-10所示。

按堆载材料分为自重预压、加载预压和加水预压，如图2-11和图2-12所示。

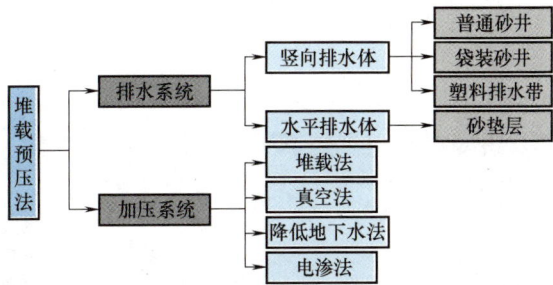

图2-10　堆载预压法系统组成

图2-11　加载预压

a)　　　　　　　　　　　　　　　　b)

图2-12　加水预压

2）真空预压法。真空预压法是在软土地基表面先铺设砂垫层、埋设垂直排水竖井，再用不透气的封闭膜使之与大气隔绝，薄膜四周埋入土中，通过埋设的排水竖井，用真空装置进行抽气。抽气使地表砂垫层及排水竖井内形成负压，使土体内部与排水竖井之间形成压力差。压差作用下土体中的孔隙水不断由排水竖井排出，从而使土体固结，如图2-13所示。真空预压法在负超静水压力下排水固结，又称为负压固结法。按照竖向排水体的不同，真空预压法又可分为普通砂井、袋装砂井和塑料排水带。

a) 袋装砂井埋设完毕

b) 插板机在进行塑料排水带施工

c) 塑料排水带埋设完毕

d) 塑料排水板与排水横管连接

e) 覆盖封闭膜

f) 排气进行时

图 2-13　真空预压法

（4）深层挤密法　用带桩靴的工具式桩管打入土中，挤压土壤形成桩孔，拔出桩管再在桩孔中灌入砂石或石灰、素土、灰土等填充料进行捣实。其原理是挤密土壤、排水固结，提高地基的承载力，俗称"挤密桩"，包括碎（砂）石桩、石灰桩、灰土桩、CFG 桩等。

1）CFG 桩。CFG 桩又称水泥粉煤灰碎石桩。由长螺旋钻机或振动沉管桩机成孔，将碎石、石屑、砂、粉煤灰掺水泥加水拌和灌注成桩，如图 2-14 所示。CFG 桩的适用范围很广，在砂土、粉土、黏土、淤泥质土、杂填土等地基均有大量成功的实例。

a) CFG桩施工现场　　　　b) CFG桩复合地基

图 2-14　CFG 桩施工

CFG 桩施工

2）挤密碎石桩。挤密碎石桩又称振冲碎石桩，是用振动或冲击荷载将底部装有活瓣式桩靴的桩管挤入地层，在软弱地基中成孔后，再将碎石从桩管投料口处投入桩管内，然后边击实边上拔桩管，形成密实碎石桩，并与桩间土体形成复合地基，如图 2-15 所示。

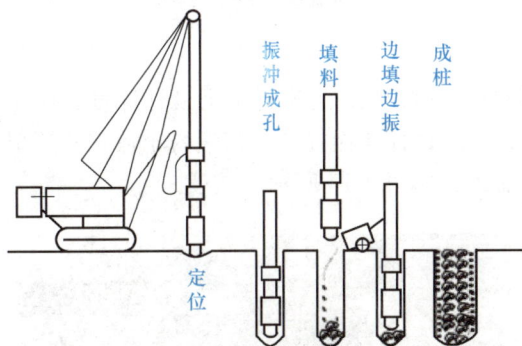

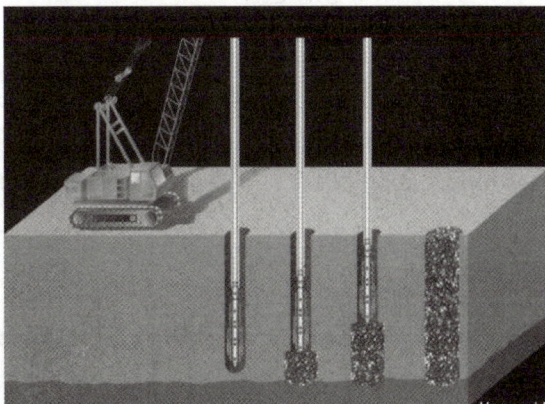

振冲成孔　填料　边填边振　成桩

定位

a) 碎石桩施工流程

b) 碎石桩施工现场　　　　c) 边击实、边拔管

图 2-15　碎石桩施工

（5）化学（注浆）加固法　化学（注浆）加固法是指用旋喷法或深层搅拌法加固地基。其原理是利用高压射流切削土壤，旋喷浆液（水泥浆、水玻璃、丙凝等），搅拌浆土，

使浆液和土壤混合，凝结成坚硬的柱体或土壁。

1）深层搅拌桩。深层搅拌机定位起动后，叶片旋转切削土壤，下沉至设计深度后缓慢提升搅拌机，同时喷射水泥浆与软黏土强制拌和，待搅拌机提升至地面时，再原位下沉提升搅拌一次，使浆土均匀混合形成水泥土桩，如图 2-16 所示。

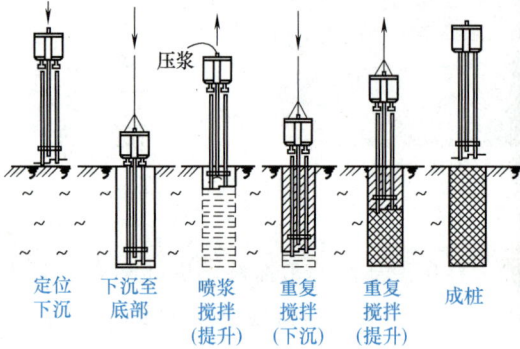

a) 施工工艺流程

b) 水泥搅拌桩复合地基

图 2-16　深层搅拌桩施工

2）高压旋喷桩。高压旋喷桩是利用钻机把带有特殊喷嘴的注浆管钻至设计深度，将水泥浆液由喷嘴向四周高速喷射切削土层，同时将旋转的钻杆徐徐提升，浆液与土体在高压射流作用下充分搅拌混合，形成连续搭接的水泥加固体，如图 2-17 所示。

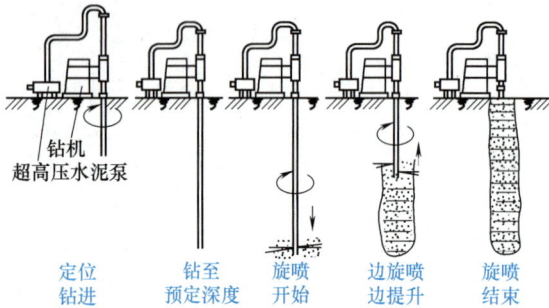

a) 施工流程

b) 施工现场

图 2-17　高压旋喷桩施工

2.3.3　混凝土预制桩施工

根据打（沉）桩方法的不同，钢筋混凝土预制桩基础施工有锤击沉桩法、静力压桩法及振动沉桩法等，如图 2-18 所示，以锤击沉桩法和静力压桩法应用最为普遍。

1. 锤击沉桩法

锤击沉桩法是利用桩锤下落产生的冲击克服土对桩的阻力，使桩沉到设计深度。

（1）施工程序

a) 锤击沉桩法　　　　　　　　　b) 静力压桩法　　　　　　　　　c) 振动沉桩法

图 2-18　混凝土预制桩打（沉）桩方法

（2）确定桩位和沉桩顺序

1）根据设计图纸编制工程桩测量定位图，并保证轴线控制点不受打桩时振动和挤土的影响，保证控制点的准确性。

2）工程桩施工前，应打试验桩，试验桩检验符合设计要求。应根据施工桩长，在匹配的工程桩或桩架上画出以米为单位的长度标记，并按从下至上的顺序标明桩的长度，以便观察桩入土深度及记录每米沉桩锤击数。

3）沉桩顺序：＿＿＿＿＿＿＿＿＿＿＿＿＿＿＿＿＿＿＿＿＿＿＿＿＿＿＿＿＿＿＿

＿＿＿＿＿＿＿＿＿＿＿＿＿＿＿＿＿＿＿＿＿＿＿＿＿＿＿＿＿＿＿＿＿＿＿＿＿＿＿

＿＿＿＿＿＿＿＿＿＿＿＿＿＿＿＿＿＿＿＿＿＿＿＿＿＿＿＿＿＿＿＿＿＿＿＿＿＿＿

＿＿＿＿＿＿＿＿＿＿＿＿＿＿＿＿＿＿＿＿＿＿＿＿＿＿＿＿＿＿＿＿＿＿＿＿＿＿＿。

（3）桩机就位　应对准桩位，将桩机调至水平，保证桩机的稳定性。

（4）吊桩、喂桩和校正　一般利用桩架附设的起重钩借桩机上卷扬机吊桩就位，或配一台起重机吊桩就位，并用桩架上夹具或桩帽固定位置，调整桩身、桩锤、桩帽的中心线重合，使插入地面时桩身的垂直度偏差≤0.5%。

（5）打桩　正常打桩宜采用"重锤低击，低锤重打"，可取得良好效果。

（6）接桩　当桩需接长时，接头个数宜≤3个，尽量避免桩尖落在厚黏性土层中接桩。常用的接桩方式主要有＿＿＿＿＿＿＿＿＿＿、＿＿＿＿＿＿＿＿＿＿＿和＿＿＿＿＿＿＿＿＿。

（7）桩入土深度的控制　对于承受轴向荷载的摩擦桩，以＿＿＿＿＿＿＿＿＿＿＿＿为主，以＿＿＿＿＿＿＿＿＿＿作为参考；端承桩则以＿＿＿＿＿＿＿＿＿＿＿＿＿＿为主，以＿＿＿＿＿＿＿＿＿＿作为参考。

（8）其他　施工时应注意做好施工记录；同时，还应注意观察打桩入土的速度、打桩架的垂直度、桩锤回弹情况、贯入度变化情况等，如发现异常，应立即通知有关单位和人员及时处理。

2. 静力压桩法

静力压桩是通过静力压桩机的压桩机构，将预制钢筋混凝土桩分节压入地基土层中成桩，如图 2-19 所示。一般都采取分段压入、逐段接长的方法。

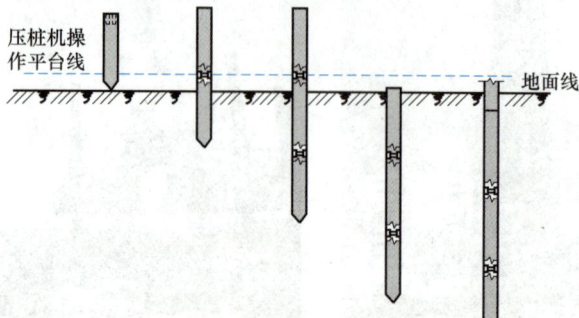

a) 工艺流程

b) 施工现场

图 2-19　静力压桩施工

施工程序：_____

_____

_____

_____

_____。

压桩时，用起重机将预制桩吊运或用汽车运至桩机附近，再利用桩机自身设置的起重机将其吊入夹持器中，夹持液压缸将桩从侧面夹紧，调整位置即可开动压桩液压缸，先持桩压入土中 1m 左右后停止，矫正桩垂直度后，压桩液压缸继续伸程动作，把桩压入土层中。伸长完后，夹持液压缸回程松夹，压桩液压缸回程。重复上述动作，可实现连续压桩操作，直至把桩压入预定深度土层中。静力压桩施工过程如图 2-20 所示。

压同一根（节）桩时应连续进行，当压力表读数达到预先规定值，便可停止压桩。

压桩过程中应检查压力、桩垂直度、接桩间歇时间、桩的连接质量及压入深度。对承受反力的结构应加强观测。

压桩用压力表必须标定合格方能使用，压桩时桩的入土深度和压力表数值是判断桩的质量和承载力的依据，也是指导压桩施工的一项重要参数，必须认真记录。

2.3.4　混凝土灌注桩施工

钢筋混凝土灌注桩是一种直接在现场桩位上就地成孔，然后在孔内浇筑混凝土或安放钢筋笼再浇筑混凝土而成的桩。按其成孔方法不同，可分为_____、

_____和_____、_____等。

1. 钻孔灌注桩

钻孔灌注桩是指利用钻孔机械钻出桩孔，并在孔中浇筑混凝土（或先在孔中吊放钢筋笼）而成的桩。钻孔机械成孔工艺原理如图 2-21 所示。根据工程的不同性质、地下水位情况及工程土质性质，钻孔灌注桩有_____、_____、

_____、_____、_____等。除钻孔压浆灌注桩外，其他三种均为泥浆护壁钻孔灌注桩。

a) 桩机就位　　　　　　　b) 吊桩　　　　　　　c) 桩尖对位

d) 压桩

e) 接桩

钢质送桩器

送桩

f) 送桩(送桩深度不宜大于10～12m)

图 2-20　静力压桩施工过程

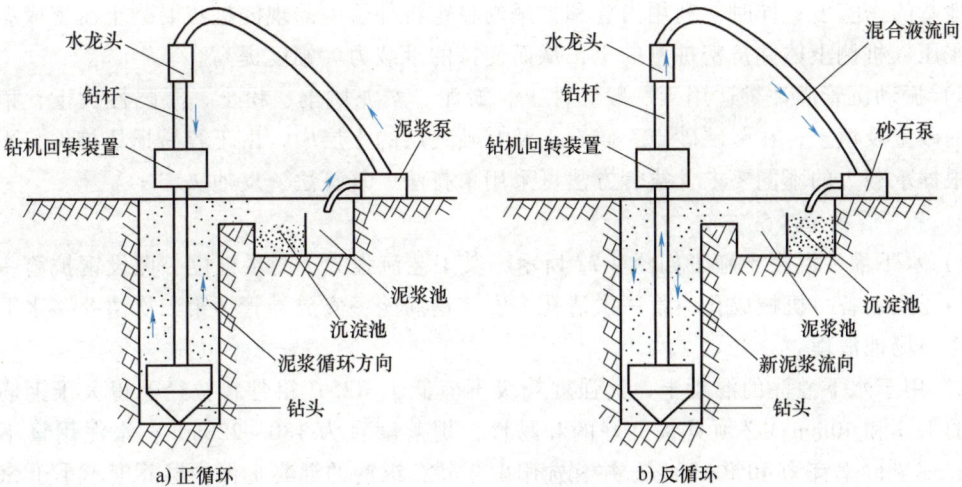

水龙头
钻杆
钻机回转装置
泥浆泵
泥浆池
沉淀池
泥浆循环方向
钻头

a) 正循环

水龙头
钻杆
钻机回转装置
混合液流向
砂石泵
沉淀池
泥浆池
新泥浆流向
钻头

b) 反循环

图 2-21　回转钻机成孔工艺原理

1）泥浆护壁钻孔灌注桩施工工艺流程：_____
_____
_____
_____
_____。

2）泥浆护壁钻孔灌注桩施工，在冲孔时应随时测定和控制泥浆密度，如遇较好土层，可采取自成泥浆护壁。

3）灌注桩的质量检验应较其他桩种严格，因此，现场施工要事先落实监测手段。

4）灌注桩的沉渣厚度应在钢筋笼放入后、混凝土浇筑前测定，成孔结束后，放钢筋笼、混凝土导管都会造成土体跌落，增加沉渣厚度。因此，沉渣厚度应是二次清孔后的结果。沉渣厚度的检查目前多用重锤，但因人为因素影响很大，应专人负责，专锤专用，有些地方也采用较先进的沉渣仪，但这种仪器应预先做标定。

2. 沉管灌注桩

沉管灌注桩是指利用锤击打桩法或振动打桩法，将带有活瓣式桩尖或预制钢筋混凝土桩靴的钢套管沉入土中，然后边浇筑混凝土（或先在管内放入钢筋笼）、边锤击（或振动）、边拔管而成的桩。前者称为锤击沉管灌注桩及套管夯扩灌注桩，后者称为振动沉管灌注桩。

1）沉管灌注桩成桩过程：_____
_____
_____
_____
_____。

2）锤击沉管灌注桩劳动强度大，要特别注意安全。该种施工方法适于黏性土、淤泥、淤泥质土、稍密的砂石及杂填土层中使用，但不能在密实的中粗砂、砂砾石、漂石层中使用。

3）套管夯扩灌注桩简称夯压桩，是在普通锤击沉管灌注桩的基础上发展起来的一种新型桩。它是在桩管内增加了一根与外桩管长度基本相同的内夯管，以代替钢筋混凝土预制桩靴，与外管同步打入设计深度，并作为传力杆，将桩锤击力传至桩端夯扩成大头形，并且增大了地基的密实度；同时，利用内管和桩锤的自重将外管内的现浇桩身混凝土压密成型，使水泥浆压入桩侧土体并挤密桩侧的土，从而使桩的承载力大幅度提高。

4）振动沉管灌注桩适用于一般黏性土、淤泥、淤泥质土、粉土、湿陷性黄土、稍密及松散的砂土及填土，在坚硬砂土、碎石土及有硬夹层的土层中，由于容易损坏桩尖，不宜采用。根据承载力的不同要求，拔管方法可采用单打法、复打法、反插法。

3. 水下混凝土灌注方法

1）水下灌注混凝土施工如图 2-22 所示，其工艺流程为：测量桩位→埋设钢护筒→桩机就位→泥浆制备→机械成孔→第一次清孔→安放钢筋笼→安放导管→第二次清孔→水下灌注混凝土→场地清理。

2）用于水下灌注的混凝土，其强度等级不应低于 C25；粗骨料粒径不得大于钢筋最小净距的 1/3 和 40mm；必须具备良好的和易性，坍落度宜为 180～220mm；水泥用量不少于 360kg/m^3；砂率宜为 40%～50%，并宜选用中粗砂；纵筋的混凝土保护层厚度不小于 50mm。

水下灌注混凝土常用导管法。它是将密封连接的钢管作为水下混凝土的灌注通道，以避免泥浆与混凝土接触，如图 2-23 所示。导管通常用壁厚不小于 3mm 的无缝钢管制作，直径为 200~300mm，每节长 2~3m，底节长不小于 4m。各节间通常用双螺纹方扣快速接头连接或法兰连接。

a)   b)   c)

d)   e)

图 2-22　水下混凝土灌注施工

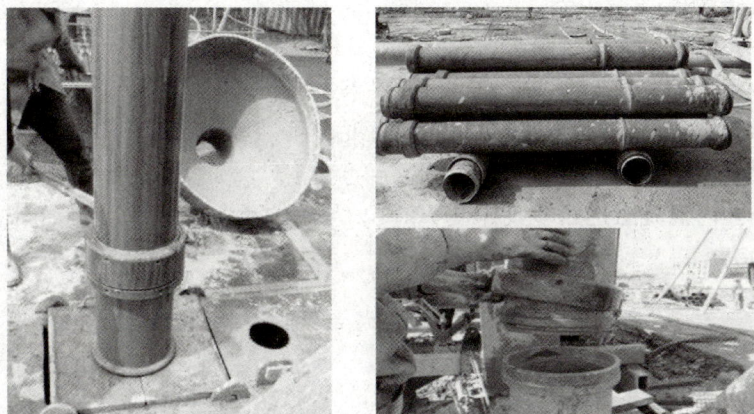

图 2-23　导管连接

灌注混凝土前，将导管吊入桩孔内，底部距桩孔底 0.3~0.5m，导管顶部连接储料漏斗，在导管内放入隔水栓，用细钢丝悬吊，如图 2-24 所示。隔水栓宜采用球胆或预制混凝

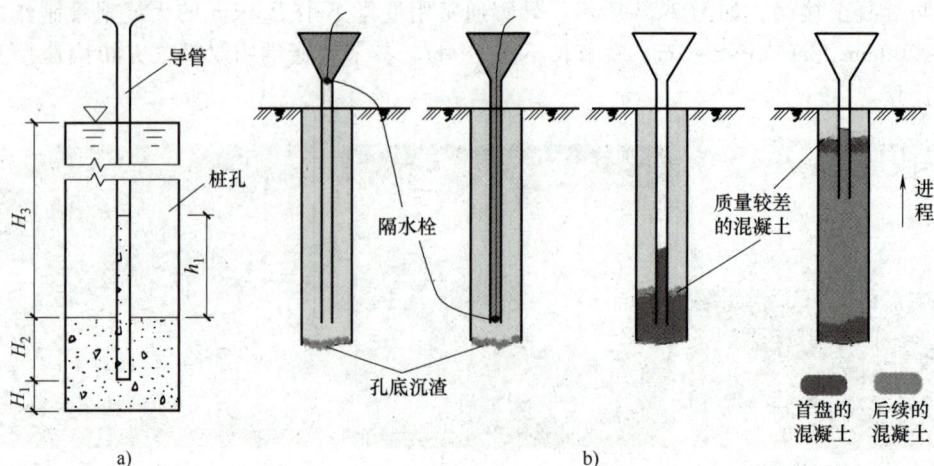

图 2-24　水下混凝土灌注

土块（外套橡胶圈）。

灌注时，应先计算首批混凝土所需量，以在漏斗内灌入足够的混凝土，保证首批混凝土下落后能将导管下端埋入混凝土中 1m 以上。然后剪断钢丝，隔水栓下落，混凝土随隔水栓冲出导管下口，并把导管底部埋入混凝土内。其后要连续灌注混凝土，适时提升并逐节拆除导管，如图 2-25 所示。要控制导管提升速度，保持管底埋入混凝土中 2~6m。浇至桩顶时，要超灌 0.5~1.0m 高度，以保证凿除泛浆层后，桩顶混凝土强度满足设计要求。

灌注首批混凝土所需量

$$V=\frac{\pi}{4}D^2\left(H_1+H_2\right)+\frac{\pi d^2}{4}h_1,\ h_1=\frac{\gamma_1}{\gamma_2}H_3$$

式中　V——灌注首批混凝土所需量；

D——桩孔直径；

H_1——桩孔底至导管底端距离，一般为 0.3~0.5m；

H_2——导管首批混凝土埋置深度，一般要求 ≥1.0m；

H_3——导管首批混凝土灌注后孔内泥浆高度；

d——导管内径；

h_1——桩孔内混凝土达到埋置深度 H_2 时，导管内混凝土柱平衡导管外泥浆压力所需的高度；

γ_1——泥浆重度；

γ_2——混凝土重度。

4. 常见质量问题及处理方法

1）塌孔。在成孔过程中或成孔后，如泥浆中不断出现气泡或护筒内的水位突然下降，这均是塌孔的迹象。其形成原因主要是土质松散、泥浆护壁不力。若发生塌孔，应探明塌孔位置，将砂和黏土混合物回填到塌孔位置以上 1~2m；若塌孔严重，应全部回填，待回填物沉积密实后再重新钻孔。

2）缩孔。缩孔是指钻孔后孔径小于设计孔径的现象。缩孔是塑性土膨胀或软弱土层挤

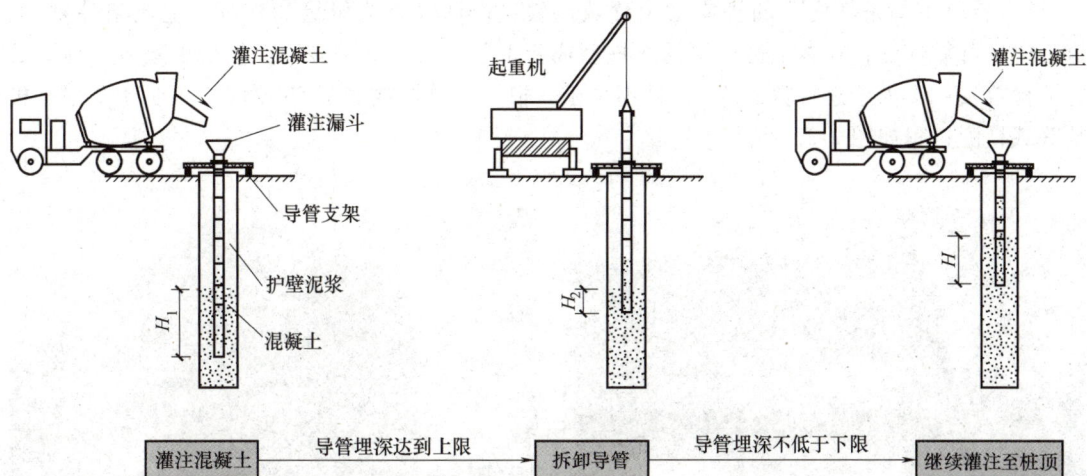

图 2-25　导管安拆示意

压造成的，处理时可用钻头反复扫孔，以扩大孔径。

3）斜孔。成孔后发现垂直偏差过大，这是由于护筒倾斜和位移、钻杆不垂直、钻头导向性差、土质软硬不一、斜边岩石或遇上孤石等原因造成。斜孔会影响桩基质量，并会给后续施工造成困难。处理时可在偏斜处吊住钻头，回填片石或混凝土等，上下反复扫孔，直至把孔位校直。

4）孔底沉渣过厚。成孔及清孔时应尽量清理孔底沉渣。孔底沉渣厚度，对于端承桩不大于 50mm，摩擦桩不大于 100mm。还可采取在钢筋骨架上固定注浆管，如图 2-26 所示，待灌注混凝土成桩 $2d$ 后，向孔底注入高压水泥浆，以挤密固结沉渣。后注浆法可使灌注桩承载力提高 40% 以上，沉降量减少 30% 左右。

桩底的三个注浆阀

a)　　　　　　　　　b)

图 2-26　注浆管安装示意

2.3.5　桩基检测

1. 单桩承载力检测

单桩承载力检测分为静载和动载两种。

1）符合下列条件之一的桩应采用静载试验：设计等级为甲级的桩基；地质条件复杂、施工质量可靠性低；在本地区采用的新桩型或新工艺；挤土群桩施工产生挤土效应。静载试验抽检数量：不少于总桩数的 1%，且不少于 3 根；当总桩数少于 50 根时，不少于 2 根。桩基静载检测过程如图 2-27 所示。

图 2-27　桩基静载检测

2）对上述规定之外的预制桩和满足高应变法适用检测范围的灌注桩，可采用高应变法进行动载检测，也可以采用简易静载试验来检验单桩承载力。检测数量：不宜少于总桩数的 5%，且不得少于 10 根。灌注桩动载检测如图 2-28 所示。

a) 安装感应装置　　　　　b) 吊起落锤　　　　　c) 设置桩垫

d) 测量落距　　　　　e) 桩基大应变频谱分析仪

图 2-28　灌注桩动载检测

3）对受设备或现场条件限制无法进行单桩承载力检测的端承型大直径灌注桩，可采用钻芯法测定桩底沉渣厚度并钻取桩端持力层岩土芯样检验桩端持力层，检测数量：不应少于总桩数的5%，且不应少于10根。钻芯法基桩检测如图2-29所示，桩身混凝土芯样质量检查如图2-30所示。

图2-29 钻芯法基桩检测

图2-30 桩身混凝土芯样质量检查

2. 桩身完整性抽样检测

（1）检测数量

1）桩基设计等级为甲级，或地质条件复杂、施工质量可靠性较低的灌注桩，检测数量不应少于总桩数的30%，且不得少于20根；其他桩基工程的检测数量不应少于总桩数的20%，且不得少于10根。

2）除符合1）的要求外，每个柱下承台检测桩数不应少于1根。

3）大直径嵌岩灌注桩或设计等级为甲级的大直径灌注桩，应在上述1）、2）规定的检测桩数范围内，按不少于总桩数10%的比例采用钻芯法或声波透射法对进行桩身完整性检测，如图2-31所示。

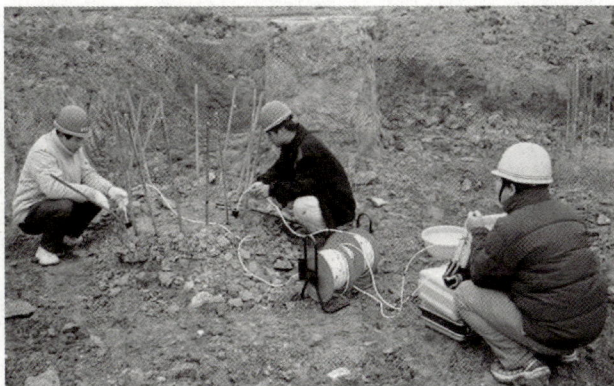

图2-31 声波透射法进行桩身完整性检测

（2）检测方法 桩身完整性检测可以采用低应变法、高应变法、声波透射法、钻芯法。当一种方法不能全面评价基桩完整性时，应采用两种或两种以上的检测方法。

2.4 桩基础施工方案实例

1. 工程概况

某工程钻孔灌注桩共布桩 94 根，其中桩径为 400mm 的 18 根、桩径为 600mm 的 40 根、桩径为 1000mm 的 4 根、桩径为 1200m 的 32 根。设计要求桩端支承于微风化基岩上，且嵌入该岩层 1.5 倍桩径，基岩强度 $f_x = 10000$kPa，平均桩长约为 25.5m，理论成孔量约为 4500m³。由于工期紧迫，在施工区域内配置了 6 台桩机，由西向东错开排列，其中 2 号和 5 号桩机分别负责西塔楼和东塔楼的电梯基坑下的钻孔灌注桩施工，6 台桩机不分昼夜同时施工。

2. 钻孔灌注桩施工工艺

该工程桩型为大中型桩，采用正循环钻进成孔，二次反循环换浆清孔。整套工艺分为成孔、下放钢筋笼和导管灌注水下混凝土。

主要施工工艺如下：

（1）清除障碍　在施工区域内全面用挖掘机向下挖掘 4～5m，彻底清除大块角石等障碍物。

（2）桩位控制　该工程采用全站仪坐标法控制桩位及轴线，每桩施工前再次对桩位进行复核。

（3）埋设护筒　采用十字架中心吊锤法将钢制护筒垂直稳固地埋实。护筒埋好后外围回填黏性土并夯实，以防滑浆和塌孔，同时测量护筒标高。

（4）钻机安装定位　钻机安装必须水平、稳固，起重滑轮前缘、转盘中心与护筒中心在同一铅垂线上，用水平尺依纵横向校平转盘，以保证桩机的垂直度。

（5）钻进成孔

1）钻头：选用导向性能良好的单腰式钻头。

2）钻进技术参数：采用分层钻进技术，即针对不同的土层特点，适当调整钻进参数。开孔钻进，采用轻压慢转钻进方式，对于粉质黏土和粉砂层要适当控制钻压，调整泵量，以较高的转速通过。

3）护壁泥浆：第一根桩采用优质黏土造浆，后续桩主要采用原土自然造浆，产生的泥浆经沉淀、过滤后循环使用。考虑到本场地砂层较厚，水量丰富，为防止塌孔，保证成孔质量，还配备一定数量的优质黏土，作制备循环泥浆之用。泥浆循环系统由泥浆池、循环槽、泥浆泵、沉淀池、废浆池（罐）等组成。

4）终孔及持力层的确定：施工第一根桩时做超前钻，取得岩样进行单轴抗压强度试验，会同设计人员确定岩性及终孔深度。在施工过程中，若有疑问，继续抽芯取样并试验，确保达到设计要求。终孔前 0.5m，采用小参数钻进，以减少孔底沉渣。

（6）一次清孔　终孔时，使用较好泥浆，将钻具反复在距孔底 1.5m 范围内边扫边冲孔，低转速钻进，大泵送泥浆有利于搅碎孔底大泥块，再用砂石泵吸渣清孔。

（7）钢筋笼保护层　在吊放钢筋笼时，沿钢筋笼外围上、中、下三段绑扎混凝土垫块，以保证钢筋笼的保护层厚度。

（8）钢筋笼的制作与下放

1）钢筋笼由专人负责焊接，经验收合格后按设计标高垂直下入孔内。

2）吊放过程中必须轻提、慢放，若下放遇阻应停止，查明原因处理后再行下放，严禁将钢筋笼高起猛落，强行下放。钢筋笼到达设计位置后，立即固定，防止移动。

（9）下导管　灌注混凝土选用 $\phi250mm$ 灌注导管，导管必须内平、笔直，并保证连接处密封性能良好，防止泥浆渗入。

（10）二次清孔　第二次清孔在下导管后进行，清孔时用较好泥浆清孔，将孔内较大泥屑排出孔外，置换孔内泥浆，直至泥浆相对密度≤1.15，清孔过程中，必须将管下放至孔底，孔底沉渣厚度≤50mm，方可进行混凝土灌注。

（11）水下混凝土灌注　本工程以商品混凝土为主，必须保证在二次清孔结束后30min内进行混凝土灌注，商品混凝土加入缓凝剂。开灌储料斗内必须有足以将导管的底端一次性埋入水下混凝土中1m以上的混凝土储存量。灌注过程中，及时测量孔内混凝土面高度，准确计算导管埋深，导管的埋探控制在2~6m，机械不得带故障施工。

由于该工程基础桩的形式选择正确，而且施工管理完善，94根钻孔灌注桩仅用了两个月的施工工期就顺利完成。之后抽取了3根桩进行双倍设计承载力的单桩竖向静载试验，结果各桩均能满足规范规定的要求。同时也抽取了20根桩（抽样率21.3%）进行反射波法的桩基无损检测，结果Ⅰ类桩有19根，Ⅱ类桩有1根。在竣工验收时首测的整幢建筑物最大沉降量也只有4mm，桩基施工达到了较理想的效果。

2.5　实训环节

2.5.1　地基处理和桩基础施工参观

1. 实习内容

1）了解施工现场地基处理的方法。

2）了解施工现场桩基础施工工艺。

3）了解施工现场桩基础检测方法。

4）了解桩基础施工机械。

2. 实习纪律

1）服从指导人员的指导，有组织、有步骤、有秩序地参观、听讲。

2）在施工现场参观时，要佩戴安全帽，不得乱跑、乱动，随时注意安全，防止发生事故。

3）在工地不得随便靠近施工机械，严禁未经允许，触摸施工现场的开关按钮。

4）在参观、听讲时，注意力集中，不能吵闹，不明白的地方可向指导人员虚心请教。

3. 实习总结

在实习过程中，应对参观内容认真做好记录。

4. 实训作业

完成泥浆护壁回转钻孔灌注桩技术交底内容，见表2-1。

表 2-1　泥浆护壁回转钻孔灌注桩技术交底记录

工程名称		交底部位	
工程编号		日　期	

交底内容：

泥浆护壁回转钻孔灌注桩技术交底

一、材料要求

二、主要机具

三、作业条件

四、操作工艺

五、质量标准

六、成品保护

七、应注意的质量问题

技术负责人：	交底人：	接受交底人：
日期：	日期：	日期：

2.5.2 地基处理与桩基础工程常见质量问题分析

分析表 2-2 中地基处理与桩基础工程常见质量问题的原因，并提出防治方法。

表 2-2 地基处理与桩基础工程常见质量问题分析

常见问题	原因分析	防治方法
回填土密实度达不到要求		
预制桩桩身断裂		
泥浆护壁灌注桩坍孔		

2.6 实训自评

请如实填写表 2-3。

表 2-3 实训自评

姓名： 岗位职务： 班级：		学号：		组别：
目标		掌握	了解	不会
地基处理与桩基础工程的技术要求和工艺的基本知识				
分析并解决地基处理与桩基础工程常见质量问题				
编写施工技术交底文件				
总结与提高				
你在整个任务完成过程中做得好的是什么？还有什么不足？有何打算？				
你在整个任务完成过程中出现了哪些问题？你是如何解决的？你还有什么问题不能解决？				
教师评价				

项目 3

钢筋工程

【导读】

　　钢筋工程施工时（图 3-1），常因钢筋原材料不符合要求，选用垫块尺寸不符合要强求，搭接、焊接施工操作不当等因素，导致出现钢筋加工缺陷较多、焊接质量不合格、钢筋保护层垫块不符合要求、钢筋搭接及锚固长度不够、箍筋接头位置绑扎错误等质量通病。因此，需要采取预防措施，焊接时两端钢筋夹持于夹具内，上下应同心，且上下钢筋直径相差不宜超过两级，同时上钢筋应保持垂直和稳定；布置垫块时应按梅花状放置，且距离不得过大，同时应保证垫块放置牢固，严禁松动、位移、脱落。

图 3-1　钢筋工程施工

　　工程建设中，如果施工不当，常会造成质量问题。而质量是生命，各方责任主体要承担质量终身责任。因此，施工中应采取相应措施最大限度地消除质量问题，以保证工程结构质量可靠、安全牢固。

3.1　实训目的

1）掌握钢筋的种类及验收。

2）掌握钢筋的性质。

3）了解钢筋下料计算方法。

4）掌握钢筋的代换原则。

5）掌握钢筋的加工和连接。

6）掌握梁、板、柱钢筋绑扎工艺。

3.2　实训内容

1）学习钢筋工程的技术要求和工艺的基本知识。

2）学习钢筋构件的加工与绑扎。

3）学习钢筋工种竞赛操作规则和操作技能要求。

3.3　知识拓展

3.3.1　钢筋的种类及验收

1. 钢筋的种类

混凝土结构用的普通钢筋，可分为热轧钢筋和冷加工钢筋两类。

热轧钢筋是最常用的钢筋，有_____、_____、_____三种。热轧钢筋按屈服强度（MPa）分为_____级、_____级、_____级和_____级。纵向受力普通钢筋宜采用 HRB400、HRB500、HRBF400、HRBF500 级钢筋，也可采用 HPB300、RRB400 级钢筋。梁柱纵向受力普通钢筋应采用 HRB400、HRB500、HRBF400、HRBF500 级钢筋。有抗震设计要求时，可采用抗震钢筋。箍筋宜采用 HRB400、HRBF400、HPB300、HRB500、HRBF500 级钢筋。

冷加工钢筋可分为冷轧扭钢筋（图 3-2a）、冷轧带肋钢筋（图 3-2b）和冷拔螺旋钢筋等（冷拉钢筋和冷拔低碳钢丝已逐渐淘汰）。

a) 冷轧扭钢筋　　　　　　　　　　b) 冷轧带肋钢筋

图 3-2　冷轧钢筋

2. 钢筋验收

运至现场的钢筋验收，包括钢筋标牌和外观检查，并按有关规定取样进行机械性能检验。

（1）钢筋标牌验收　钢筋出厂，每捆（盘）应挂有两个标牌（上注厂名、生产日期、钢号、炉罐号、钢筋级别、直径等），如图 3-3 所示，并有随货同行的出厂质量证明书或试验报告书。

工地按品种、批号及直径分批验收，每批数量热轧钢筋不超过＿＿＿＿＿＿＿＿＿、冷轧带肋钢筋为＿＿＿＿＿＿＿＿＿＿＿＿＿、冷轧扭钢筋为＿＿＿＿＿＿＿＿＿。

（2）外观检查　热轧钢筋表面不得有裂缝、结疤和折叠，外形尺寸应符合规定；冷轧扭钢筋要求表面光滑，无裂缝、无折叠夹层，也无深度超过 0.2mm 的压痕或凹坑。

（3）取样检验　从每批次钢筋中任选两根，每根取两个试件分别进行＿＿＿＿＿＿＿＿试验（屈服点、抗拉强度和伸长率的测定）和＿＿＿＿＿＿＿＿试验。如有一项试验结果不符合规定，则应从同一批钢筋另取双倍数量的试件重做各项试验，如仍有一个试件不合格，则该批钢筋为不合格品，应不予验收或降级使用。

图 3-3　钢筋的出厂标牌

3.3.2　钢筋的性质

热轧钢筋具有软钢性质，有明显的屈服性；冷轧带肋钢筋呈硬钢性质，无明显屈服点，一般将对应于塑性应变为 0.2% 时的应力定为屈服强度，并用 $\sigma_{0.2}$ 表示。

钢筋的延性通常用拉伸试验测得的伸长率表示。钢筋伸长率一般随钢筋（强度）等级的提高而＿＿＿＿＿＿＿＿。

钢筋冷弯是考核钢筋的塑性指标，也是钢筋加工所需的。钢筋冷弯性能一般随着强度等级的提高而＿＿＿＿＿＿＿＿。低强度热轧钢筋冷弯性能较好，强度较高的稍差，冷加工钢筋的冷弯性能最差。

钢材的焊接性常用碳当量来估计。钢材的焊接性随碳当量百分比的增大而＿＿＿＿＿＿。钢筋的化学成分中，＿＿＿＿＿＿＿＿、＿＿＿＿＿＿＿＿为有害物质，应严格控制。

3.3.3　钢筋下料计算

钢筋下料是根据施工图，绘制各种钢筋形状、规格，加以编号，并计算各种型号钢筋的直线下料长度、根数及质量，填写配料单，为钢筋备料、加工和结算提供依据。

1. 施工图尺寸和钢筋下料长度的区别

施工图尺寸是结构施工图中所示钢筋尺寸，是直筋、箍筋等形状钢筋的外包尺寸。

若在配料中直接根据图纸中所示外包尺寸下料，钢筋经过弯曲或增加弯钩等加工过程成型后的长度和高度就会大于施工图尺寸。因此，配料时必须将加工过程中导致钢筋外包尺寸加长的因素考虑进去，按调直后钢筋中心轴线尺寸计算，这个尺寸就是钢筋下料长度。

2. 弯曲调整值

弯曲调整值是由两方面原因造成的：一是钢筋在加工过程中长度会发生变化，外包尺寸伸长、内包尺寸缩短、中轴线不变；二是量度的不同。钢筋长度的度量方法按外包尺寸，而钢筋下料尺寸按中心轴线尺寸，所以钢筋经过弯曲或增加弯钩等加工过程后，钢筋度量的尺寸和钢筋下料尺寸存在差值，称为弯曲调整值，也称量度差值，见表3-1。

弯曲调整值的大小与转角大小、钢筋直径及弯转直径有关。计算下料长度时，必须扣除该差值。

表3-1 钢筋弯曲调整值

钢筋弯曲角度	30°	45°	60°	90°	135°
钢筋弯曲调整值	0.35d	0.5d	d	2d	2.5d

注：d为钢筋直径。

3. 混凝土保护层厚度

混凝土保护层是指最外层钢筋外缘至混凝土构件表面的距离，其作用是保护钢筋在混凝土结构中不受锈蚀。根据《混凝土结构设计标准（2024年版）》（GB/T 50010—2010）的规定，设计使用年限50年的混凝土结构，其混凝土保护层最小厚度应符合表3-2的规定。

混凝土的保护层厚度，一般用水泥砂浆垫块或塑料卡垫在钢筋与模板之间来控制。塑料卡的形状有塑料垫块和塑料环两种。塑料垫块用于水平构件，塑料环用于垂直构件。

表3-2 混凝土保护层最小厚度 （单位：mm）

环境等级	板、墙、壳	梁、柱
一	15	20
二 a	20	25
二 b	25	35
三 a	30	40
三 b	40	50

注：1. 混凝土强度等级不大于C25时，表中保护层厚度数值应增加5mm。
2. 钢筋混凝土基础宜设置混凝土垫层，基础中钢筋的混凝土保护层厚度应从垫层顶面算起，且不应小于40mm。

4. 钢筋弯钩增加值

常见的钢筋弯钩形式有三种：半圆弯钩（180°）、直弯钩（90°）及斜弯钩（135°）。工程中，直线段通常按3d（d为钢筋直径）计算，钢筋弯钩增加值见表3-3。

表3-3 常见钢筋弯钩增加值

钢筋弯钩角度	90°	135°	180°
钢筋弯钩增加值	4.9d	3.5d	6.25d

5. 箍筋长度调整值

为了箍筋计算方便，一般将箍筋弯钩增长值和量度差值两项合并成一项，称为箍筋长度调整值，见表3-4。

表3-4 箍筋长度调整值

箍筋量度方法	箍筋直径/mm			
	4~5	6	8	10~12
外包尺寸	40	50	60	70

各种钢筋下料长度计算如下：

直钢筋下料长度＝构件长度－混凝土保护层厚度＋弯钩增加长度

弯起钢筋下料长度＝直段长度＋斜段长度－弯曲调整值＋弯钩增加长度

箍筋下料长度＝箍筋周长＋箍筋长度调整值

3.3.4 钢筋的代换

1）代换原则：＿＿＿＿＿＿＿＿＿＿＿＿或＿＿＿＿＿＿＿＿＿＿＿＿＿。当构件配筋受强度控制时，按＿＿＿＿＿＿＿＿＿＿＿的原则进行代换；当构件按最小配筋率配筋时，或同钢号钢筋之间的代换，按＿＿＿＿＿＿＿＿＿＿＿＿的原则进行代换；当构件受裂缝宽度或挠度控制时，代换前后应进行裂缝宽度和挠度验算。

2）钢筋代换时，应征得设计单位的同意，相应费用按有关合同规定（一般应征得业主同意）并办理相应手续。代换后钢筋的间距、锚固长度、最小钢筋直径、数量等构造要求和受力、变形情况均应符合相应规范要求。

练习 1：某钢筋工程，设计图纸要求 4 根 φ16 的钢筋，现因缺少 φ16 的钢筋而要进行钢筋代换。试计算下列情况下的钢筋数量（不进行抗裂验算）：

1）用 φ20 的钢筋进行代换。

2）用 φ18 的钢筋进行代换。

3.3.5 钢筋加工

钢筋加工一般集中在钢筋加工棚，采用流水作业法进行，如图 3-4、图 3-5 所示，然后运至工地进行安装和绑扎。钢筋加工过程包括钢筋调直、除锈、切断、接长、弯曲。

图 3-4　工地钢筋加工棚

图 3-5　钢筋加工棚加工内景

1. 钢筋调直

以盘圆供货的钢筋调直一般采用冷拉进行，HPB300 级光圆钢筋冷拉率不宜大于_____，HRB400、HRB500、HRBF400、HRBF500 及 RRB400 级带肋钢筋不宜大于_____；钢筋调直过程中不应损伤带肋钢筋的横肋。调直后的钢筋应平直，不应有局部弯折。

直径 6~14mm 的钢筋可用钢筋调直机进行调直，如图 3-6 和图 3-7 所示，钢筋调直机兼有_____、_____、_____三项功能。

图 3-6　钢筋调直机

图 3-7　盘圆冷拉钢筋调直时的开卷

2. 钢筋除锈

为保证钢筋与混凝土之间的握裹力，严重锈蚀的钢筋应除锈。除锈方法有_____、_____、_____、_____。

3. 钢筋切断

钢筋切断可采用钢筋切断机或手动液压切断器进行，如图 3-8 和图 3-9 所示。钢筋的切断口不得有马蹄形或起弯等现象。

图 3-8　钢筋切断机断料

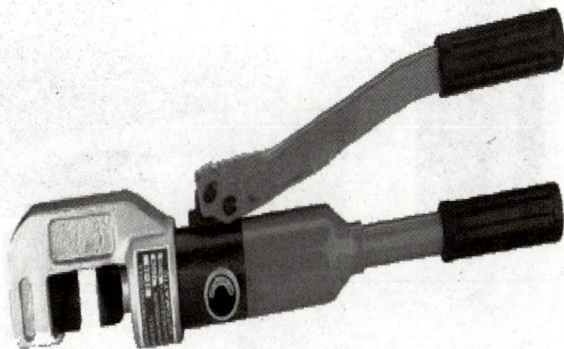

图 3-9　手动液压切断器

4. 钢筋弯曲

钢筋弯曲宜用钢筋弯曲机或弯箍机进行，弯曲形状复杂的钢筋应画线、放样后进行加工，如图 3-10 所示。

图 3-10 弯曲钢筋加工

3.3.6 钢筋的连接

钢筋接头有三种连接方法：＿＿＿＿＿＿＿、＿＿＿＿＿＿＿、＿＿＿＿＿＿＿。

1. 钢筋的焊接

常用的焊接方法有：＿＿＿＿＿＿＿＿＿＿＿＿＿＿＿＿＿＿＿＿＿＿＿＿＿＿＿

＿＿＿＿＿＿＿＿＿＿＿＿＿＿＿＿＿＿＿＿＿＿＿＿＿＿＿＿＿＿＿＿＿＿＿＿＿

＿＿＿＿＿＿＿＿＿＿＿＿＿＿＿＿＿＿＿＿＿＿＿＿＿＿＿＿＿＿＿＿＿＿＿。

请在图 3-11 相应位置填写钢筋的焊接方法。

图 3-11 钢筋焊接

2. 钢筋机械连接

常用的机械连接方法有：＿＿＿＿＿＿＿＿＿＿＿＿＿＿＿＿＿＿＿＿＿＿＿＿＿

＿＿＿＿＿＿＿＿＿＿＿＿＿＿＿＿＿＿＿＿＿＿＿＿＿＿＿＿＿＿＿＿＿＿＿＿＿

＿＿＿＿＿＿＿＿＿＿＿＿＿＿＿＿＿＿＿＿＿＿＿＿＿＿＿＿＿＿＿＿＿＿＿。

请在图 3-12 相应位置填写钢筋的机械连接方法。

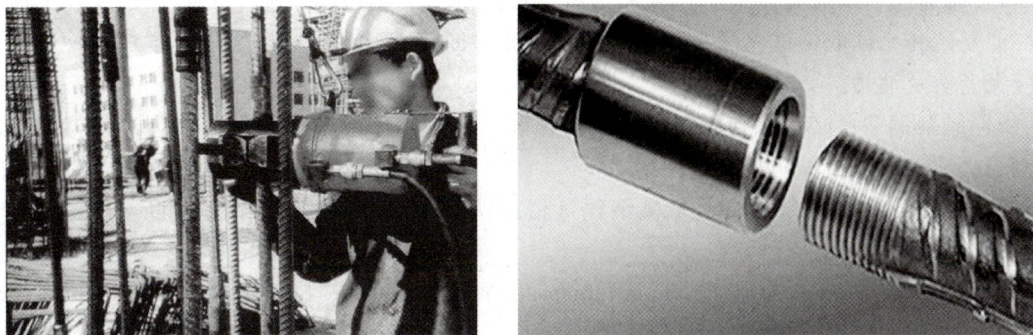

图 3-12　钢筋连接

3. 钢筋绑扎连接（或搭接）

当受拉钢筋直>25mm、受压钢筋直径>28mm 时，不宜采用_____。轴心受拉及小偏心受拉杆件（如桁架和拱架的拉杆等）的纵向受力钢筋和直接承受动力荷载结构中的纵向受力钢筋均不得采用_____。

钢筋接头宜设置在构件受力较小处，同一纵向受力钢筋不宜设置两个或两个以上接头，接头末端至钢筋弯起点的距离不应小于钢筋直径的 10 倍。

同一构件中相邻纵向受力钢筋的绑扎搭接接头宜_____，位于同一连接区段内（钢筋搭接长度的 1.3 倍）的受拉钢筋搭接接头面积百分率：对梁类、板类及墙类构件不宜大于 25%，对柱类构件不宜大于 50%。

3.3.7　钢筋绑扎工程施工工艺

筏形基础钢筋绑扎

1. 施工准备

（1）作业条件

1）钢筋进场后应检查是否有产品合格证、出厂检测报告和进场复验报告，并按施工平面图中指定的位置，按规格、使用部位、编号分别加垫木堆放。

2）钢筋绑扎前，应检查有无锈蚀，除锈之后再运至绑扎部位。

3）熟悉设计图纸，按设计要求检查已加工好的钢筋规格、形状、数量是否正确。

4）做好抄平放线工作，弹好水平标高线，柱、墙外皮尺寸线。

5）根据弹好的外皮尺寸线，检查下层预留搭接钢筋的位置、数量、长度，如不符合要求，应进行处理。绑扎前先整理、调直下层伸出的搭接筋，并将浮锈、水泥砂浆等污垢清除干净。

6）根据标高检查下层伸出搭接筋处的混凝土表面标高（柱顶、墙顶）是否符合设计图纸要求，混凝土施工缝处要剔凿至露出石子并清理干净。

7）按要求搭好脚手架。

8）根据设计图纸及工艺标准要求，向班组进行技术交底。

（2）材料要求

1）钢筋原材：应有供应单位或加工单位资格证书、钢筋出厂质量证明书，按规定做力学性能复试和见证取样试验。如加工过程中发生脆断等特殊情况，还需做化学成分检验。钢筋应无老锈及油污。

2）成型钢筋：必须符合配料单的规格、型号、尺寸、形状、数量，并应进行标识。成型钢筋必须进行覆盖，防止雨淋生锈。

3）钢丝：可采用20~22号低碳钢丝（俗称铁丝）或镀锌钢丝。钢丝切断长度要满足使用要求。

4）垫块：用水泥砂浆制成50mm×50mm见方，厚度同保护层，垫块内预埋20~22号低碳钢丝，或用塑料卡、拉筋、支撑筋。

（3）施工机具　钢筋钩子、撬棍、扳子、绑扎架、钢丝刷、手推车、粉笔、尺子等。

2. 质量要求

（1）钢筋原材料及钢筋加工工程　质量要求符合《混凝土结构工程施工质量验收规范》（GB 50204—2015）的规定，见表3-5。

表 3-5　钢筋原材料及钢筋加工工程质量要求

项目	序号	检查项目		允许偏差或允许值
主控项目	1	钢筋进场检验		第5.2.1条
	2	成型钢筋进场检验		第5.2.2条
	3	抗震用钢筋强度、最大力下总伸长率实测值		第5.2.3条
	4	钢筋弯折的弯弧内直径		第5.3.1条
	5	纵向受力钢筋的弯折后平直段长度		第5.3.2条
	6	箍筋和拉筋末端的弯钩要求		第5.3.3条
	7	盘卷钢筋调直后的检验		第5.3.4条
一般项目	1	外观质量		第5.2.4~5.2.6条
	2	钢筋加工允许偏差/mm	受力钢筋顺长度方向全长的净尺寸	±10
			弯起钢筋的弯折位置	±20
			箍筋内净尺寸	±5

（2）钢筋安装工程　质量要求符合《混凝土结构工程施工质量验收规范》（GB 50204—2015）的规定，见表3-6。

表 3-6　钢筋安装工程质量要求

项目	序号	检查项目	允许偏差或允许值
主控项目	1	纵向受力钢筋的连接方式	第5.4.1条
	2	机械连接和焊接接头的力学性能、弯曲性能	第5.4.2条
	3	螺纹接头拧紧扭矩值	第5.4.3条
	4	受力钢筋的品种、级别和数量	第5.5.1条

（续）

项目	序号	检查项目			允许偏差或允许值
一般项目	1	钢筋接头位置			第5.4.4条
	2	机械连接、焊接的外观质量			第5.4.5条
	3	机械连接、焊接的接头面积百分率			第5.4.6条
	4	绑扎搭接接头设置要求			第5.4.7条
	5	搭接长度范围内的箍筋			第5.4.8条
	6	钢筋安装允许偏差/mm	绑扎钢筋网	长、宽	±10
				网眼尺寸	±20
			绑扎钢筋骨架	长	±10
				宽、高	±5
			纵向受力钢筋	锚固长度	−20
				间距	±10
				排距	±5
			纵向受力钢筋、箍筋的混凝土保护层厚度	基础	±10
				柱、梁	±5
				板、墙、壳	±3
			绑扎箍筋、横向钢筋间距		±20
			钢筋弯起点位置		20
			预埋件	中心线位置	5
				水平高差	+3,0

3. 工艺流程

（1）柱钢筋绑扎　套柱箍筋→搭接绑扎竖向受力筋→画箍筋间距线→绑箍筋。

（2）剪力墙钢筋绑扎　立2~4根竖筋→画水平筋间距→绑定位横筋→绑其余横竖筋。

（3）梁钢筋绑扎

1）模内绑扎：画主次梁箍筋间距→放主梁次梁箍筋→穿主梁底层纵筋及弯起筋→穿次梁底层纵筋并与箍筋固定→穿主梁上层纵向架立筋→按箍筋间距绑扎→穿次梁上层纵向钢筋→按箍筋间距绑扎。

2）模外绑扎（先在梁模板上口绑扎成型后再入模内）：画箍筋间距→在主次梁模板上口铺横杆数根→在横杆上面放箍筋→穿主梁下层纵筋→穿次梁下层钢筋→穿主梁上层钢筋→按箍筋间距绑扎→穿次梁上层纵筋→按箍筋间距绑扎→抽出横杆落骨架于模板内。

（4）板钢筋绑扎　清理模板→模板上画线→绑板下受力筋→绑负弯矩钢筋。

（5）楼梯钢筋绑扎　画位置线→绑主筋→绑分布筋→绑踏步筋。

框架梁　　　　边框梁　　　　地梁施工　　　　过梁　　　　井字梁施工

4. 操作工艺

（1）柱钢筋绑扎

1）套柱箍筋。按图纸要求间距，计算好每根柱箍筋数量，先将箍筋套在下层伸出的搭接筋上，然后立柱子钢筋，在搭接长度内绑扣不少于 3 个，绑扣要向柱中心。如果柱子主筋采用光圆钢筋搭接，角部弯钩应与模板成 45°，中间钢筋的弯钩应与模板成 90°。

框架柱钢筋绑扎

2）搭接绑扎纵向受力筋。柱子主筋立起之后，接头的搭接长度应符合设计要求，如设计无要求时，应按表 3-7 采用。

表 3-7　纵向受拉钢筋的最小搭接长度

钢筋种类及同一区段内搭接钢筋面积百分率		混凝土强度等级														
		C25		C30		C35		C40		C45		C50		C55		C60	
		$d\leqslant$25mm	$d>$25mm	$d\leqslant$25mm	$d>$25mm	$d\leqslant$25mm	$d>$25mm	$d\leqslant$25mm	$d>$25mm	$d\leqslant$25mm	$d>$25mm	$d\leqslant$25mm	$d>$25mm	$d\leqslant$25mm	$d>$25mm	$d\leqslant$25mm	$d>$25mm
HPB300	≤25%	41d	—	36d	—	34d	—	30d	—	29d	—	28d	—	26d	—	25d	—
	50%	48d	—	42d	—	39d	—	35d	—	34d	—	32d	—	31d	—	29d	—
	100%	54d	—	48d	—	45d	—	40d	—	38d	—	37d	—	35d	—	34d	—
HRB400 HRBF400 RRB400	≤25%	48d	53d	42d	47d	38d	42d	35d	38d	34d	37d	32d	36d	31d	35d	30d	34d
	50%	56d	62d	49d	55d	45d	49d	41d	45d	39d	43d	38d	42d	36d	41d	35d	39d
	100%	64d	70d	56d	62d	51d	56d	46d	51d	45d	50d	43d	48d	42d	46d	40d	45d
HRB500 HRBF500	≤25%	58d	64d	52d	56d	47d	52d	43d	48d	41d	44d	38d	42d	37d	41d	36d	40d
	50%	67d	74d	60d	66d	55d	60d	50d	56d	48d	52d	45d	49d	43d	48d	42d	46d
	100%	77d	85d	69d	75d	62d	69d	58d	64d	54d	59d	51d	56d	50d	54d	48d	53d

注：1. 表中数值为纵向受拉钢筋绑扎搭接接头的搭接长度。
　　2. 两根不同直径钢筋搭接时，表中 d 取较细钢筋直径。
　　3. 当为环氧树脂涂层带肋钢筋时，表中数据尚应乘以 1.25。
　　4. 当纵向受拉钢筋在施工过程中易受扰动时，表中数据尚应乘以 1.1。
　　5. 当搭接长度范围内纵向受力钢筋周边保护层厚度为 3d、5d（d 为搭接钢筋的直径）时，表中数据尚可分别乘以 0.8、0.7；中间时按内插值。
　　6. 当上述修正系数（注 3～注 5）多于一项时，可按连乘计算。
　　7. 当位于同一连接区段内的钢筋搭接接头面积百分率为表中数据中间值时，搭接长度可按内插取值。
　　8. 任何情况下，搭接长度不应小于 300mm。
　　9. HPB300 级钢筋末端应做 180°弯钩。

3）柱竖向筋采用机械或焊接连接时，按规范要求同一段面 50% 接头位置，第一步接头距楼板面大于 500mm 且大于 H/6，不在箍筋加密区。

4）画箍筋间距线。在立好的柱子竖向钢筋上，按图纸要求用粉笔画箍筋间距线。

5）柱箍筋绑扎。

① 按已画好的箍筋位置线，将已套好的箍筋往上移动，由上往下绑扎。钢筋绑扎的方法，根据各地习惯不同而各异，常采用一面顺扣操作法绑扎，如图 3-13 所示。绑扎时先将钢丝扣穿套钢筋交叉点，再用钢筋钩钩住钢丝弯成圆圈的一端，旋转钢筋钩（一般 1.5～2.5

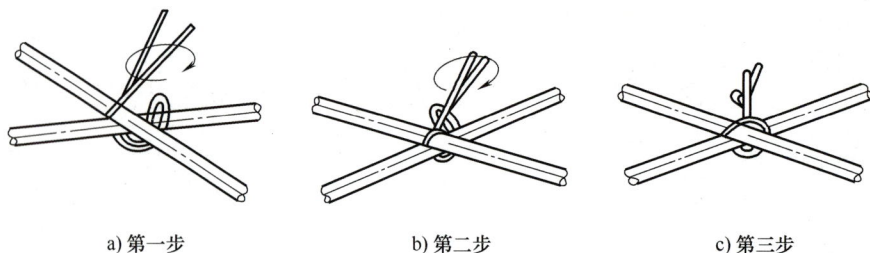

a）第一步　　　　　　　　　b）第二步　　　　　　　　　c）第三步

图 3-13　一面顺扣操作法

转即可）。这种方法操作简便、工效高、绑点牢固，适用于钢筋网与钢筋骨架各个部位的绑扎。

② 箍筋与主筋要垂直，箍筋转角处与主筋交点均要绑扎，主筋与箍筋非转角部分的相交点呈梅花交错绑扎。

③ 箍筋弯钩叠合处应沿柱子竖筋交错布置，并绑扎牢固，如图3-14所示。

④ 有抗震要求的地区，柱箍筋端头应弯成135°，平直部分长度不小于10d（d为箍筋直径），如图3-15所示。

6）柱上、下两端箍筋应加密，加密区长度及加密区内箍筋间距应符合设计图纸要求，以及不大于100mm且不大于5d的要求（d为主筋直径）。如设计要求箍筋设拉筋，拉筋应钩住箍筋，如图3-16所示。

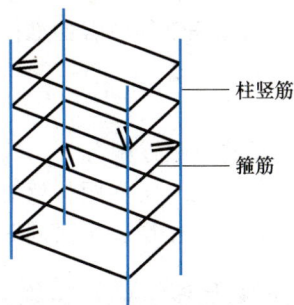

图 3-14　箍筋弯钩叠合处

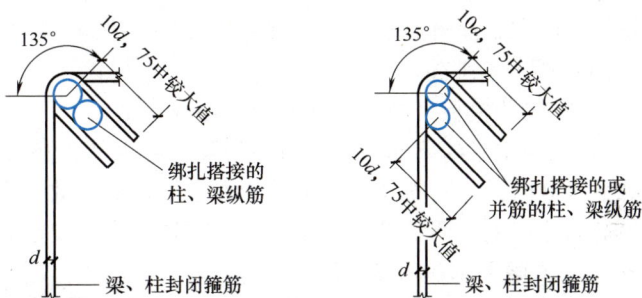

图 3-15　柱箍筋端头

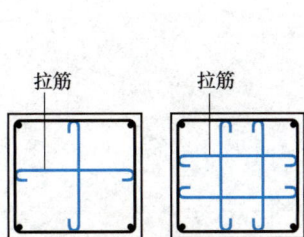

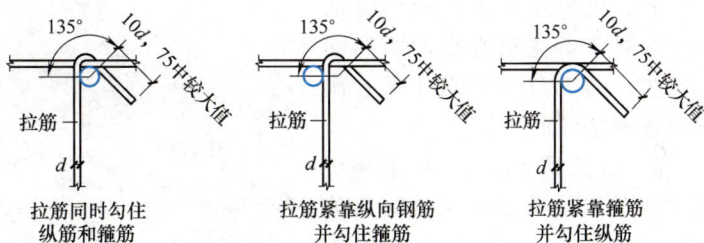

图 3-16　拉筋设置

7）柱筋保护层厚度应符合规范要求，如保护层厚度为25mm，垫块应绑在柱箍筋外皮上，保证箍筋外皮混凝土厚度为25mm，间距一般不超过1000mm（或用塑料卡卡在箍筋上），以保证钢筋保护层厚度准确。同时，可采用钢筋定距框来保证钢筋位置的正确性。当柱截面尺寸有变化时，柱应在板内弯折，弯后的尺寸要符合设计要求。

8）墙体拉结筋或埋件，根据墙体所用材料，按有关图集留置。

9）柱筋到结构封顶时，要特别注意边柱外侧柱筋的锚固长度为1.7l_{aE}，具体参见《建筑物抗震构造详图》（11G329-1）中的有关作法。同时在钢筋连接时要注意柱筋的锚固方向，保证柱筋正确锚入梁和板内。

（2）剪力墙钢筋绑扎

1）先立2~4根竖筋，将竖筋与下层伸出的搭接筋绑扎，在竖筋上画好水平筋分档标志；然后在下部及齐胸处绑两根横筋定位，并在横筋上画好竖筋分档标志；接着绑其余竖筋，最后绑其

剪力墙
连梁施工

GAZ（构造
边缘暗柱）

余横筋。横筋在竖筋里面或外面应符合设计要求。

2）竖筋与伸出搭接筋的搭接处需绑 3 根水平筋，其搭接长度及位置均符合设计要求，当设计无要求时，应符合表 3-7 的规定。

3）剪力墙筋应逐点绑扎，双排钢筋之间应绑拉筋或支撑筋，其纵、横间距不大于 600mm，钢筋外皮绑扎垫块或用塑料卡。

4）剪力墙与框架柱连接处，剪力墙的水平横筋应锚固到框架柱内，其锚固长度要符合设计要求。如先浇筑柱混凝土后绑剪力墙筋，柱内要预留连接筋或柱内预埋铁件，待柱拆模绑墙筋时作为连接用。其预留长度应符合设计或规范的规定。

5）剪力墙水平筋在两端头、转角、十字节点、连梁等部位的锚固长度及洞口周围加固筋等，均应符合设计、抗震要求。

6）合模后对伸出的竖向钢筋应进行修整，在模板上口加角铁或用梯子筋将伸出的竖向钢筋加以固定，浇筑混凝土时应有专人看护，浇筑后应再次调整，以保证钢筋位置的准确。

（3）梁钢筋绑扎

1）在梁侧模板上画出箍筋间距，摆放箍筋。

2）先穿主梁的下部纵向受力钢筋及弯起钢筋，将箍筋按已画好的间距逐根分开；穿次梁的下部纵向受力钢筋及弯起钢筋，并套好箍筋；放主次梁的架立筋；隔一定间距将架立筋与箍筋绑扎牢固；调整箍筋间距，使间距符合设计要求，绑架立筋，再绑主筋，主次同时配合进行。次梁上部纵向钢筋应放在主梁上部纵向钢筋之上，为了保证次梁钢筋的保护层厚度和板筋位置，可将主梁上部钢筋降低一个次梁上部主筋直径的距离加以解决。图 3-17 所示为主梁、次梁及板钢筋位置关系。

3）框架梁上部纵向钢筋应贯穿中间节点，梁下部纵向钢筋伸入中间节点的锚固长度及伸过中心线的长度要符合设计要求。框架梁纵向钢筋在端节点内的锚固长度也要符合设计要求，如图 3-18 所示。梁上部纵向筋的箍筋，常用一面顺扣法绑扎。

图 3-17　主梁、次梁及板钢筋位置关系

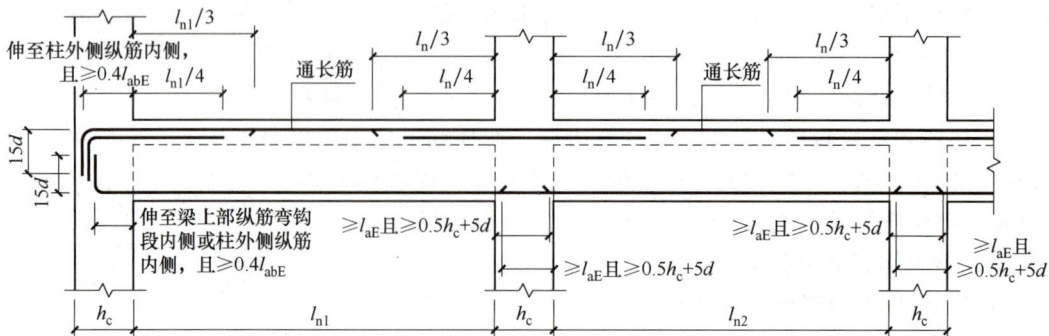

图 3-18　楼层框架梁 KL 纵向钢筋构造

4）箍筋在叠合处的弯钩，在梁中应交错布置，箍筋弯钩采用135°，平直部分长度为10d。

5）梁端第一个箍筋应设置在距离柱节点边缘50mm处。梁与柱交接处箍筋应加密，其间距与加密区长度均要符合设计要求。梁柱节点处，由于梁筋穿在柱筋内侧，导致梁筋保护层加大，应采用渐变箍筋，渐变长度一般为600mm，以保证箍筋与梁筋紧密绑扎到位。

6）在主、次梁受力筋下均应垫垫块（或塑料卡），保证保护层的厚度。受力筋为双排时，可用短钢筋垫在两层钢筋之间，钢筋排距应符合设计规范要求。

7）梁筋的搭接。梁的受力钢筋直径等于或大于22mm时，宜采用焊接接头或机械连接接头；小于22mm时，可采用绑扎接头，搭接长度要符合规范的规定。搭接长度末端与钢筋弯折处的距离，不得小于钢筋直径的10倍。接头不宜位于构件最大弯矩处，受拉区域内HPB300级钢筋绑扎接头的末端应做弯钩（HRB400级钢筋可不做弯钩），搭接处应在中心和两端扎牢。接头位置应相互错开，当采用绑扎搭接接头时，在规定搭接长度的任一区段内有接头的受力钢筋截面面积占受力钢筋总截面面积百分率，受拉区不大于50%。

（4）楼板钢筋绑扎

1）清理模板上面的杂物，在模板上画好主筋、分布筋间距线。

2）按画好的间距，先摆放受力主筋，后放分布筋。预埋件、电线管、预留孔等及时配合安装。

3）当现浇板中有板带梁时，应先绑板带梁钢筋，再摆放板钢筋。绑扎板钢筋常采用一面顺扣法，除外围两根筋的相交点应全部绑扎外，其余各点可交错绑扎。双向板钢筋的相交点须全部绑扎，绑扎时，每两个相邻交叉绑扎点的绑扎钢丝的朝向呈八字形（图3-19）。

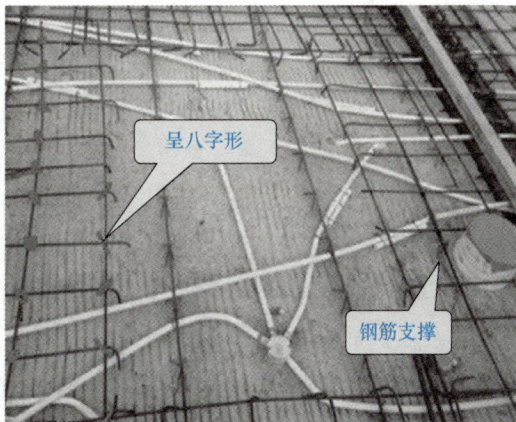

4）如板钢筋为双层，两层钢筋之间须加钢筋马凳，以确保上部钢筋的位置。负弯矩钢筋每个相交点均要绑扎。

图3-19 板钢筋绑扎

5）在钢筋下面垫好砂浆垫块，间距不超过1m。垫块的厚度等于保护层厚度，应满足设计要求，如设计无要求时，板的保护层厚度应为15mm。盖铁下部安装马凳，位置同垫块。

（5）楼梯钢筋绑扎

1）在楼梯底板上画出主筋和分布筋的位置线。

2）根据设计图纸中主筋、分布筋的方向，先绑扎主筋，后绑扎分布筋，每个交点均应绑扎。如有楼梯梁，先绑扎梁钢筋，后绑扎板钢筋，板钢筋要锚固到梁内。

钢筋混凝土梁式楼梯支模与钢筋构造

3）绑扎好底板钢筋后，待踏步模板支好，再绑扎踏步钢筋。主筋的接头数量和位置均要符合施工规范的规定。

5. 成品保护

1）楼板的弯起钢筋、负弯矩钢筋绑扎好后，不准在上面踩踏行走。浇筑混凝土时，应

派钢筋工修整，以保证负弯矩筋位置的准确性。

2）绑扎钢筋时，禁止碰、动预埋件及洞口模板。

3）钢模板内面涂隔离剂时，不得污染钢筋。

4）安装电线管、暖卫管线或其他设施时，不得任意切断和移动钢筋。

6. 应注意的质量问题

1）浇筑混凝土前检查钢筋位置是否准确，振捣混凝土时防止碰、动钢筋，浇筑混凝土后立即修整甩筋的位置，防止柱筋、墙筋位移。

2）梁钢筋骨架尺寸小于设计尺寸：配制箍筋时应按内皮尺寸计算。

3）梁、柱核心区箍筋应加密，要熟悉图纸，按要求施工。

4）箍筋末端应弯成135°，平直部分长度为10d。

5）梁主筋进支座长度要符合设计要求，弯起钢筋位置要准确。

6）板的弯起钢筋和负弯矩钢筋位置应准确。

7）绑板的盖铁钢筋应拉通线，绑扎时随时找正调直，防止板筋不顺直、位置不准、观感不好。

8）绑竖向受力筋时要吊正，搭接部位绑3个扣，绑扣不能用同一方向的顺扣。当层高超过4m时，搭架子进行绑扎，并采取措施固定钢筋，防止柱、墙钢筋骨架不垂直。

9）在钢筋配料加工时要注意，当端头有对焊接头时，要避开搭接范围，防止绑扎接头内混入对焊接头。

3.4　实训环节

3.4.1　全国住房城乡建设行业职业技能钢筋工大赛训练

1. 赛项介绍

（1）赛项描述　钢筋工是使用工具、机械，对钢筋进行加工、安装，对预应力筋进行张拉、锚固等操作的人员。

（2）赛项标准　试题以国家职业技能标准《钢筋工》（职业编码：6-29-01-04）三级/高级工及以上职业技能等级的要求为基础，适当增加相关新知识、新技术、新技能等内容。试题聚焦某工程的一榀楼层框架，依据示意图的图纸、说明、标识的范围、钢筋配料表，及相关规范标准，将构件下料制作、绑扎成型。试题侧重考核参赛选手手工和机械加工制作的技能，以及相关专业知识的综合应用能力。

（3）参赛选手应具备的能力

1）熟悉钢筋工程常识和常用钢筋加工机具的使用保养、施工安全、钢筋识图、环境保护及相关法律法规知识。

2）能对复杂构件、预应力构件、烟囱和水塔等特殊构筑物钢筋进行翻样、编制配料单，并进行加工安装。

3）能进行套筒灌浆、滚轧直螺纹、熔融金属充填接头连接。

4）能编制钢筋工程施工方案并组织施工，能对钢筋工程施工中遇到的安装问题提出处理措施。

5）能检查复杂结构、构件的钢筋工程质量，能对钢筋施工中的质量缺陷进行处理。

6）了解钢筋工程的新技术、新工艺、新材料、新设备的知识及应用。

2. 竞赛内容

钢筋工赛项为单人赛，包括理论知识考试和技能操作考核两部分，其中理论知识考试成绩占总成绩的30%，技能操作考核成绩占总成绩的70%。

（1）理论知识考试

1）理论知识考试类型。理论知识考试试题分为单项选择题、多项选择题和判断题。考试试卷为80题，其中单选题40题，多选题20题，判断题20题，实行百分制。

2）理论知识考试时间。理论知识考试时间为60分钟。

3）理论知识考试方式。理论知识采用闭卷笔纸答题方式考试。

4）题库与试卷。理论知识考试题库400题，考试试卷分A、B卷，各80题。理论知识考试题库及标准答案公开发布，供参赛选手参考。

（2）技能操作考核

1）技能操作考核时间。技能操作考核时间为240分钟，含选手在竞赛过程中休息、饮水、上洗手间等活动占用的时间。

2）技能操作考核样题。本题为某工程的一榀楼层框架，依据示意图（图3-20）中的图纸、说明、标识的范围及实际操作钢筋配料单（表3-8），将构件下料制作、绑扎成型。Φ12、Φ16钢筋用机械切割、机械弯曲，Φ8钢筋必须手工弯曲及手工切割。

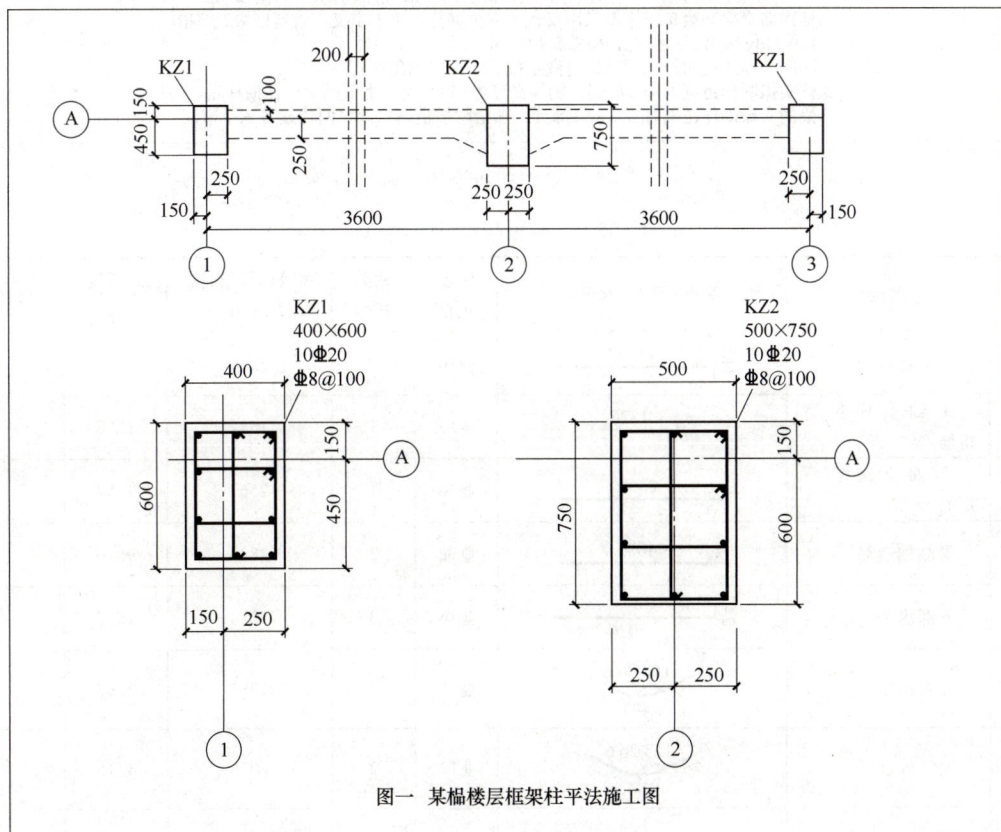

图一　某榀楼层框架柱平法施工图

图 3-20　钢筋工技能操作考核示意图

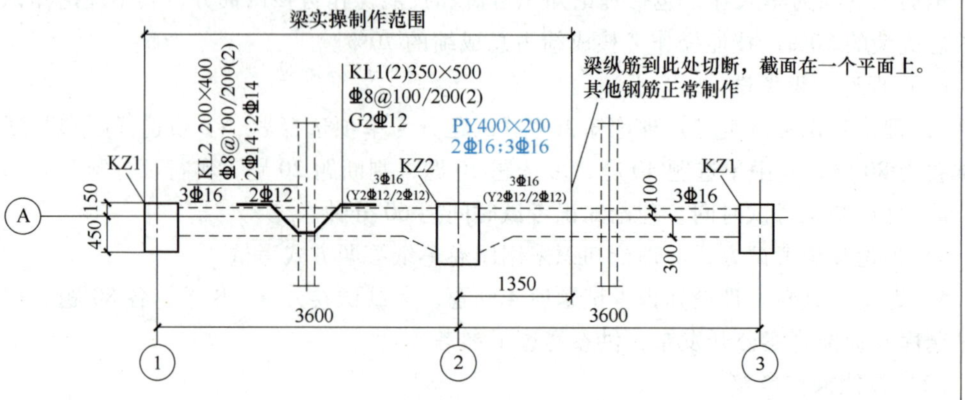

图二　某楼层框架梁平法施工图

总说明：1.本工程混凝土强度等级为C40，框架抗震等级为三级。
　　　　2.Φ表示HRB400钢筋。
　　　　3.地面标高为±0.000，梁顶标高为+1.2。梁两侧板厚100mm，拉筋直径为8mm。
　　　　4.柱保护层30mm，梁保护层25mm。
　　　　5.KZ的箍筋，梁上第一个箍筋与梁顶距离为50mm；加腋筋水平间距100mm。
　　　　6.柱钢筋全部和梁角部纵筋采用双丝十字扣绑扎，上下交叉，缠绕匝数2～3扣。
　　　　　其他部位采用斜扣绑扎，相邻斜扣方向不同。
　　　　7.除图中标注说明外，标准构造做法按22G101-1图集执行。
　　　　8.柱实操制作范围为KZ2局部，制作高度为1800mm，上下两端非柱顶柱底。
　　　　9.梁的实操制作范围为图示KL1部分，加腋附加箍筋只做柱两边起各三个箍筋。

图 3-20　钢筋工技能操作考核示意图（续）

表 3-8　实际操作钢筋配料单

编号	部位	简图（形状、尺寸）	钢筋规格	钢筋根数	钢筋下料长度/mm	总长度/m	备注
①	上部通长筋	240 ⌐ 5042	Φ16	2	5250	10.5	
②	1轴支座负弯矩筋	240 ⌐ 1376	Φ16	1	1584	1.58	
③	2轴支座负弯矩筋	2567	Φ16	1	2567	2.57	
④	梁侧构造筋	4880	Φ12	2	4880	9.76	
⑤	下部纵筋	240 ⌐ 5026	Φ16	3	5234	15.7	
⑥	加腋内筋	153°26'6″ 776 437	Φ12	2	1983	3.97	
⑦	加腋外筋	153°26'6″ 799 484	Φ12	2	2076	4.15	
⑧	加腋构造筋	807	Φ12	2	807	1.6	

（续）

编号	部位	简图（形状、尺寸）	钢筋规格	钢筋根数	钢筋下料长度/mm	总长度/m	备注
⑨	KZ2 纵筋	1800	Φ20	10	1800	18	
⑩	KZ2 箍筋 1	690 / 440	Φ8	18	2404	43.3	
⑪	KZ2 箍筋 2	254 / 440	Φ8	18	1532	27.58	
⑫	KZ2 箍筋 3	690	Φ8	18	882	15.88	
⑬	KL1 箍筋 1	450 / 300	Φ8	32	1644	52.61	
⑭	KL1 加腋附加箍筋 1	450 / 475	Φ8	2	1994	3.99	
⑮	KL1 加腋附加箍筋 2	450 / 425	Φ8	2	1894	3.79	
⑯	KL1 加腋附加箍筋 3	450 / 375	Φ8	2	1794	3.59	
⑰	KL1 构造筋拉钩	300	Φ8	10	492	4.92	
⑱	KL1 加腋构造筋拉钩 1	475	Φ8	2	667	1.33	
⑲	附加吊筋	240 135° 613.76 300	Φ12	2	1984	3.97	

（3）基本要求（含工作台和工具）

1）钢筋工赛场除满足参赛选手工位面积外，还需满足裁判巡视检测通道、裁判席、观摩通道等用途的场地。工位之间、通道之间需设置安全隔离设施。

2）裁判测量工具：钢卷尺（7.5m）16 只；直钢板尺（500mm）各 10 副；钢拐尺（500mm，0 刻度在内侧）10 副；双臂角度尺（90mm×300mm）5 副；透明塑料板条（500mm×80mm×8mm）8 根；记录板（夹）10 个；签字笔 40 支；计时表 2 只；扩音器 2 部。移动钢筋测量台（长 1.5m×宽 1.2m×高 1m，上表面平整度小于 1mm）四个。

3）每个工位面积为 15m²（2500mm×6000mm）。配备钢筋加工平台为木头案子，长 2.44m、高 0.8m、宽 0.8m、面板 4cm×6cm 木方加多层板，木方间距 20cm（卡盘安装区间距 10cm），案子腿为 10cm×6cm 木方，案腿之间用木方斜撑拉结。加工平台（木头案子）应稳定牢靠。

4）每位参赛选手分配钢筋绑扎支架 6 个、担棍 3 根。支架由三脚架底座、立杆和挂钩组成。担棍长 1m，用 φ18 钢筋制作。支架挂钩用 φ10 钢筋制作，担棍上平口高度统一为 1.15m。支架三脚架底座、立杆用直径 20mm 带肋钢筋制作，边长大于 500mm，角度合理，重心稳定。给每工位配备充足的粉笔、划笔、钉子等。

5）参赛选手应自备工具包（箱），配备的工具见表 3-9。

表 3-9　参赛选手自备工具包（箱）

序号	名称	规格	数量	备注
1	断线钳	1050 型	1	—
2	钢筋扳子	制 $\oplus$8 筋	1	—
3	钢筋钩子		2	建议数量
4	钢卷尺	7.5m	2	建议数量
5	钢筋卡盘	制 $\oplus$8 筋	1	—
6	劳保防护用品		1 套	—
7	计算器、三角板、角度尺、直尺、划笔等		1 套	—
8	钢筋配料、下料制作、绑扎时所需工具		若干	—
9	选手个人的非电动创新工具		若干	只可用来辅助加工，不可附着固定于竞赛作品上
10	图集（22G101-1）		1	经工作人员检查，无任何标记方可带入竞赛场地

6）赛场向每位选手提供以下材料见表 3-10。

表 3-10　赛场向每位选手提供的材料

序号	名称及规格	数量	序号	名称及规格	数量
1	钢筋, $\oplus$20	10 根长 1.8m	5	扎丝,20~22 号,长 30cm	2kg
2	钢筋, $\oplus$16	6 根长 6m			
3	钢筋, $\oplus$12	5 根长 6m			
4	钢筋, $\oplus$8	32 根长 6m			

注：提供给选手的钢筋必须是符合竞赛要求的直条钢筋。

7）赛场为每四个工位提供数控钢筋弯曲机（GF-25 型）一台，钢筋弯曲机按工位号由小到大顺序循环安排使用，闲置时可自由使用，每次使用不得超过 15 分钟。数控钢筋弯曲机设置钢筋搁置台，长 3.7m、宽 0.4m，高与弯曲机钢筋位置齐平。

8）每两个工位提供带防护设施的台式冷切锯一台。

（4）考核规则

1）参赛选手应认真识读题目，严格按照图纸设计说明完成作品。无说明者，均按国家现行有关施工规范要求操作。

2）参赛选手在规定时间内未完成考核项目，考核时间不予延长，按已完成评分项评分。

3）参赛选手进入赛场应检查下列事项：材料种类、规格是否符合要求；材料数量是否准确；钢筋加工操作台木头案子、钢筋支架、扎丝、钉子等是否足够牢固、齐全。检查无误后，由监考裁判和选手双方签字确认。

4）参赛选手应按参赛规定携带必备物品，考核开始后禁止相互借用工具，严格按照赛场发放材料和指定要求操作。

5）参赛选手在操作过程中，如果将材料下错，裁判员不予补发。参赛选手应独立完成所有项目，严禁与其他人交流接触。

6）参赛选手操作完成后，应举手报告裁判员记录考核完成时间，以备成绩相同时排序需要。参赛选手不得在作品的任何位置做任何标记。

（5）技能操作考核评分标准 见表3-11。

表 3-11 钢筋工实操测量打分表

序号	检查项目	应得分	检测内容	检测标准	评分方法
1	钢筋骨架长	4	构件长,测1处	允许偏差±5mm	每超1mm扣1分,扣完为止
2	钢筋骨架宽、高	6	主筋外尺寸,测4处	允许偏差±5mm	每处1.5分,每处每超1mm扣0.5分,该处扣完为止
3	纵向钢筋间距	3	测3处	允许偏差±5mm	每处1分,每处每超1mm扣0.5分,该处扣完为止
4	纵向钢筋弯折筋的水平段长度	3	测3处	允许偏差±5mm	
5	纵向钢筋弯折筋竖向长度	3	主筋外尺寸,测3处	允许偏差-0,+5mm	
6	纵向钢筋90°弯折角	3	测3处	允许偏差±5°	每处1分,每超1°扣0.5分,该处扣完为止
7	纵向钢筋位置	3	测1处	允许偏差±5mm	每超1mm扣1分,扣完为止
8	加腋筋斜段长	4	外尺寸,测2处	允许偏差-0,+5mm	每处1分,每处每超1mm扣1分,扣完为止
9	加腋筋水平段长	4	外尺寸,测2处	允许偏差-0,+5mm	每处1分,每处每超1mm扣1分,扣完为止
10	加腋筋角度	4	测2处	允许偏差±5°	每处2分,每处每超1°扣1分,扣完为止
11	加腋筋间距	3	测2处	允许偏差±5mm	每处1.5分,每处每超1mm扣0.5分,扣完为止
12	吊筋一端水平段长	2	测2处	允许偏差-0,+5mm	每处1分,每超1mm扣1分,扣完为止
13	吊筋底水平段长	2	测2处	允许偏差±5mm	每处1分,每超1mm扣1分,扣完为止
14	吊筋角度	2	测2处	允许偏差±5°	每处1分,每处每超1°扣0.5分,扣完为止
15	吊筋位置	2	测1处	允许偏差5mm	每超1mm扣1分,扣完为止
16	纵向构造钢筋位置	2	离下部纵筋下缘的距离,测2处	允许偏差±5mm	每超1mm扣1分,扣完为止
17	构造钢筋长度	2	测总长,测2处	允许偏差±5mm	
18	拉结钢筋水平段长度	2	测2处	允许偏差±5mm	每处1分,每超1mm扣1分,扣完为止
19	拉结钢筋形状及位置	2	尽数检查		每错一处扣1分,扣完为止
20	箍筋宽度	3	箍筋内净尺寸,测3处	允许偏差±5mm	每处1分,每处每超1mm扣0.5分,该处扣完为止

（续）

序号	检查项目	应得分	检测内容	检测标准	评分方法
21	箍筋高度	3	箍筋内净尺寸,测3处	允许偏差±5mm	每处1分,每处每超1mm扣0.5分,该处扣完为止
22	箍筋间距	6	测4处	允许偏差±5mm	每处1.5分,每处每超1mm扣0.5分,该处扣完为止
23	箍筋外形方正	2	目测,测两个	方正	不方正一个扣一分,至此项不得分
24	箍筋与纵筋相互垂直	2	目测	垂直	不垂直一处扣一分,至此项不得分
25	箍筋弯钩平直段长	6	测4处	允许偏差-0,+5mm	每处1.5分,每处每超1mm扣0.5分,该处扣完为止
26	箍筋135°弯折角	3	测3处	允许偏差-5°,+0	每处1分,每超1°扣0.5分,该处扣完为止
27	梁柱节点处箍筋个数	3	尽数检查	符合规范及图集要求	个数错误,扣3分
28	梁柱节点处箍筋位置	4	实测2处	允许偏差±5mm	每处2分,每处每超1mm扣1分,该处扣完为止
29	钢筋绑扎	4	绑扣正确,无缺扣、松扣,尽数检查		逐个检查,每发现一个扣0.5分,至此项不得分
30	钢筋布置	4	规格、位置、数量、弯钩方向,尽数检查	符合设计、规范及图集要求	不符合要求每处扣一分,扣完为止
31	安全文明节约施工	4	工完场清无事故、统筹下料		出现事故无分,工完场未清、未统筹下料酌情扣分,动态检查
	合计	100			

（6）评分注意事项

1）以理论知识考试和技能操作考核总分数计算名次。如总分数相同,技能操作考核分数高的名次在前;如理论知识考试和技能操作考核分数分别都相同,则技能操作时间短的名次在前。

2）具体的评分方案及预定的测量位置,裁判组将在赛前统一确定。客观评分由裁判小组实际测量评分。主观项评分裁判小组可根据评分项特点,采用平均分或少数服从多数的方法确定。

3. 基本要求

（1）竞赛环境

1）竞赛赛场除满足参赛选手工位面积外,还需满足裁判巡视检测通道、裁判席、观摩通道及应急通道等用途的场地。

2）操作工位之间、通道之间需设置安全隔离设施。

3）竞赛相关人员必须保持场地秩序,有序进入规定线路和区域。

4）交通路线、走廊、楼梯、紧急疏散通道必须保持畅通无障碍,灭火器等消防救生设备齐全有效。

（2）安全教育

1）选手的职业安全教育,赛前由所在工作单位组织培训。

2）竞赛规则、赛场注意事项及安全技术交底、组织选手熟悉赛场等,赛前由裁判长负责。

　　3）选手进入赛场前的现场安全教育，由参赛队领队、指导老师等负责。

　　（3）环境保护

　　1）竞赛相关人员注意保持环境整洁卫生，垃圾集中存放。

　　2）每场竞赛结束后，选手要做到工完场清，赛场保洁人员要保障赛场整体的环境卫生，体现安全、整洁办大赛；有序、分类处理垃圾。

3.4.2　框架柱钢筋绑扎技术交底文件编写

　　编写框架柱钢筋绑扎技术交底文件，见表3-12。

表3-12　框架柱钢筋绑扎技术交底记录

工程名称		交底部位	
工程编号		日　　期	

交底内容：

框架柱钢筋绑扎技术交底

一、材料要求

二、主要机具

三、作业条件

四、操作工艺

五、质量标准

六、成品保护

七、应注意的质量问题

技术负责人：　　　　　　交底人：　　　　　　接受交底人：

日期：　　　　　　　　　日期：　　　　　　　日期：

3.5 实训自评

如实填写表 3-13。

表 3-13 实训自评

姓名: 岗位职务: 班级: 学号: 组别:			
目标	掌握	了解	不会
钢筋工程的技术要求和工艺的基本知识			
应用施工工具遵守操作规程完成主要钢筋构件的绑扎			
编写框架柱钢筋绑扎技术交底文件			
总结与提高			
你在整个任务完成过程中做得好的是什么?还有什么不足?有何打算?			
你在整个任务完成过程中出现了哪些问题?你是如何解决的?你还有什么问题不能解决?			
教师评价			

项目 4

模 板 工 程

【导读】

2015 年 2 月 9 日 14 时许，某地职教园区学生活动中心在建工程施工中发生一起模板坍塌事故，造成 8 人死亡，7 人受伤，直接经济损失 1154.68 万元。发生事故的支模架高度为 22.5m。

此案例提醒我们必须重视建筑施工中的安全问题。事故的原因，包括违章作业、违规施工、安全措施不到位等。施工管理时应加强相应的预防措施，严格遵守安全技术规范、操作规程和专项施工方案要求，提高全员安全意识、加强施工现场安全管理的必要性。

4.1 实训目的

1）了解模板的类型与构造。
2）掌握结构施工图中的基础、柱、梁、板的布置方式。
3）了解模板设计原则，能根据施工图纸进行模板设计，并绘制支撑系统布置图。
4）掌握模板工程安装操作技能与质量验收标准。

4.2 实训内容

1）学习模板工程的技术要求和工艺的基本知识。
2）完成指定构件的模板安装，掌握模板安装工艺流程和安装要点。
3）学习填写钢筋、模板工程安装质量验收记录。
4）完成指定构件的模板拆除。

4.3 知识拓展

4.3.1 模板的分类

1）按材料进行分类：可分为＿＿＿＿＿＿＿＿、＿＿＿＿＿＿＿＿、＿＿＿＿＿＿＿＿、

_____、_____、_____、_____等。

2）按结构类型进行分类：可分为_____、_____、_____、_____、_____、_____等。

3）按施工方法进行分类：可分为_____、_____、_____等。

随着新结构、新技术、新工艺的采用，模板工程在不断发展，其发展方向是：构造由不定型向定型发展；材料由单一材料向多种材料发展；功能由单一功能向多种功能发展。

练习1：填写表4-1。

表 4-1　模板种类与优缺点

模板种类	优点	缺点	适用工程
木模板			
胶合板模板			
钢模板			
塑料模板			
铝合金模板			

4.3.2　模板的构造及安装要求

1. 木模板

木模板及其支架系统一般在加工厂或现场木工棚制成基本元件（拼板），然后在现场拼装。

拼板的长短、宽窄可根据混凝土构件的尺寸，设计出几种标准规格，以便组合使用。拼板的板条厚度一般为 25~50mm，宽度不宜超过 200mm，以保证干缩时缝隙均匀，浇水后易于密封，受潮后不易翘曲。但梁底板的板条宽度则不受限制，以减少拼缝、防止漏浆为原则。拼条间的间距取决于所浇筑混凝土侧压力的大小和板条的厚度，多为 400~500mm。

（1）基础模板　基础模板与土质有关，如土质良好，阶梯形基础模板的最下一级可不用模板而进行原槽浇筑。阶梯形模板安装时，要保证上、下模板不发生相对位移，如有杯口要求，要在其中放入杯口模板，如图 4-1 所示。

a)

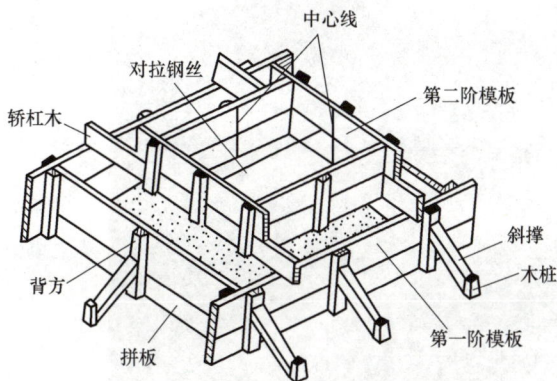 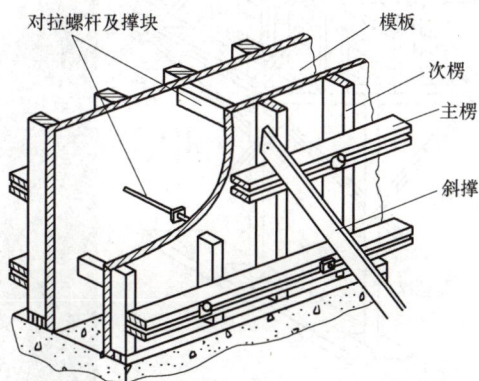

b)　　　　　　　　　　　　c)

图 4-1　阶梯形独立基础模板

（2）柱模板　柱的断面尺寸不大但是比较高，因此，柱模板的构造和安装主要考虑保证垂直度及抵抗新浇混凝土的侧压力，与此同时，也要便于浇筑混凝土、清理垃圾与钢筋绑扎等。柱模板由两块相对的内拼板夹在两块外拼板之间组成，如图 4-2 所示。

（3）梁模板　梁的跨度较大而宽度不大，梁底一般是架空的，混凝土对梁侧模板有水平侧压力，对梁底模板有垂直压力，因此，梁模板及其支架必须能承受这些荷载而不致发生超过规范允许的过大变形，如图 4-3 所示。

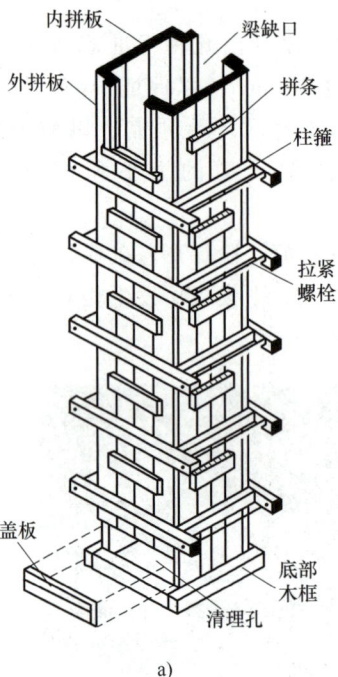

图 4-2 柱模板

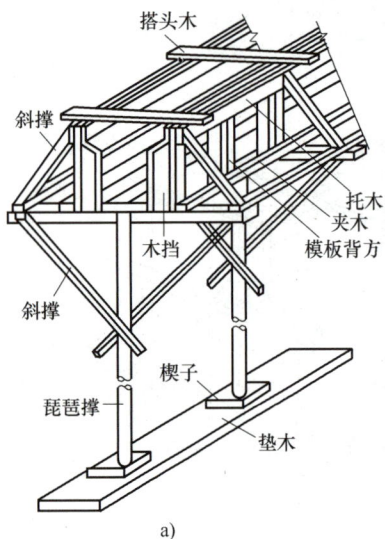

图 4-3 梁模板

剪力墙支模构造的施工

梁支模构造

（4）楼板模板 楼板的面积大而厚度比较薄，侧压力小。楼板模板及其支架系统主要承受钢筋混凝土的自重及其施工荷载，保证模板不变形，如图 4-4 所示。楼板模板的底模板用木板条或定型模板或胶合板拼成，铺设在楞木上。楞木搁置在梁模板外侧托木上，若楞木面不平，可加木楔调平。当楞木的跨度较大时，中间应加设立柱，立柱上钉通长的杠木。底模板应垂直于楞木方向铺钉，并适当调整楞木间距来适应定型模板的规格。

板支模构造

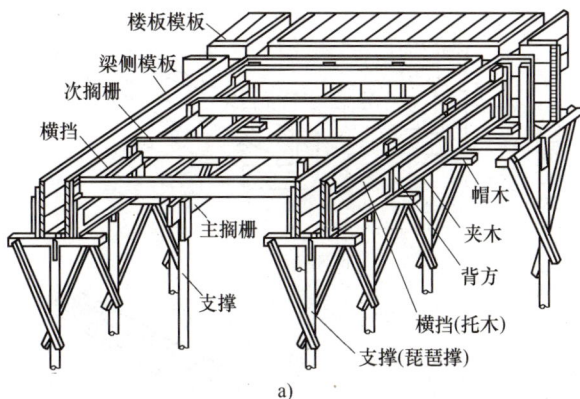

图 4-4 肋形楼盖的木模板支模

（5）楼梯模板 楼梯模板的构造与楼板模板类似，不同点是倾斜和做成斜踏步，如图 4-5 所示。楼梯段楼梯模板安装时，特别要注意每层楼梯第一级与最后一级踏步的高度，不要疏忽了装饰面层的厚度，造成踏步高度不同的现象。

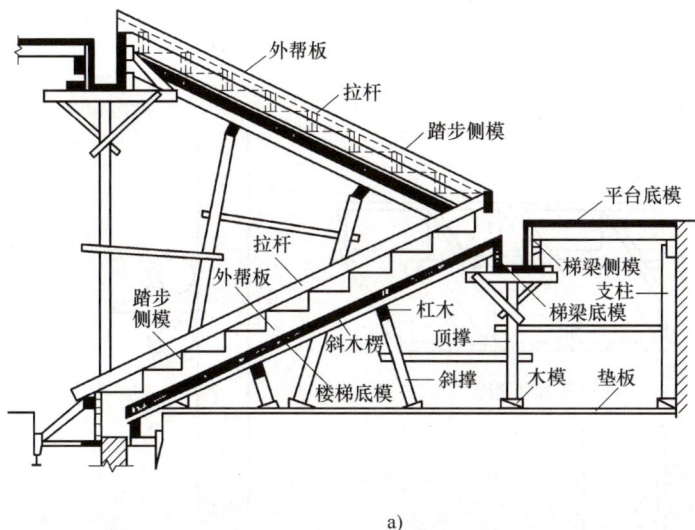

图 4-5 楼梯模板

2. 组合钢模板

组合钢模板通过各种连接件和支撑件可组合成多种尺寸和几何形状，以适应各种类型建筑物钢筋混凝土梁、柱、板、墙、基础等施工所需要的模板，也可用其拼成大模板、滑模、筒模和台模等。施工时可现场直接组装，也可预拼装成大块模板或构件模板起重机吊运安装。

（1）组合钢模板的组成 组合钢模板由模板、连接件和支撑件组成。模板包括平面模板（P）、阴角模板（E）、阳角模板（Y）、连接角模（J）及一些异形模板，如图 4-6 所示。钢模板的宽度有 100mm、150mm、200mm、250mm、300mm 五种规格，其长度有 450mm、600mm、750mm、900mm、1200mm、1500mm 六种规格，可适应横竖拼装。

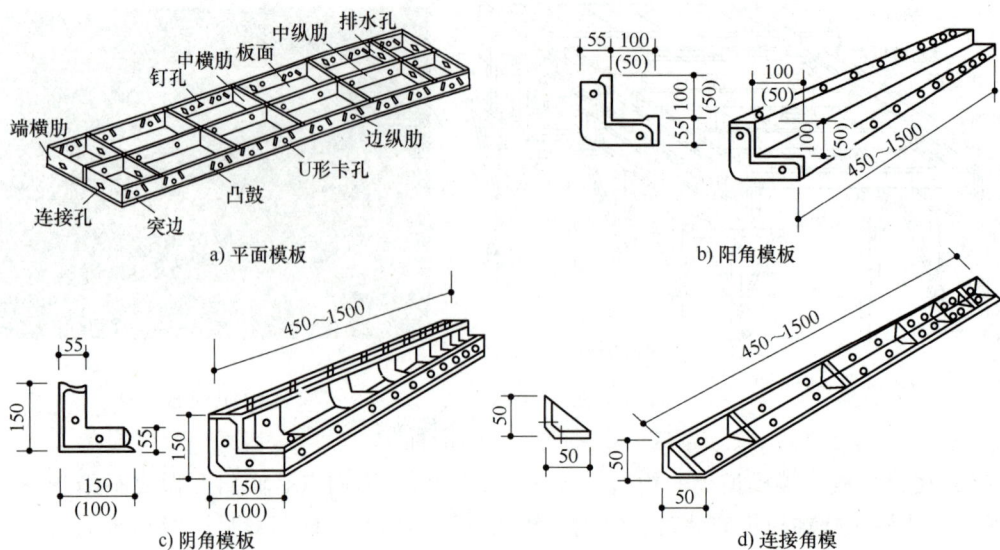

a) 平面模板

b) 阳角模板

c) 阴角模板

d) 连接角模

图 4-6　组合钢模板类型

1）组合钢模板的连接件包括 U 形卡、L 形插销、钩头螺栓、紧固螺栓、对拉螺栓和扣件等，如图 4-7 所示。

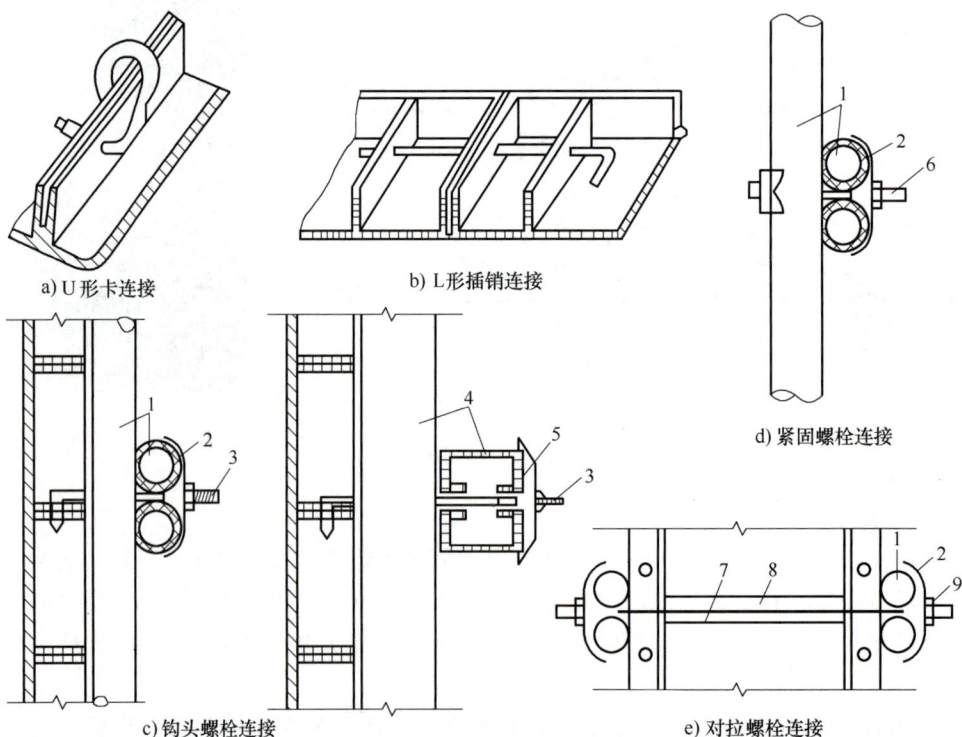

a) U 形卡连接

b) L 形插销连接

d) 紧固螺栓连接

c) 钩头螺栓连接

e) 对拉螺栓连接

图 4-7　组合钢模板连接件

1—圆钢管棱　2—"3"形扣件　3—钩头螺栓　4—内卷边槽钢钢楞　5—蝶形扣件
6—紧固螺栓　7—对拉螺栓　8—型料套管　9—螺母

2）组合钢模板的支撑件包括柱箍、钢楞、支架、斜撑、钢桁架等。

（2）钢模板配板 采用组合钢模板时，统一构件的模板展开可用不同规格的钢模作多种方式的组合排列，因而形成不同的配板方案。合理的配板方案应满足以下原则：保证构件的形状尺寸及相互位置的正确；使模板具有足够的强度、刚度和稳定性；配置的模板应优先选用通用、大块模板，使其种类和块数最少、木模镶拼量最少；应使支撑件布置简单，受力合理；模板长向拼接宜采用错开布置，以增加模板的整体刚度；模板的支撑系统应根据模板的荷载和部件的刚度进行布置；对钢模尽量采用横排或竖排，尽量不用横竖兼排的方式。

3. 竹胶合板模板

竹胶合板模板是继木模板、钢模板之后第三代模板。用竹胶合板做模板，是目前建筑业的发展趋势。竹胶合板以其优越的力学性能、极高的性价比，正取代木、钢模板在建筑模板的地位。

（1）竹胶合板模板的主要特点

1）强度高、韧性好，板的静曲强度相当于木材强度的 8～10 倍，相当于木胶合板强度的 4～5 倍，可减少模板支撑的数量。

2）幅面宽、拼缝少。板材基本尺寸为 2.44m×1.22m，相当于 6.6 块 P3015（表示宽度 300mm、长度 1500mm 的平面组合钢模板）小钢模的面积，支模、拆模速度快。

3）板面平整、光滑，对混凝土的吸附力仅为钢模板的 1/8，容易脱模。脱模后混凝土表面平整、光滑，可取消抹灰作业，缩短装修作业工期。

4）耐水性好，水煮 6h 不开胶，水煮冰冻后仍保持较高强度。

5）防腐、防虫蛀。

6）导热系为 0.14～0.16W/（m·K），远小于钢模板的导热系数，有利于保证冬期施工质量。

7）使用周转次数高，经济效益明显。板可双面倒用，无边框竹胶合板模板使用次数可达 20～30 次。

（2）竹胶合板模板的适用范围 适用于水平模板、剪力墙、垂直墙板、高架桥、立交桥、大坝、隧道和梁柱模板等。

（3）竹胶合板模板的规格尺寸 其规格尺寸一般应符合表 4-2 的规定。

表 4-2 竹胶合板模板规格 （单位：mm）

长度	宽度	厚度
1830	915	
1830	1220	
2135	915	9、12、15、18
2440	1220	
3000	1500	

注：竹胶合板模板规格也可根据用户需要生产。

（4）竹胶合板模板的配制要求

1）应整张直接使用，尽量减少随意锯截，造成胶合板浪费。

2）胶合板厚度一般为 12mm 或 18mm，内外楞的间距通过设计计算调整。

3）支撑系统选用钢管脚手架。

4）钉子长度应为胶合板厚度的 1.5~2.5 倍，每块胶合板与木楞相叠处至少钉 2 个钉子，第二块板的钉子要转向第一块模板方向斜钉，使接缝严密。

5）配置好的模板应在反面编号并写明规格，分别堆放保管，以免错用。

4.3.3 模板的检查与验收

在浇筑混凝土前，应对模板工程进行验收。模板及其支架应具有足够的承载能力、刚度和稳定性，能可靠地承受浇筑混凝土的重量、侧压力及施工荷载。模板安装和浇筑混凝土时，应对模板及其支架进行观察和维护。发生异常情况时，应按施工技术方案及时进行处理。

模板工程的施工质量检验应按《混凝土结构工程施工质量验收规范》（GB 50204—2015）要求，对主控项目、一般项目进行检验。检验批合格质量应符合下列规定：主控项目的质量经抽样检验合格；一般项目的质量经抽样检验合格；当采用计数检验时，除有专门要求外，一般项目的合格点率应达到 80% 及以上，且不得有严重缺陷；具有完整的施工操作依据和质量验收记录。

模板安装质量验收内容见本章实训环节内容。

4.3.4 模板的拆除

1. 拆除要求

混凝土成型并养护一段时间，当强度达到一定要求时，即可拆除模板。模板的拆除日期取决于混凝土硬化的快慢、模板的用途、结构的性质及环境温度。及时拆模，可提高模板周转率，加快工程进度；过早拆模，混凝土会变形、断裂，甚至造成重大质量事故。现浇结构的模板及支架的拆除，如设计无规定，应符合下列规定：

1）侧模。在混凝土强度能保证其表面及棱角不因拆模板而受损坏时，方可拆除；对后张法预应力混凝土结构构件，侧模宜在预应力张拉前拆除。

2）底模及支架。底模及支架拆除时的混凝土强度应符合设计要求。设计无要求时，应在与结构同条件养护的混凝土试块达到表 4-3 规定的强度标准值时，方可拆除。

请填写表 4-3 空白部分相关数值。

表 4-3　底模及支架拆除时的混凝土强度要求

构件类型	构件跨度/m	达到设计的混凝土立方体抗压强度标准值的百分率（%）
板	≤2	
	>2, ≤8	
	>8	
梁、拱、壳	≤8	
	>8	
悬臂构件	—	

2. 拆模顺序

模板拆除顺序及注意事项为：_____

_____

_____

_____

_____

_____

_____。

4.4 混凝土结构模板工程施工方案实例

1. 工程概况

某大厦一长度为 6m 钢筋混凝土简支梁，用 32.5 级普通硅酸盐水泥，混凝土强度等级为 C20，室外平均气温为 20℃，为加快工程进度，试确定侧模、底模的最短拆除时间。

2. 施工方案

（1）侧模拆除方案　侧模为非承重模板，在混凝土强度能保证其表面及棱角不因拆除模板而受损坏时，才能拆除侧模板。但拆模时不要用力过猛，不要敲打振动整个梁模板。一般当混凝土的强度达到设计强度的 25% 时即可拆除侧模板。查看温度、龄期对混凝土强度影响曲线可知，当室外气温为 20℃，用 32.5 级普通硅酸盐水泥，达到 25% 设计强度所需的时间为终凝后 24h，该时间即为拆除侧模的最短时间。

（2）底模拆除方案　底模为承重模板，跨度小于 8m 的梁底模拆除时间是混凝土强度达到 75% 设计强度所需的时间。为了核准强度值，在浇筑梁混凝土时就应留出试块，与梁同条件养护。然后查温度、龄期、强度曲线可知，达到 75% 设计强度需 7 昼夜。此时将试块送试验室试压，结果达到或超过设计强度的 75% 时，即可拆除底模。对于重要结构和施工时受到其他影响，严格地说，底模拆除时间应由试块试压结果确定。一般在养护期外界温度变化不大时，查温度、龄期、强度曲线即可确定底模拆除时间。本例的梁底模拆除最短时间为终凝后 7 昼夜。

4.5 实训环节

本次模板安装内容为四个模块，分别为独立基础、框架梁、楼梯、剪力墙，涵盖了建筑结构中主要受力构件，每个模块学生应完成图纸识读、编制钢筋下料表、测量放线、施工操作、质量检测等内容。

以独立基础为代表进行实训介绍，制作一个二级承台模板，如图 4-8 所示。其他框架梁、楼梯、剪力墙参考独立基础实训过程执行。

独立基础是框架结构中常见的基础形式，一般有锥形独立基础、阶梯形独立基础、沉降缝双柱基础、伸缩缝双柱基础、钢柱基础、杯口基础等。

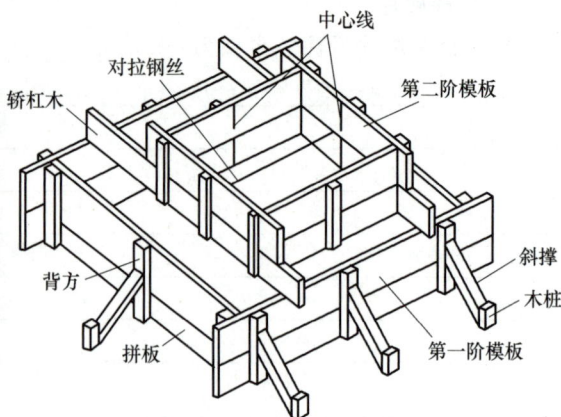

图 4-8　承台模板安装

1. 工作准备

（1）实训分组　一个班级学生按 8 人为一个小组，设小组长一名，每小组中应搭配好学习成绩优秀、动手能力强等不同类型的学生，并为每个小组的学生随机分配独立基础的一种类型作为本小组实训任务。

项目实操人员可按木工、架子工、木工（配模）、钢筋工等工种进行分工，见表 4-4。

表 4-4　项目实操人员分工表

序号	工种	人数	进场时间
1	木工	2	
2	架子工	2	
3	木工（配模）	2	
4	钢筋工	2	

整个实操过程中，要做好技术及管理人员分工，可设施工员、安全员、材料员、预算员、监理员等岗位，见表 4-5。

表 4-5　技术及管理人员分工及管理任务要求

序号	岗位	人数	管理任务
1	施工员	1	施工员岗位管理任务
2	安全员	1	安全员岗位管理任务
3	材料员	1	材料员岗位管理任务
4	预算员	1	预算员岗位管理任务
5	监理员	1	监理员岗位管理任务

（2）本项目实训的工具　图纸（现场分发）、尺子、木模板、方料、铁钉、扣件、锤子、安全帽、手套、扣件、测量工具等。

2. 钢筋下料计算（本项目实操省略，仅进行介绍）

各小组根据分配的任务，在小组长的组织管理下进行图纸识读，弄清图纸中每条线、每个数据、每个文字等代表的含义。结合《混凝土结构施工图平面整体表示方法制图规则和构造详图（现浇混凝土框架、剪力墙、梁、板）》（22G101-1）、《混凝土结构施工图平面整体表示方法制图规则和构造详图（独立基础、条形基础、筏形基础、桩基础）》（22G101-3）图集，对独立基础及框架柱的钢筋进行计算，并编制钢筋下料表。

3. 学生答辩

为了保证学生学习质量，也为了检查学生对计算的掌握程度，特设计答辩环节。答辩过程中教师为主要责任人，首先对每个小组组长进行提问，主要对计算的过程、依据、原理、施工的流程、细节等内容进行提问。组长通过后就同样一些问题，培训组里各个组员，使每个学生均能完全掌握本项目的知识要点，将个人的学习转化为团队的努力，确保人人掌握。

4. 独立基础施工

（1）独立基础施工工艺流程　清理→垫层施工→测量放线→钢筋绑扎→相关专业施工→清理→支模板→清理→混凝土搅拌→混凝土浇筑→混凝土振捣→混凝土找平→混凝土养护→模板拆除。

（2）施工过程

1）清理及垫层施工。地基验槽完成后，清除表层浮土及扰动土，不留积水，立即进行垫层混凝土施工。垫层混凝土必须振捣密实、表面平整，严禁暴晒基土。

2）测量放线。根据图纸要求，在实训工位上弹出独立基础的轴线，再弹出独立基础边框线和框架柱边框线，并用粉笔在边框线上画出钢筋的位置线。

3）钢筋绑扎。垫层浇灌完成后，混凝土达到_____MPa后，表面弹线进行钢筋绑扎。钢筋绑扎不允许漏扣，柱插筋弯钩部分必须与底板筋成45°绑扎，连接点处必须全部绑扎。距底板50mm处绑扎第一道箍筋，距基础顶50mm处绑扎最后一道箍筋，作为标高控制筋及定位筋，柱插筋最上部再绑扎一道定位筋。当上、下箍筋及定位箍筋绑扎完成后，将柱插筋调整到位并用井字木架临时固定，然后绑扎剩余箍筋，保证柱插筋不变形、走样。两道定位筋在基础混凝土浇筑完成后，必须更换。钢筋绑扎好后，在底面及侧面放置保护层塑料垫块，厚度为设计保护层厚度，垫块间距不得大于_____mm（视设计钢筋直径确定），以防出现露筋的质量通病。注意对钢筋的成品保护，不得任意碰撞钢筋，造成钢筋移位。

4）支模板。钢筋绑扎及相关专业施工完成后立即进行模板安装，模板采用小钢模或木模，利用钢管或木方加固。当锥形基础坡度>30°时，采用斜模板支护，利用螺栓与底板钢筋拉紧，防止上浮。模板上部设透气及振捣孔，当坡度≤30°时，利用钢丝网（间距为30cm）防止混凝土下坠，上口设井字来控制钢筋位置。不得用重物冲击模板，不准在吊绑的模板上搭设脚手架，保证模板的牢固和严密。

5）清理。清除模板内的木屑、泥土等杂物，木模浇水湿润，堵严板缝及孔洞。

6）混凝土现场搅拌。混凝土施工工艺仅做简单描述，本项目不做实操要求，详细内容见项目5。

7）混凝土浇筑。详细内容见项目5。

8）混凝土振捣。详细内容见项目5。

9）混凝土找平。详细内容见项目5。

10）混凝土养护。详细内容见项目5。

11）模板拆除。侧面模板在混凝土强度能保证其棱角不因拆模板而受损坏时方可拆模，拆模前设专人检查混凝土强度，拆除时采用撬棍从一侧顺序拆除，不得采用大锤砸或撬棍乱撬，以免造成混凝土棱角破坏。

5. 质量检查验收

教师就如何检测独立基础施工质量进行讲解和示范后，各小组先检测自己组的施工质量，再随机检测其他小组的施工质量，并将检测的数据填写到质量检测记录单。检查并填写表 4-6、表 4-7。

表 4-6　钢筋安装检验批质量验收记录

单位(子单位) 工程名称				分部(子分部) 工程名称		主体结构/ 混凝土结构	分项工程名称	钢筋
施工单位				项目负责人			检验批容量	
分包单位				分包单位项目 负责人			检验批部位	钢筋安装
施工依据			《混凝土结构工程施工规范》 (GB 50666—2011)		验收依据		《混凝土结构工程施工质量验 收规范》(GB 50204—2015)	
主控项目		验收项目			设计要求及 规范规定	样本 总数	最小/实际 抽样数量	检查记录	检查结果
主控项目	1	受力钢筋的牌号、规格和 数量			第5.5.1条		—		
主控项目	2	受力钢筋安装位置、锚固 方式			第5.5.2条		—		
一般项目	1	钢筋安装允许偏差/mm	绑扎钢筋网	长、宽	±10		—		
一般项目	1	钢筋安装允许偏差/mm	绑扎钢筋网	网眼尺寸	±20		—		
一般项目	1	钢筋安装允许偏差/mm	绑扎钢筋骨架	长	±10		—		
一般项目	1	钢筋安装允许偏差/mm	绑扎钢筋骨架	宽、高	±5		—		
一般项目	1	钢筋安装允许偏差/mm	纵向受力钢筋	锚固长度	-20		—		
一般项目	1	钢筋安装允许偏差/mm	纵向受力钢筋	间距	±10		—		
一般项目	1	钢筋安装允许偏差/mm	纵向受力钢筋	排距	±5		—		
一般项目	1	钢筋安装允许偏差/mm	纵向受力钢筋、箍筋的混凝土保护层厚度	基础	±10		—		
一般项目	1	钢筋安装允许偏差/mm	纵向受力钢筋、箍筋的混凝土保护层厚度	柱、梁	±5		—		
一般项目	1	钢筋安装允许偏差/mm	纵向受力钢筋、箍筋的混凝土保护层厚度	板、墙、壳	±3		—		
一般项目	1	钢筋安装允许偏差/mm	绑扎箍筋、横向钢筋间距		±20		—		
一般项目	1	钢筋安装允许偏差/mm	钢筋弯起点位置		20		—		
一般项目	1	钢筋安装允许偏差/mm	预埋件	中心线位置	5		—		
一般项目	1	钢筋安装允许偏差/mm	预埋件	水平高差	+3,0		—		
施工单位检查结果				专业工长(施工员)： 项目专业质量检查员： 年　月　日				
监理(建设)单位验收结论				专业监理工程师 (建设单位项目专业负责人)： 年　月　日				

表 4-7　模板安装检验批质量验收记录

单位(子单位)工程名称			分部(子分部)工程名称	主体结构/混凝土结构		分项工程名称		模板
施工单位			项目负责人			检验批容量		
分包单位			分包单位项目负责人			检验批部位		模板安装
施工依据			《混凝土结构工程施工规范》(GB 50666—2011)		验收依据		《混凝土结构工程施工质量验收规范》(GB 50204—2015)	

		验收项目		设计要求及规范规定	样本总数	最小/实际抽样数量	检查记录	检查结果
主控项目	1	模板及支架材料质量		第4.2.1条		—		
	2	现浇混凝土模板及支架安装质量		第4.2.2条		—		
	3	后浇带处的模板及支架独立设置		第4.2.3条		—		
	4	支架竖杆和竖向模板安装在土层上的安装要求		第4.2.4条		—		
一般项目	1	模板安装的一般要求		第4.2.5条		—		
	2	隔离剂的品种和涂刷方法质量		第4.2.6条		—		
	3	模板起拱高度		第4.2.7条		—		
	4	现浇混凝土结构多层连续支模、支架的竖杆、垫板要求		第4.2.8条		—		
	5	固定在模板上的预埋件和预留孔洞		第4.2.9条		—		
	6	预埋件和预留孔洞允许偏差/mm	预埋板中心线位置	3		—		
			预埋管、预留孔中心线位置	3		—		
			插筋　中心线位置	5		—		
			插筋　外露长度	+10,0		—		
			预埋螺栓　中心线位置	2		—		
			预埋螺栓　外露长度	+10,0		—		
			预留洞　中心线位置	10		—		
			预留洞　尺寸	+10,0		—		
	7	现浇结构模板安装允许偏差/mm	轴线位置	5		—		
			底模上表面标高	±5		—		
			模板内部尺寸　基础	±10		—		
			模板内部尺寸　柱、墙、梁	±5		—		
			模板内部尺寸　楼梯相邻踏步高差	5		—		
			柱、墙垂直度　层高≤6m	8		—		
			柱、墙垂直度　层高>6m	10		—		
			相邻模板表面高差	2		—		
			表面平整度	5		—		

施工单位检查结果	专业工长(施工员): 项目专业质量检查员: 　　　　年　月　日
监理(建设)单位验收结论	专业监理工程师 (建设单位项目专业负责人): 　　　　年　月　日

6. 工完场清

各小组在完成所有计算、操作和质检后，得到老师的许可，将成品拆除，拆除时应小心，特别是铁钉拔出时用力应小，不得破坏模板。拆除后将各种材料、工具等按指定位置和要求放回集成箱中，并打扫操作工位的卫生，废弃的扎丝和铁钉等放到指定位置，以便处理。

4.6 实训自评

如实填写表4-8。

表4-8 实训自评

姓名： 岗位职务： 班级： 学号： 组别：			
目标	掌握	了解	不会
模板工程的技术要求和工艺的基本知识			
梁、板、柱的配模			
梁、板、柱模板的安装工作			
梁、板、柱模板的拆除工作			
总结与提高			
你在整个任务完成过程中做得好的是什么？还有什么不足？有何打算？			
你在整个任务完成过程中出现了哪些问题？你是如何解决的？你还有什么问题不能解决？			
教师评价			

项目 5

混凝土工程

【导读】

中国尊大厦位于北京市朝阳区 CBD 核心区（图 5-1），建筑高度 528m，地上 108 层，地下 7 层。其基坑东西长约 136.1m、南北长宽 84.2m，底板施工总面积 11478m^2。基础形式为桩筏基础，塔楼底板厚度 6.5mm，纯地下室部分底板厚度 2.5mm，两者间过渡区底板厚度 4.5mm。混凝土强度等级 C50，抗渗等级 P12，混凝土总方量约为 62000m^3。

项目部在 2014 年 2 月 23 日召开大体积混凝土底板施工方案专家论证会，与会专家根据试验数据，最终确定采用大掺量粉煤灰（单掺），采用 60d 标准养护强度进行评定。各家搅拌站统一配比，统一水泥品牌，统一砂石、粉煤灰产地，统一外加剂品牌。对各家搅拌站供应能力重点强调其"补料"能力。出于减轻交通压力、场地布置、控制基底回弹、演练提高等原因，基础底板混凝土采用"分段跳仓"的施工方法，分三次浇筑。其中中间第三段为塔楼区 6.5m 厚区域及过渡区 4.5m 厚区域，混凝土约 56000m^3，为该次底板浇筑的重点。基础底板东、西两侧 2.5m 厚底板分段浇筑完成，浇筑量均为 3680m^3。东侧底板浇筑时间为 2014 年 3 月 26 日，用

图 5-1 中国尊

时 39 小时；西侧底板浇筑时间为 2014 年 4 月 2 日，用时 30 小时。中间区域底板于 2014 年 4 月 23 日开始浇筑，用时 93 小时，完成约 56000m^3 浇筑。第三段浇筑以溜槽结合车载泵浇筑，采用"斜向分层、由南向北、水平推进、一次到顶"的方式一次浇筑成型。

5.1 实训目的

1）掌握混凝土制备方法。

2）了解混凝土施工机械。

3）掌握混凝土浇筑和养护方法。

4）掌握混凝土工程的质量标准及检查方法。

5）了解混凝土缺陷处理常用方法。

5.2 实训内容

1）学习现行混凝土结构施工及验收规范中有关技术要求和工艺的基本知识。

2）用回弹仪测试结构实体混凝土强度。

3）到施工现场或商品混凝土站参观实习。

4）分析并解决混凝土常见的质量问题。

5.3 知识拓展

5.3.1 混凝土的组成材料

1. 水泥

品种：硅酸盐水泥、普通硅酸盐水泥、矿渣水泥、火山灰水泥、粉煤灰水泥、复合硅酸盐水泥。

贮存：防止受潮，离地、离墙 30cm 以上；贮存时间不大于 3 个月。

水泥的品种和成分不同，其凝结时间、早期强度、水化热和吸水性等性能也不相同，应按适用范围选用。

1）在普通气候环境或干燥环境下的混凝土、严寒地区的露天混凝土，应优先选用_____。

2）高强度等级混凝土（大于 C60）、要求快硬的混凝土、有耐磨要求的混凝土，应优先选用_____。

3）在高温环境中或长期处于水下的混凝土，应优先选用_____。

4）厚大体积的混凝土，应优先选用_____。

5）有抗渗要求的混凝土，应优先选用_____。

6）有耐磨要求的混凝土，应优先选用_____。

2. 砂

砂的粒径为 0.16～5mm。砂按其来源可分为海砂、山砂、河砂，按其粗细可分为粗砂、中砂、细砂。注意对含泥量和有害杂质的控制。

当混凝土强度等级高于或等于 C30 时（或有抗冻、抗渗要求），含泥量不大于_____；当混凝土强度等级低于 C30 时，含泥量不大于_____。

3. 石子

石子的粒径大于 5mm。常用的石子有卵石和碎石。

粗骨料采用卵石和碎石时，混凝土技术性质的区别是：卵石混凝土水泥用量_____，强度偏_____；碎石混凝土水泥用量_____，强度较_____。

石子的最大粒径：在级配合适的情况下，石子的粒径越大，在节约水泥、提高混凝土强度和密实性方面效果越好。但由于结构断面、钢筋间距及施工条件的限制，石子的最大粒径不得超过结构截面最小尺寸的 1/4，且不超过钢筋最小净距的 3/4；对混凝土实心板不超过板厚的 1/3，且最大不超过 40mm（机拌）；任何情况下石子的最大粒径，机械拌制不超过150mm，人工拌制不超过 80mm。

4. 水

饮用水都可用来拌制和养护混凝土，污水、工艺废水不得用于混凝土中，海水不得用来拌制配筋结构的混凝土。

5. 外加剂

品种：减水剂、加气剂、早强剂、缓凝剂、防水剂、抗冻剂、膨胀剂、保水剂、阻锈剂等。

减水剂的作用：_____。

加气剂的作用：_____。

早强剂的作用：_____。

6. 外掺料

采用硅酸盐水泥或普通硅酸盐水泥拌制混凝土时，为节约水泥和改善混凝土的工作性能，可掺用一定的混合材料，外掺料一般为当地的工业废料或廉价地方材料。外掺料质量应符合国家现行标准的规定，其掺量应经试验确定。

掺入适量粉煤灰的作用：_____。

掺入适量火山灰的作用：_____。

5.3.2 混凝土的主要指标

1. 和易性

和易性是指混凝土在搅拌、运输、浇筑等施工过程中保持成分均匀、不分层离析，成型后混凝土密实、均匀的性能。和易性包含_____、_____、_____三项性能。

1）混凝土和易性指标及测定。混凝土拌合物和易性的指标和简单测定方法可以根据《普通混凝土拌合物性能试验方法标准》（GB/T 50080—2016）。混凝土的和易性指标见表 5-1，根据对和易性的需求不同，混凝土有流动性混凝土、塑性混凝土和干硬性混凝土之分。塑性混凝土的和易性一般用坍落度测定，干硬性混凝土则用维勃稠度试验确定。

表 5-1 混凝土的和易性指标

混凝土名称	坍落度/mm	其他稠度指标
大流动性混凝土	≥160	扩展度
流动性混凝土	100~150	—
塑性混凝土	50~90	—
低塑性混凝土	10~40	维勃稠度 5~30s
干硬性混凝土	<10	

坍落度测定主要反映混凝土在自重作用下的流动性，以目测和经验评定其黏聚性和保水性，如图 5-2 所示。

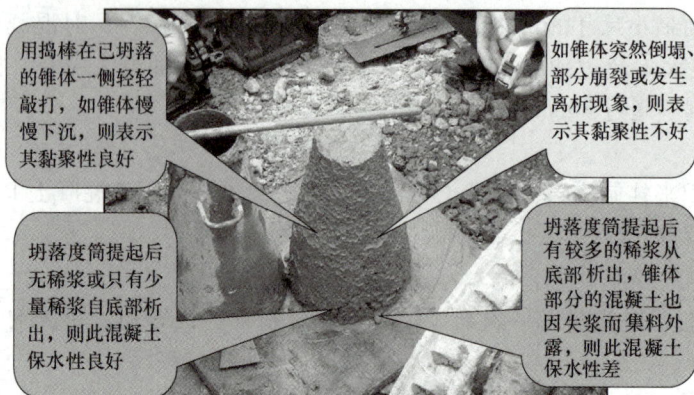

图 5-2 混凝土坍落度测定

2）影响混凝土和易性的因素为：_____

_____

_____

_____ 。

2. 混凝土强度

混凝土以抗压强度作为控制和评定混凝土质量的主要指标。混凝土抗压强度是边长为_____的立方体试件，在标准条件下（_____）养护_____天后，按标准试验方法测得，据此来划分混凝土强度等级。

混凝土强度等级分为_____个等级，分别为：_____

_____ 。

影响混凝土强度的主要因素为：_____

_____

_____

_____ 。

5.3.3 混凝土配料

施工配料是指按现场使用搅拌机的装料容量进行搅拌一次（盘）的装料数量的计算。它是保证混凝土质量的重要环节之一，影响施工配料的因素主要有两个：一是原材料的过秤计量；二是砂石骨料要按实际含水率进行施工配合比的换算。

1. 原材料计量

要严格控制混凝土配合比，严格对每盘混凝土的原材料过秤计量，每盘称量允许偏差为：水泥及掺合料±2%、砂石±3%、水及外加剂±1%。衡器应定期校验，雨天应增加砂石含水率的检测次数。

2. 施工配合比的换算

施工时应及时测定砂、石骨料的含水率，并将试验室混凝土配合比换算成在实际含水率情况下的施工配合比。

若混凝土试验室配合比为：水泥∶砂子∶石子 $=1∶x∶y$，测得砂子的含水率为 w_x，石子的含水率为 w_y，则施工配合比应为：$1∶x(1+w_x)∶y(1+w_y)$。

在已测定砂、石含水率 w_x、w_y 的情况下进行，施工配合比换算时：

水泥质量不变；

砂质量＝原试验室配比砂质量 $x×(1+w_x)$；

石质量＝原试验室配比石质量 $y×(1+w_y)$；

水质量＝原试验室配合比水质量－原砂质量 $x×$ 含水率 w_x－原石质量 $y×$ 含水率 w_y。

即"二加一减，水泥不变"。

练习1：某钢筋混凝土工程的混凝土试验室配合比为 $1∶2.28∶4.47$，水胶比为 0.63，混凝土的水泥用量为 $285kg/m^3$，现场测得砂、石含水率分别为3%和1%。混凝土的施工配合比与调整后的每立方米混凝土材料用量是多少？

5.3.4 混凝土的搅拌及运输

1. 搅拌机选择

混凝土搅拌机按其搅拌原理，分为自落式和强制式两类。

（1）自落式搅拌机 混凝土拌合料在鼓筒内做自由落体式翻转搅拌，适宜搅拌塑性混凝土和低流动性混凝土，如图5-3所示。自落式搅拌机搅拌力量小、动力消耗大、效率低，正日益被强制式搅拌机所取代。

图5-3 自落式双锥反转出料混凝土搅拌机

（2）强制式搅拌机 混凝土拌合料搅拌作用强烈，适宜搅拌干硬性混凝土和轻集料混凝土。搅拌质量好、速度快、生产效率高、操作简便安全，但机件磨损较严重。强制式搅拌机有立轴和卧轴之分，立轴式搅拌机不宜用于搅拌流动性大的混凝土；卧轴式搅拌机具有适用范围广、搅拌时间短、搅拌质量好等优点，是大力推广的机型，如图5-4所示。

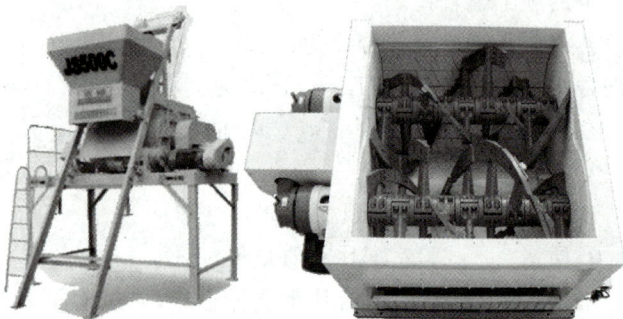
图 5-4　双卧轴强制式混凝土搅拌机

2. 搅拌制度

（1）搅拌机的装料容量 搅拌机容量有几何容量、进料容量和出料容量三种表示。几何容量是指搅拌筒内的几何容积，进料容量是指搅拌前搅拌筒可容纳的各种原材料的累计体积，出料容量是指每次从搅拌筒内可卸出的最大混凝土体积。为使搅拌筒内装料后仍有足够的搅拌空间，一般进料容量与几何容量之比为 0.22~0.50，称为搅拌筒的利用系数。出料容量与进料容量之比称为出料系数，一般为 0.60~0.70。在计算出料量时，可取出料系数 0.65。

（2）混凝土搅拌时间 搅拌时间是指_____。它与搅拌机类型、鼓筒尺寸、坍落度、集料粒径等有关，具体可参照《混凝土结构工程施工规范》（GB 50666—2011），请按规范填写见表5-2。

表 5-2　混凝土搅拌的最短时间　　　　　　　（单位：s）

混凝土坍落度/mm	搅拌机机型	搅拌机出料量 L		
		<250	250~500	>500
≤40	强制式			
>40,且<100	强制式			
≥100	强制式			

注：1. 当掺有外加剂与矿物掺合料时，搅拌时间应当适当延长。
　　2. 采用自落式搅拌机时，搅拌时间应适当延长。

（3）投料要求 投料顺序应考虑提高搅拌质量，减少拌合物与搅拌筒的黏结，减少水泥飞扬，改善工作环境。常用的投料方法有_____、_____和_____等。

1）每次浇筑混凝土前 1.5h 左右，由施工现场专业工长填写申报"混凝土浇灌令"，由建设（监理）单位和技术负责人或质量检查人员批准，每一台班都应填写。

2）试验员依据"混凝土浇灌令"填写有关资料。根据砂石含水率，调整混凝土配合比中的材料用量，换算每盘的材料用量，写配合比板，经施工技术负责人校核后，挂在搅拌机旁醒目处。按时检定磅秤或电子秤及水流量计。

3）材料用量、投放。水泥、掺合料的每盘计量误差为±2%，水、外加剂的每盘计量误差为±1%，粗、细集料的每盘计量误差为±3%。

一次投料法：_____

_____

_____

_____。

二次投料法：_____

_____

_____

_____。

水泥裹砂法：_____

_____

_____

_____。

4）用于承重结构及抗渗防水工程使用的混凝土，应采用预拌混凝土。开盘鉴定是指第一盘混凝土搅拌使用的配合比，在混凝土出厂前由混凝土供应单位自行组织有关人员进行开盘鉴定；现场搅拌的混凝土由施工单位组织建设（监理）单位、搅拌机组、混凝土试配单位进行开盘鉴定工作，共同认定试验室签发的混凝土配合比确定的组成材料是否与现场施工所用材料相符，以及混凝土拌合物性能是否满足设计要求和施工需要。如果混凝土和易性不好，可以在维持水胶比不变的前提下，适当调整砂率、水及水泥量，至和易性良好为止。

（4）混凝土搅拌的注意事项

1）混凝土配合比必须在搅拌站旁挂牌公布，接受监督和检查。

2）严格控制水胶比和坍落度，未经试验人员同意不得随意加减用水量。

3）混凝土掺用外加剂时，外加剂应与水泥同时进入搅拌机，搅拌时间相应延长50%～100%；当外加剂为粉状时，应先用水稀释，然后与水一同加入。

4）搅拌第一盘混凝土时，考虑搅拌机筒壁要吸附一部分水泥浆，只加规定石子质量的一半，俗称"减半石混凝土"。

5）搅拌好的混凝土要基本卸尽，在全部混凝土卸出之前不得再投入拌合料，严禁采用边出料、边进料的方法。

6）当混凝土搅拌完毕或预计停歇时间超过1h以上时，应将搅拌机内余料倒出，用清水清理搅拌机。

7）每班至少应分两次检查材料的质量及每盘的用量，确保工程质量。

3. 混凝土的运输

（1）运输要求

1）运输过程中不分层、不离析。

2）尽量缩短运输时间，减少转运次数。为保证浇捣在初凝前完成，从卸出至浇完的时间应限定。

3）保证连续浇筑。

4）容器严密、不漏浆，容器内壁平整、光洁、不吸水。

（2）水平运输

1）地面水平运输工具：较短距离（<1km）采用手推车、机动翻斗车；较长距离

（<10km）采用自卸汽车；长距离采用混凝土搅拌运输车。

2）楼面水平运输：双轮手推车，塔式起重机兼顾，混凝土泵加布料杆。

（3）垂直运输工具

1）井架：配合自动翻斗车、手推车。

2）塔式起重机：配合吊斗，可完成垂直、水平运输及浇筑任务。

3）混凝土泵。

（4）混凝土输送泵　我国目前主要采用活塞泵，液压驱动。混凝土输送泵可分为拖式泵（图5-5）和车载泵（图5-6）两大类。

图 5-5　三一重工 HBT 系列拖式泵

图 5-6　三一重工 SY 系列车载泵

拖式泵（固定式泵）的特点：_____

_____

_____

_____。

车载泵（移动式泵）的特点：_____

_____

_____

_____。

（5）混凝土泵　混凝土泵车均装有 3~7 节折叠式全回转布料臂，液压操作。最大理论输送能力为 180m³/h，最大布料高度为 71m，臂架水平长度 63.5m，臂架垂直深度为 50.3+3（软管）m。可在布料杆的回转范围内直接进行浇筑，如图5-7、图5-8所示。

图 5-7　三一重工 SYM5552THB
710S 71m 混凝土泵车

图 5-8　三一重工 HBT90CH
超高压拖泵泵送现场

（6）混凝土布料杆　可根据现场混凝土浇筑的需要将布料杆设置在合适位置，布料杆有固定式、移动式（图5-9）、内爬式（图5-10）、船用式等。

图5-9　移动式布料杆

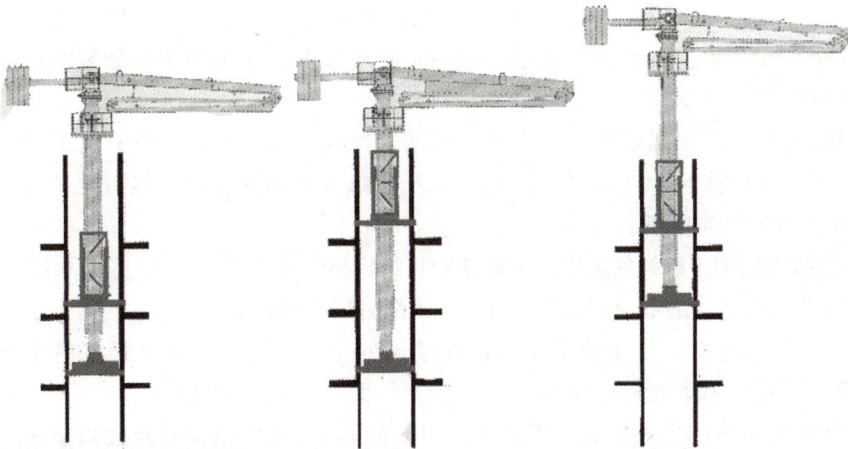

a) 爬升过程

b) 施工现场

图5-10　内爬式布料杆

5.3.5 混凝土浇筑与振捣

混凝土坡面施工　**混凝土刚性基础**

1. 混凝土浇筑

应以最短的时间和最少的转换次数将混凝土从搅拌地点运至浇筑地点，混凝土从搅拌机卸出后到振捣完毕的延续时间，请根据规范填写表 5-3 中数据。

表 5-3　混凝土运输、输送入模及其间歇总时间限值　　（单位：min）

条件	气温	
	≤25℃	>25℃
不掺外加剂		
掺外加剂		

混凝土浇筑应分层连续进行，间歇时间不得超过混凝土初凝时间，一般不超过 2h。为保证钢筋位置正确，先浇一层厚为 50~100mm 的混凝土固定钢筋。阶形基础的每一台阶高度整体浇捣，每浇完一台阶停顿 0.5h 待其下沉，再浇上一层。分层下料，每层厚度为振动棒的有效振动长度。防止由于下料过厚、振捣不实或漏振、吊绑的根部砂浆涌出等原因造成蜂窝、麻面或孔洞。

浇筑混凝土时，经常观察模板、支架、钢筋、螺栓、预留孔洞和管有无走动情况，当发现有变形、走动或位移时，立即停止浇筑，并及时修整和加固模板，然后继续浇筑。

2. 混凝土施工缝的留设

由于施工技术或施工组织的原因，不能连续将结构整体浇筑完成，预计间隙时间将超过规定时间时，应预先选定适当的部位留设施工缝，施工缝宜留在结构受＿＿＿＿＿＿＿＿的部位。

1）柱子应留水平缝，柱子施工缝宜留在基础的＿＿＿＿＿面、梁或吊车梁牛腿的上面、吊车梁的下面、无梁楼板柱帽的＿＿＿＿＿面，如图 5-11 所示。

2）与板连成整体的大断面梁（高度大于 1m 的梁），施工缝留在板底以下＿＿＿＿＿处；当板下有梁托时，留在梁托＿＿＿＿＿面。

3）单向板的施工缝留在平行于板的＿＿＿＿＿边的任何位置。

4）有主次梁的楼板宜顺着＿＿＿＿梁方向浇筑，施工缝应留在＿＿＿＿梁跨度的＿＿＿＿＿范围内，如图 5-12 所示。

5）墙体的施工缝可留在门洞口过梁＿＿＿＿＿＿＿范围内，也可留在纵横墙的交接处。

6）双向受力楼板、大体积混凝土结构、拱、蓄水池、多层刚架的施工缝应按设计要求留置施工缝。

3. 后浇带的设置

后浇带是防止因温度变化和混凝土收缩导致结构产生裂缝的有效措施。后浇带的间距由设计确定，一般为＿＿＿＿ m，后浇带的保留时间一般为＿＿＿＿ d，最少应为＿＿＿＿ d，后浇带宽度一般为＿＿＿＿＿＿＿ mm，后浇带处的钢筋＿＿＿＿＿（断开/不断开），如图 5-13 所示。

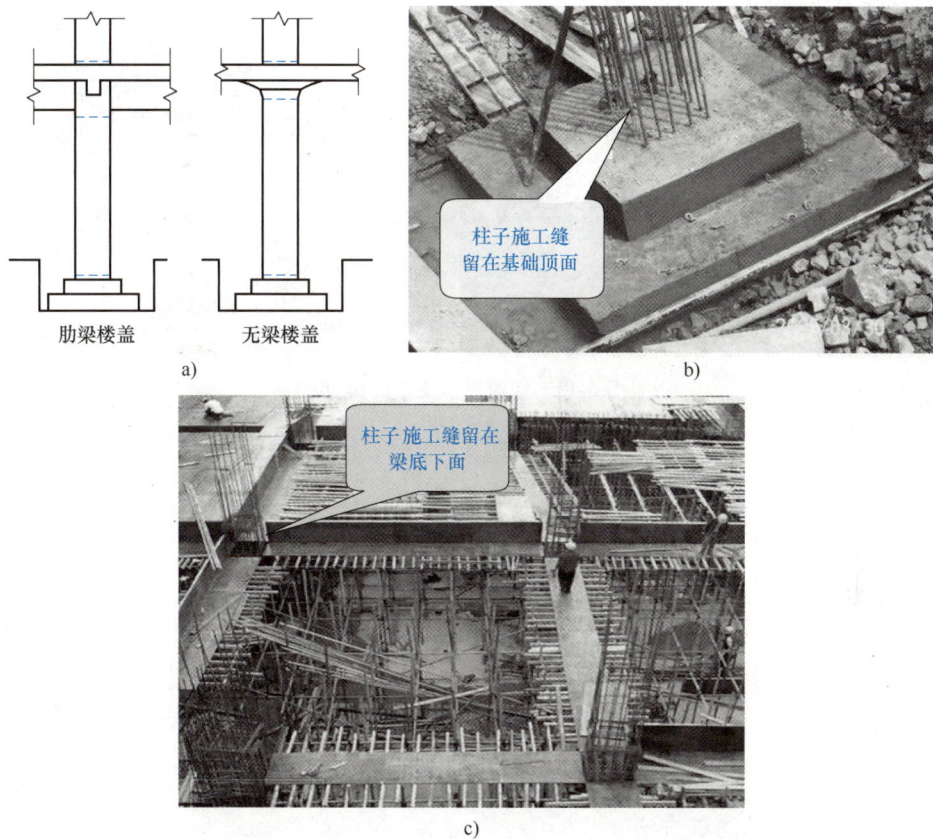

肋梁楼盖　　无梁楼盖

a)

柱子施工缝
留在基础顶面

b)

柱子施工缝留在
梁底下面

c)

图 5-11　柱子留设施工缝的位置

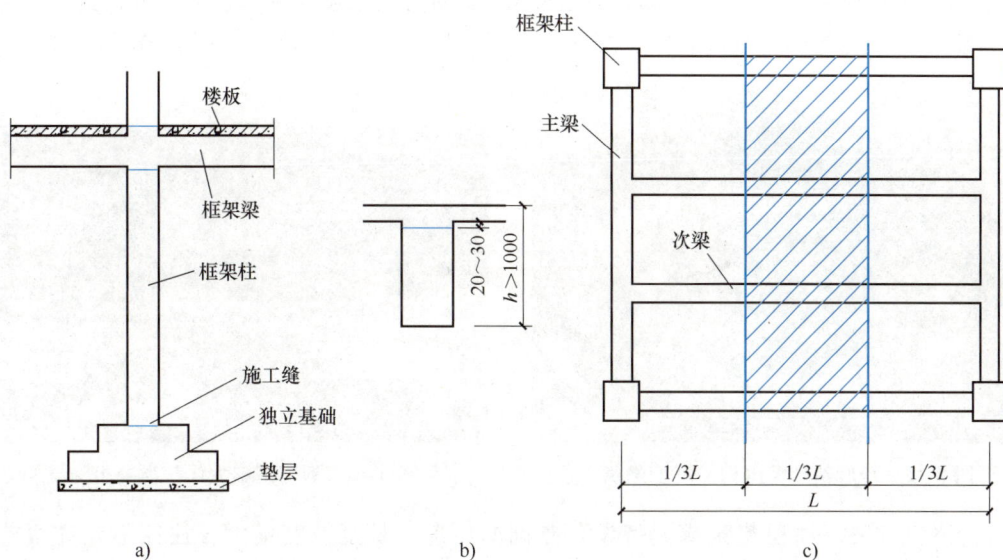

框架柱

主梁

次梁

楼板

框架梁

框架柱

施工缝

独立基础

垫层

$20\sim30$　$h>1000$

$1/3L$　$1/3L$　$1/3L$

L

a)　　　　　　　　b)　　　　　　　　c)

图 5-12　肋形楼盖施工缝位置

钢筋不宜断开

图 5-13　楼面板后浇带的留设

将后浇带断面形式填于图 5-14 对应位置。

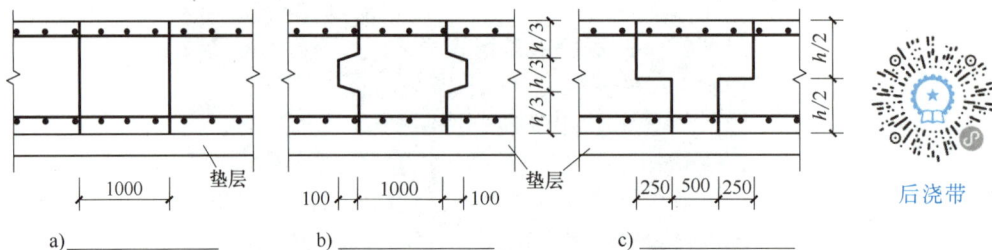

a) _____　　　b) _____　　　c) _____

图 5-14　后浇带截面形式

后浇带

4. 大体积混凝土的浇筑方法

大体积混凝土浇筑后水化热量大，水化热积聚在内部不易散发，而混凝土表面散热又很快，形成较大的内外温差，温差过大易在混凝土表面产生裂纹；在浇筑后期，混凝土内部又会因收缩产生拉应力，当拉应力超过混凝土当时龄期的抗拉强度时，就会产生裂缝，严重时会贯穿整个混凝土基础。筏形基础、烟囱基础大体积混凝土浇筑如图 5-15、图 5-16 所示。

图 5-15　筏形基础大体积混凝土浇筑

图 5-16　烟囱基础大体积混凝土浇筑

1）浇筑方案。高层建筑或大型设备基础的厚度、长度及宽度大，往往不允许留施工缝，要求一次连续浇筑。施工时应分层浇筑、分层捣实，但又要保证上、下层混凝土在初凝前结合好，可根据结构大小、混凝土供应情况采用不同的浇筑方式，将大体积混凝土浇筑方案填于图5-17对应位置。

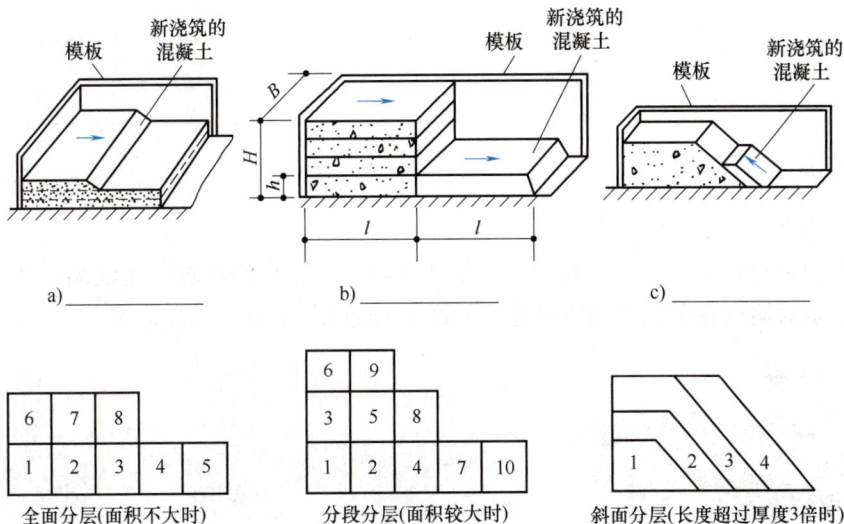

a) ＿＿＿＿＿＿　　b) ＿＿＿＿＿＿　　c) ＿＿＿＿＿＿

全面分层(面积不大时)　　　分段分层(面积较大时)　　　斜面分层(长度超过厚度3倍时)

图 5-17　大体积混凝土浇筑方案

2）防止大体积混凝土温度裂缝的技术措施如下：

_____

_____

_____

_____ 。

5. 混凝土的振动密实

混凝土振动密实的原理：振动机械将振动能量传递给混凝土拌合物时，混凝土拌合物中所有的集料颗粒都受到强迫振动，呈现出所谓的"重质液体状态"，因而混凝土拌合物中的集料犹如悬浮在液体中，在其自重作用下向新的稳定位置沉落，排除存在于混凝土拌合物中的气体，消除孔隙，使集料和水泥浆在模板中得到致密的排列。采用插入式振捣器，插入点的间距不大于振捣器作用部分长度的1.25倍。上层振捣棒应插入下层30～50mm。尽量避免碰撞预埋件、预埋螺栓，防止预埋件移位。振动机械按其工作方式分为4种，请在图5-18

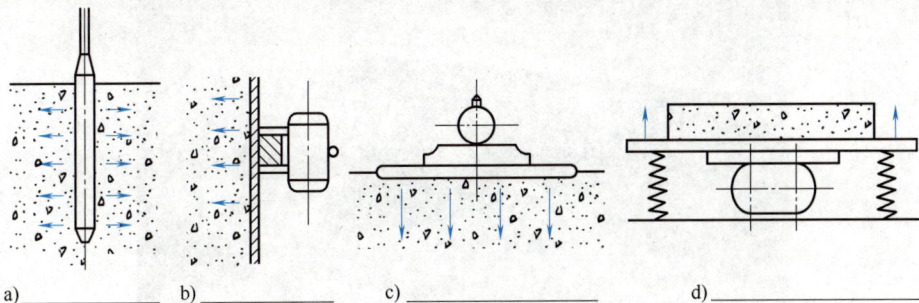

a) ＿＿＿＿＿＿　　b) ＿＿＿＿＿＿　　c) ＿＿＿＿＿＿　　d) ＿＿＿＿＿＿

图 5-18　振动机械

中写出名称，并回答每种振捣设备的适用范围。

其适用范围：_____

_____

_____

_____。

5.3.6 混凝土的养护

1. 自然养护

自然养护是指在常温下（平均气温不低于5℃）用适当的材料覆盖混凝土并适当浇水，使混凝在一定时间内在湿润状态下硬化，如图5-19所示。

图 5-19 自然养护

自然养护的具体规定如下：

1）浇筑完毕后，在_____ h 内覆盖浇水。

2）硅酸盐水泥、普通硅酸盐水泥、矿渣硅酸盐水泥拌制的混凝土不少于_____ d。

3）火山灰质硅酸盐水泥、粉煤灰硅酸盐水泥拌制的混凝土不少于_____ d。

4）掺缓凝剂或有抗渗要求的混凝土不少于_____ d。

5）浇水次数：满足足够湿润状态为准（15℃左右，每天 2~4 次）。

6）混凝土强度达到_____ N/mm^2 后，方可上人和施工。

2. 加热养护

加热养护是通过对混凝土加热来加速其强度的增长，加热养护的方法很多，常用的有蒸汽养护（图5-20）、热膜养护、太阳能养护等。

图 5-20 蒸汽养护

5.3.7 混凝土的质量检查

1. 搅拌和浇筑中的检查

1）原材料的品种、规格、质量和用量，每班检查不少于 2 次。

2）在浇筑地点的坍落度，每班检查不少于 2 次。

3）及时调整施工配合比（当有外界环境影响时）。

4）搅拌时间随时检查。

2. 混凝土养护后的检查

（1）外观检查

1）表面缺陷：麻面、蜂窝、孔洞、露筋、缺棱掉角、缝隙夹层等，如图 5-21 所示。

| a) 墙体蜂窝 | b) 柱子露筋 | c) 柱子烂根 |

图 5-21 混凝土的表面缺陷

2）尺寸偏差：位置、标高、截面尺寸、垂直度、平整度、预埋设施、预留孔洞。

（2）混凝土的强度检验

1）混凝土试件的取样与留置。混凝土试件应在混凝土浇筑地点随机抽取试样，取样与试件留置应符合下列规定：

① 100 盘且不超过 100m³ 的同一配合比的混凝土，取样不得少于一次。

② 每工作班的同一配合比的混凝土不足 100 盘时，取样不得少于一次。

③ 一次连续浇筑超过 1000m³ 时，同一配合比的混凝土每 200m³ 取样不得少于一次。

④ 每一楼层、同一配合比的混凝土，取样不得少于一次。

⑤ 每次取样应至少留置一组 3 个标准养护试件，同条件养护试件的留置组数应根据实际需要确定。

⑥ 每组三个试件应在浇筑地点的同一盘混凝土中取样制作，如图 5-22 所示。

2）每组试件强度的确定。每组 3 个试件强度代表值的确定：

① 2 个试件强度与中间值之差均不超过 15%时，取三者的平均值。

② 有一个强度值与中间值之差超过 15%时，取中间值。

③ 最大、最小值与中间值之差均超过 15%时，该组数据作废。

问题：某基础工程共三组混凝土试件，第一组三个试件的抗压强度分别为 21.2MPa、24.5MPa、21.1MPa，第二组三个试件的抗压强度分别 21.3MPa、19.8MPa、24.0MPa，第三组三个试件的抗压强度分别 24.7MPa、18.1MPa、21.4MPa，试确定各组强度代表值。

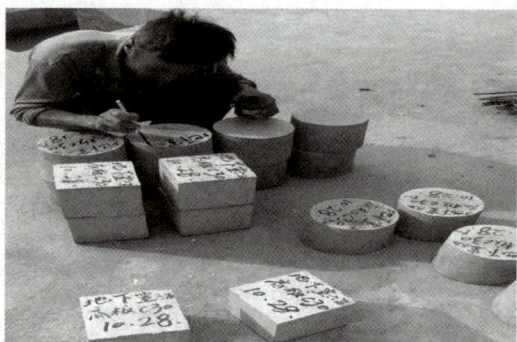

图 5-22　混凝土试件制作与标识

_____

_____

_____

_____

_____

_____

_____　　　　　　　　　　　　　　　　　　　　　　　　　　　。

3. 混凝土非破损检验

由于施工质量不良、管理不善，试件与结构中混凝土质量不一致，或对试件试验结果有怀疑时，可采用钻芯取样或回弹法、超声回弹综合法等非破损检验方法进行检验（图5-23），按有关规定进行强度推定。

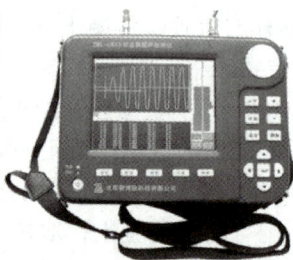

a) 数字回弹仪　　　　　　　　b) 非金属超声检测仪

c) 回弹法检测　　　　　　　　d) 混凝土结构钻芯取样

图 5-23　混凝土非破损检验

5.3.8　混凝土的缺陷与处理

1. 缺陷

麻面、露筋、蜂窝、孔洞、缝隙及夹层、缺棱掉角、裂缝、强度不足等。

2. 处理

问题：混凝土质量缺陷的修补方法主要有哪几种？对每种方法进行简要介绍。

_____

_____

_____

_____

_____

_____

_____

_____

_____ 。

5.4　混凝土工程施工方案实例

中央电视台新址建设工程位于北京市东三环中路光华桥东北角，地处中央商务区（CBD）的核心地带。基地总面积 19.7 万 m²，由 CCTV 主楼、TVCC 电视文化中心及服务楼组成，A 标段主体结构包括塔楼、裙房、基座和车库四部分，总建筑面积 49.5 万 m²。主体工程于 2005 年 4 月 28 日开工，合同工期计划 2009 年 1 月份完工。

CCTV 主楼位于场地西南角，包括两座斜塔楼，连接两座斜塔楼顶部的 14 层高的悬臂结构，以及 9 层裙楼和 3 层地下室。1 号塔楼高 51 层，屋顶最高处标高为 234m；2 号塔楼41 层，屋顶最高处标高为 194m；裙楼 9 层，屋顶标高为 46m。位于 1 号和 2 号塔楼顶部的14 层斜面楼体是这项工程极具特色的结构，是国内外建筑设计中罕见的结构设计，尽管CCTV 主楼体现了电视功能的独特性、文化性和先进性，但也给工程建设者提出了新的挑战。

中央电视台新址主楼项目合同总额 46.5 亿元人民币，是当时中国房建项目中单体面积最大、合约金额最高的建筑，是中建总公司与上海建工集团联合总承包上海环球金融中心项目之后，在北京承建的又一个标志性建筑。

2005 年 12 月 20 日，北京迎来了入冬以来最冷的一天，午夜时分，气温达到了 2005 年以来的最低纪录：-11～-12℃。在中央电视台新址建设工程工地，17 台地泵、一台泵车、百余辆混凝土搅拌运输车整装完毕、蓄势待发。23 点整，随着现场指挥员的一声令下，主楼 1 号楼 3.9 万 m³ 的底板混凝土浇筑正式开始。数十辆混凝土搅拌运输车发出震耳欲聋轰鸣，将混凝土源源不断地卸入地泵料斗，17 台地泵和一台泵车一字排开，混凝土从一条条蜿蜒的泵管喷涌而出，百余名混凝土振捣能手在基坑下 10 余米的钢筋丛林中紧张而有序地操作着振捣棒。卸完料后离开和刚刚进场的搅拌车井然有序地按照划定路线行驶，现场忙而不乱，场面十分壮观，如图 5-24 所示。

图 5-24　中央电视台新楼基础混凝土浇筑现场

底板主体混凝土浇筑于 12 月 22 日晚 10 点左右结束，48 小时共浇筑 3.9 万 m³ 混凝土，浇筑速度达到了 800m³/h。此次大底板混凝土浇筑的圆满成功，创造了国内房建领域混凝土浇筑的新纪录，树立了我国冬季混凝土泵送浇筑施工的一项新标杆。2 号楼的底板混凝土浇筑于 12 月 28 日上午 10 点开始，30 日晚 7 点左右结束，历时 50 余小时，共浇筑混凝土 3.3 万 m³。10 天内完成 7 万余立方米的混凝土浇筑，是中建总公司这一建筑业巨头继 2005 年初完成中国第一高楼上海环球金融中心的底板混凝土浇筑之后的又一项杰作。

A 标的 1、2 号主楼基坑南北长 293m，东西宽 219m，主楼区基底标高 −21～−27m，基底高度变化大、错台多。底板混凝土的平均厚度为 4.5m，最厚部分达到了 10.9m。在底板钢筋区，混凝土振捣操作因为钢筋密布，操作空间极其狭小。由于混凝土方量巨大，要求浇筑完成后混凝土中心最高温度在 55℃ 以下，内外温差不超过 25℃；要在 −11～−12℃ 寒冷的冬季一次性浇筑无接缝混凝土 3.9 万 m³，这不仅需要充分的协调组织和优秀的设备，混凝土的质量控制更是显得尤为重要。项目部根据各方专家意见，制定了严格的混凝土配合比参数和原材料供应条件。

1）考虑到混凝土耐久性及降低水化热的要求，胶凝材料总量不小于 350kg，水泥用量 200～260kg，粉煤灰 15%～45%。

2）对底板 C40P8 混凝土，水胶比要求小于 0.4。

3）用超缓凝高效减水剂，缓凝时间要求初凝时间 16～20h，终凝时间小于 24h。

4）单方混凝土碱含量小于 3kg。

5）氯离子最大含量 0.06%。

6）膨胀剂小于 10%。

原材料要求：

1）水泥采用 P.O 42.5 水泥。

2）5~40mm 连续级配且含砂量小于 1% 的机碎石。

3）Ⅰ级粉煤灰，不加矿粉。

4）外加剂使用聚羧酸系或萘系超缓凝高效减水剂。

在大底板浇筑过程中，粉煤灰添加量达到了水泥量的 50%，节省了大量的水泥，为降低水泥的水化热、降低工程造价进行了有效的尝试。

混凝土底板整体面积大，超厚度面积大，在下层斜面混凝土凝固之前，浇筑的新混凝土层能否将其完全覆盖，并且绝对避免形成冷接缝是此次大底板浇筑能否成功的关键所在。经过专家的大量论证和施工单位的精确计算，采取了"平行推进、斜面分层"的浇筑方式，混凝土浇筑速度要达到 $500 \sim 700 m^3/h$，才可以保证及时地在下层混凝土凝固前将其覆盖，从而避免产生冷接缝。

现场混凝土管路最长的部分达到了 267m，水平落差达到 27m，这无疑又提出了长距离、多弯头泵送的新课题。混凝土管路的现场布置充分考虑了距离和压力损失因素，弯管的位置及个数进行了详细的测算和优化，尽量减少压力损失。在混凝土浇筑点的出料口配置了 1m×1m 的漏斗形接料斗，防止混凝土喷溅。另外，为达到规范中要求的混凝土自由落差必须在 3m 以内的浇筑要求，现场还为每套泵管出口位置特意配置了可拆卸式串筒，保证在 10m 以上的浇筑深度时，能够准确地将混凝土自由落体的高度差控制在 3m 以内。除了施工队伍自带的混凝土振捣能手之外，又专门组织了一批振捣能手赶赴工地，保证了混凝土入模后能够得到及时、充分的振捣。

混凝土冬季浇筑的静态防冻是施工方重点思考的课题。项目部不仅要求混凝土搅拌站在混凝土中加入防冻剂，而且要求混凝土搅拌机卸料温度达到 15℃ 以上，入泵浇筑温度达到 10℃ 以上。为防止冷风降低混凝土管路温度，混凝土泵管还用草帘进行了包裹。12 月 20 日晚，北京的气温达到了 −11~−12℃，现场风力达到了 4~5 级，这些措施有效地保障了混凝土顺利入模。

5.5 实训环节

5.5.1 回弹法检测混凝土的强度

1. 实训目的

1）了解回弹仪的基本构造、基本性能、工作原理和使用方法。

2）掌握回弹法检测混凝土强度的基本步骤和方法。

2. 试验原理及方法

回弹法是一种非破损检测方法，其原理是用一弹簧驱动的重锤，通过弹击杆（传力杆）弹击混凝土表面，并测出重锤被反弹回来的距离，以回弹值（反弹距离与弹簧初始长度之比）作为与强度相关的指标来推定混凝土强度。由于测量在混凝土表面进行，所以是基于混凝土表面硬度和强度之间存在相关性而建立的一种检测方法。

3. 检测仪器

混凝土抗压强度检测所用仪器为回弹仪，回弹仪分为数字式回弹仪和指针直读式回弹仪。

（1）回弹仪技术及使用要求　回弹仪应符合《回弹仪》（GB/T 9138—2015）的规定，还要符合下列技术及使用要求：

1）水平弹击时，在弹击锤脱钩瞬间，回弹仪的标称能量应为 2.207J。

2）在弹击锤与弹击杆碰撞的瞬间，弹击拉簧应处于自由状态，且弹击锤起跳点应位于指针指示刻度尺的"0"处。

3）在洛氏硬度 HRC 为 60±2 的钢砧上，回弹仪的率定值为 80±2。

4）数字式回弹仪应带有指针直读示值系统，数字显示的回弹值与指针直读示值相差不应超过 1。

5）回弹仪使用时的环境温度为 −4~40℃。

（2）回弹仪的检定

1）回弹仪检定周期为半年，当新回弹仪启用前、超过检定有效期限、数字式回弹仪数字显示的回弹值与指针读示值相差大于 1、经保养后在钢砧上的率定值不合格或遭受严重撞击或其他损害时，回弹仪应由法定计量检定机构按《回弹仪》（JJG 817—2011）进行检定。

2）在检定回弹仪率定值时，率定试验应在室温为 5~35℃ 的条件下进行；钢砧表面应干燥、清洁，并应稳固地平放在刚度大的物体上；回弹值应取连续向下弹击三次的稳定回弹结果的平均值；率定试验应分四个方向进行，且每个方向弹击前，弹击杆应旋转 90°，每个方向的回弹平均值均应为 80±2。回弹仪率定试验所用的钢砧每两年送授权计量检定机构检定或校准。

（3）回弹仪的保养　当回弹仪弹击次数超过 2000 次、在钢砧上的率定值不合格或对检测值有怀疑时，须对回弹仪进行保养。保养后须进行率定。

4. 回弹法检测技术

（1）基本要求　采用回弹法检测混凝土抗压强度时，首先要了解下列资料：工程名称、设计单位、施工单位；构件名称、数量及混凝土类型、强度等级；水泥安定性、外加剂、掺合料品种、混凝土配合比等；施工模板、混凝土浇筑、养护情况及浇筑日期等；必要的设计图纸和施工记录；检测原因等。混凝土强度可按单个构件或按批量进行检测。对于混凝土生产工艺、强度等级相同，原材料、配合比、养护条件基本一致且龄期相近的一批同类构件的检测应采用批量检测。

（2）检测数量与测区布置

1）单个构件采用回弹法检测时，对于一般构件，测区数不宜少于 10 个。当受检构件数量大于 30 个且不需提供单个构件推定强度，或受检构件某一方向尺寸不大于 4.5m 且另一方向尺寸不大于 0.3m 时，每个构件的测区数量可适当减少，但不应少于 5 个。

2）相邻两测区的间距不应大于 2m，测区离构件端部或施工缝边缘的距离不宜大于 0.5m，且不宜小于 0.2m。

3）测区宜选在能使回弹仪处于水平方向的混凝土浇筑侧面。当不能满足这一要求时，也可以选在使回弹仪处于非水平方向的混凝土浇筑表面或底面。测区宜布置在构件的两个对称的可测面上，当不能布置在对称的可测面上时，也可布置在同一可测面上，且应均匀分布。在构件的重要部位及薄弱部位应布置测区，并且避开预埋件。

4）测区的面积不宜大于 0.04m^2，一般按 20cm×20cm 布置。

5）测区表面应为混凝土原浆面，并应清洁、平整，不应有疏松层、浮浆、油垢、涂层及蜂窝、麻面。

6）对于弹击时产生颤动的薄壁、小型构件，应进行固定。检测泵送混凝土强度时，测区应选在混凝土浇筑侧面。

7）当检测条件与上述适用条件有较大差异时，可采用在构件上钻取的混凝土芯样或同条件试块对测区混凝土强度换算值进行修正。对同一强度等级混凝土修正时，芯样数量不应少于 6 个，公称直径宜为 100mm，高径比应为 1。芯样应在测区内钻取，每个芯样应只加工一个试件。同条件试块修正时，试块数量不应少于 6 个，试块边长应为 150mm。

8）按批量进行检测时，应随机抽取构件，抽检数量不宜少于同批构件总数的 30%且不宜少于 10 件。当检验批构件数量大于 30 个时，抽样构件数量可适当调整，并不得少于国家现行有关标准规定的最少抽样数量。

（3）回弹值测量　现场检测时，回弹仪的轴线应始终垂直于混凝土检测面，缓慢施压、准确读数、快速复位。测点应在测区范围内均匀分布，相邻两测点的净距离不宜小于 20mm；测点距外露钢筋、预埋件的距离不宜小于 30mm；弹击时应避开气孔和外露石子，同一测点应只弹击一次，读数估读至 1。每一个测区应记取 16 个回弹值。

（4）混凝土碳化深度测量　回弹值测量完毕后，应在有代表性的测区上测量混凝土碳化深度值，测点数不应少于构件测区数的 30%，应取其平均值作为该构件每个测区的碳化深度值。当碳化深度值极差大于 2.0mm 时，应在每一测区分别测量碳化深度值。碳化深度的测量方法：

1）采用工具在测区表面形成直径约 15mm 的孔洞，其深度应大于混凝土的碳化深度。

2）清除孔洞中的粉末和碎屑，且不得用水擦洗。

3）采用浓度为 1%~2%的酚酞酒精溶液滴在孔洞内壁的边缘处，当已碳化与未碳化界线清晰时，应采用碳化深度测量仪测量已碳化与未碳化混凝土交界面到混凝土表面的垂直距离，并应测量 3 次，每次读数应精确至 0.25mm。

4）取三次测量的平均值作为检测结果，并应精确至 0.5mm。

（5）回弹值计算　计算测区平均回弹值时，应从该测区的 16 个回弹值中剔除 3 个最大值和 3 个最小值，其余的 10 个回弹值按平均值计算。

5. 试验记录及数据处理

回弹法检测混凝土抗压强度原始记录的参考格式，见表 5-4。构件混凝土强度计算此处略。

5.5.2　混凝土搅拌站和混凝土工程施工参观

1. 实习内容

1）参观混凝土搅拌站和施工现场，了解混凝土生产工艺过程（如配料、搅拌、运输、浇筑、振捣、养护等）。

2）熟悉所在施工企业项目部施工机械性能参数、操作要求、使用方法、生产能力等。

3）参观在建建筑的施工，了解现浇钢筋混凝土结构的施工过程。

表 5-4 （检测单位名称）回弹法检测混凝土抗压强度原始记录

工程名称：　　　　　　　　施工单位：

建设单位：　　　　　　　　监理单位：

委托单位：　　　　　　　　试验地点：　　　　　　　　　　　第　页，共　页

编号		回弹值 R_i																	碳化深度 d_i/mm
构件	测区	1	2	3	4	5	6	7	8	9	10	11	12	13	14	15	16	$\overline{R}$	
	1																		
	2																		
	3																		
	4																		
	5																		
	6																		
	7																		
	8																		
	9																		
	10																		

测面状态	侧面、表面、底面、风干、潮湿、光洁、粗糙	回弹仪	型号	ZC3-A	备注
			编号		
测试角度 α	水平　向上　向下　其他（　）		率定值		

检测人：　　　　校核人：　　　　　　　　　　　　　日期：　年　月　日

4）了解保证工程质量、安全生产的技术措施。

5）了解新技术、新工艺、新材料及现代施工管理方法等的应用。

6）了解施工企业项目经理、施工员、安全员、质量员等职责范围、工作方法。

7）了解参加施工现场工程质量和安全检查及有关事故分析、处理等工作。

2. 实习纪律

1）服从指导人员的指导，有组织、有步骤、有秩序地参观、听讲。

2）在施工现场参观时，要佩戴安全帽，不得乱跑、乱动，随时注意安全，防止发生事故。

3）在工地不得随便靠近施工机械，严禁未经允许，触摸施工现场的开关按钮。

4）在参观、听讲时，注意力集中，不能吵闹，不明白的地方向指导人员虚心请教。

3. 实习总结

在实习过程中，应对参观内容认真做好记录。

5.5.3　混凝土常见质量问题分析

分析表 5-5 中混凝土常见质量问题的原因，并提出控制及处理措施。

表 5-5　混凝土常见质量问题分析

常见问题	原因分析	控制及处理措施
蜂窝		
麻面		
露筋		
孔洞		
夹渣		
缺棱掉角		
强度偏低		
温度裂缝		

5.6 实训自评

如实填写表 5-6。

表 5-6 实训自评

姓名：　　　岗位职务：　　　班级：　　　学号：　　　组别：			
目标	掌握	了解	不会
混凝土工程的技术要求和工艺的基本知识			
回弹法检测混凝土的强度			
分析并解决混凝土常见质量问题			
总结与提高			
你在整个任务完成过程中做得好的是什么？还有什么不足？有何打算？			
你在整个任务完成过程中出现了哪些问题？你是如何解决的？你还有什么问题不能解决？			
教师评价			

项目6

砌体工程

【导读】

2017 年 7 月 8 日，在波兰克拉科夫第 41 届世界遗产委员会大会上，"鼓浪屿历史国际社区"列入"世界文化遗产"名录，成为中国第 52 项世界文化遗产。鼓浪屿这个面积不足 2km² 的小岛，早已蜚声海内外，对于有着"万国建筑博物馆"美誉的小岛来说，其建筑特色非常鲜明。建筑是重要的历史文化载体，可以更清晰更有效地向人们展示鼓浪屿近代建筑的地域特色与艺术魅力。"绚丽多姿的装饰艺术"包括了鼓浪屿建筑的六大装饰艺术特色：花样繁多的住宅围墙、极尽奢华的窗套装饰、西式折中的柱头柱式、造型各异的花式栏杆、多风格混搭山墙装饰、华丽精致的室内装修。"绝无仅有的形式风格"包括十二大形式艺术风格：明确分置主附楼、壮观气派大门楼、罕见防潮架空层、正门入口大台阶、开敞实用宽外廊、形式多样弧拱券、前"出龟"与八角楼、烟灸红砖清水墙、异彩纷呈混水墙、闽南传统"洗蛎砂"、地域特色私家园林、"鼓浪屿装饰风格"（图 6-1）。

a)

b)

图 6-1　鼓浪屿建筑

6.1　实训目的

1）了解砌体工程所用块体材料的种类与性能。
2）掌握砌筑砂浆的材料、拌制与使用要求。
3）掌握砖砌体的施工工艺、方法与质量要求。
4）能进行砌体材料、组砌工艺、砌体质量的验收与质量控制。

6.2　实训内容

1）学习砌体工程的技术要求和工艺的基本知识。
2）完成砌体工程的砌筑任务，掌握砌筑工种竞赛操作规则和操作技能要求。
3）根据砌体工程施工质量验收规范进行砌体工程的质量检验。
4）分析并解决砌体工程常见质量问题。

6.3　知识拓展

多孔砖砖墙　　非承重砖墙

6.3.1　砌体材料

1. 砌筑用砖

（1）普通烧结砖　普通烧结砖（图6-2）是以黏土、页岩、煤矸石、粉煤灰为主要材料，经压制成型、焙烧而成。黏土砖目前已经禁止生产使用。

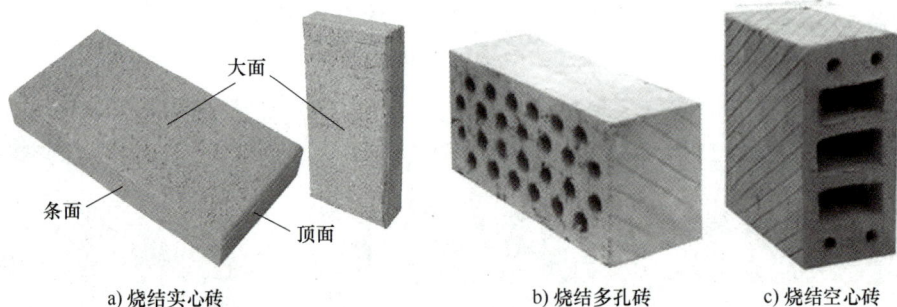

a)烧结实心砖　　　　　　　b)烧结多孔砖　　　　c)烧结空心砖

图6-2　普通烧结砖

按形式分为：＿＿＿＿＿＿、＿＿＿＿＿＿、＿＿＿＿＿＿等。

按材料分为：＿＿＿＿＿＿、＿＿＿＿＿＿、＿＿＿＿＿＿等。

实心砖的规格为：＿＿＿＿＿＿。

多孔砖和空心砖的规格为：190mm×190mm×90mm、240mm×115mm×90mm、240mm×180mm×115mm等。

强度等级分为＿＿＿＿、＿＿＿＿、＿＿＿＿、＿＿＿＿、＿＿＿＿五级。

（2）蒸压砖　蒸压砖有蒸压粉煤灰砖和蒸压灰砂砖两种，如图6-3所示，都是通过坯料

a) 蒸压粉煤灰砖

b) 蒸压灰砂砖

图 6-3　蒸压砖

制备、压制成型、蒸压养护而制成。

砖的尺寸：长宽均为 240mm×115mm，厚度有 53mm、90mm、115mm、175mm 四种。

强度等级分为＿＿＿＿＿、＿＿＿＿＿、＿＿＿＿＿、＿＿＿＿＿四级。

2. 石材

石材分为毛石和料石两种，如图 6-4 所示。

毛石基础

a) 毛石

b) 料石

图 6-4　石材

毛石又可分为乱毛石和平毛石。乱毛石是形状不规则的石块，平毛石是形状虽不规则，但有两个平面大致平行的石块。毛石应呈块状，中部厚度不宜小于 150mm。

料石按加工面的平整程度分为细料石、半细料石、粗料石和毛料石四种。料石的宽度、厚度均不宜小于 200mm，长度不宜大于厚度的 4 倍。

3. 砌块

砌块主要有混凝土空心砌块、蒸压加气混凝土砌块等，如图 6-5 所示。

a) 混凝土小型空心砌块   b) 蒸压加气混凝土砌块

图 6-5 砌块

混凝土空心砌块为竖向方孔，长度为 390mm，宽度为 90mm、120mm、140mm、190mm、240mm、290mm，长度为 90mm、140mm、190mm。空心承重砌块强度等级分为 MU25、MU20、MU15、MU10、MU7.5 五个强度等级。

蒸压加气混凝土砌块的规格较多，一般长度为 600mm，高度有 200mm、240mm、250mm、300mm。宽度有 100mm、120mm、125mm、150mm、180mm、200mm、240mm、250mm、300mm 等尺寸。强度等级分为 A1.5、A2.0、A2.5、A3.5、A5.0 五个强度等级。

粉煤灰砌块的规格为 880mm×380mm×240mm 和 880mm×430mm×240mm 两种，强度等级分为 MU13、MU10 两级。

4. 砌筑砂浆

常用的砌筑砂浆有 _____、_____、_____。砂浆的强度等级有 _____、_____、_____、_____、_____ 五级。

（1）原材料要求

1）水泥使用前应对其强度、安定性进行复检，水泥出厂超过 _____ 个月（快硬水泥为一个月）或对水泥质量有怀疑时应复查试验。

2）砂浆用砂不得含有害杂物，砂的含泥量一般不超过 _____%，对强度等级小于 M5 的水泥混合砂浆可适当放宽，也不得超过 10%。砖砌体砂浆宜用中砂，石砌体砂浆宜用粗砂。

（2）砂浆的使用

1）砂浆应随拌随用，水泥砂浆和水泥混合砂浆应分别在 _____ h 和 _____ h 内用完，当气温超过 30℃ 时，应分别在 _____ h 和 _____ h 内用完。

2）基础工程一般应采用 _____ 砂浆，强度要求较高或砌体环境潮湿的墙体应采用水泥混合砂浆，强度要求不高且环境干燥的砌体可采用石灰砂浆。

5. 砌体材料的取样检验

（1）砖的取样检验 按烧结砖 15 万块、多孔砖 5 万块、灰砂砖及粉煤灰砖 10 万块为一验收批，抽检数量为一组。

（2）砂浆的强度验收 每一楼层（基础可按一个楼层计）或不超过 250m³ 的砌体为一

验收批，各品种和强度等级取样不少于 3 组，每台搅拌机应至少抽检一次。在砂浆搅拌机出料口取样制作砂浆试块，同一盘砂浆应只制作一组试块。砂浆试块强度以边长为_____ mm 的立方体试块、标准养护_____ d 的抗压试验结果为准。

6.3.2　砖砌体施工

1. 砖砌体的组砌形式

为提高砌体的整体性、稳定性和承载力，砖块排列应遵循上下错缝的原则，避免垂直通缝出现，错缝或搭砌长度一般不小于 60mm。将砖砌体的组砌方法填入图 6-6 对应横线位置。

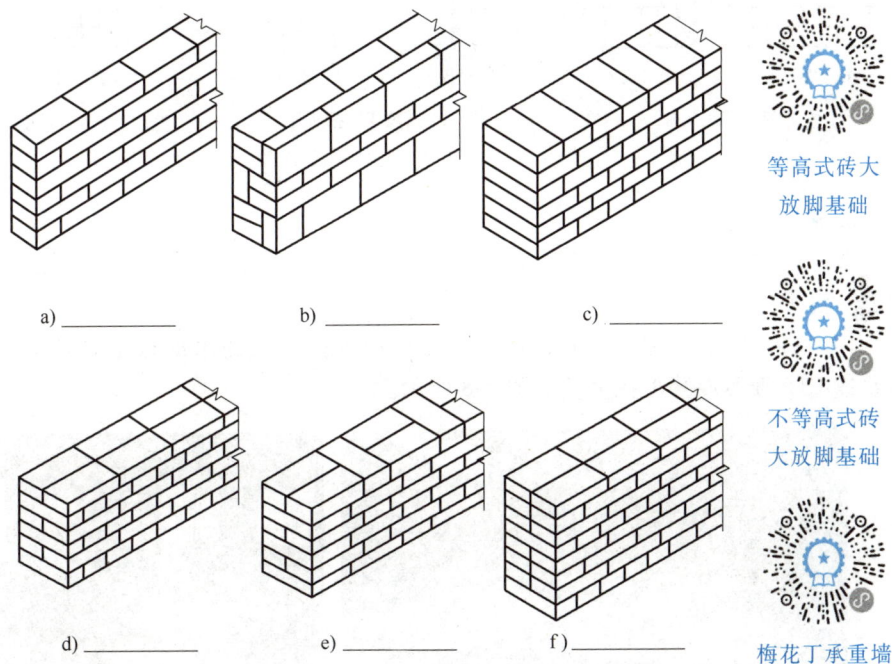

等高式砖大放脚基础

不等高式砖大放脚基础

梅花丁承重墙

a) _____　　b) _____　　c) _____

d) _____　　e) _____　　f) _____

图 6-6　砖砌体组砌形式

（1）一顺一丁　一顺一丁砌法是一皮全部顺砖与一皮全部丁砖相互间隔砌成，上下皮间的竖缝相互错开 1/4 砖长。

（2）三顺一丁　三顺一丁砌法是三皮全部顺砖与一皮全部丁砖间隔砌成的，上下皮顺砖与丁砖间竖缝错开 1/4 砖长，上下皮顺砖间竖缝错开 1/2 砖长。

（3）梅花丁　梅花丁砌法是每皮丁砖与顺砖相隔，上皮丁砖坐中于下皮顺砖，上下皮间竖缝相互错开 1/4 砖长。

（4）两平一侧　两平一侧是两皮砖平砌与一皮砖侧砌的一种方法。这种砌法主要用于砌筑 180mm 的外墙和内墙。

（5）全顺　全顺是每皮都用顺砖砌筑，上下皮竖缝相互错开 1/2 砖长，这种砌法仅适用于砌筑半砖墙。

（6）全丁　全丁是全部用丁砖砌筑，这种砌法仅适用于圆弧形砌体（如水池、烟筒、水塔）。

为了使砖墙的转角处各皮间竖缝相互错开，必须在外角处砌七分头砖（3/4 砖长）。当采用一顺一丁组砌时，七分头的顺面方向依次砌顺砖，丁面方向依次砌丁砖（图6-7a）。砖墙的丁字接头处，应分皮相互砌通，内角相交处竖缝应错开1/4砖长，并在横墙端头处加砌七分头砖（图6-7b）。砖墙的十字接头处，应分皮相互砌通，交角处的竖缝应相互错开1/4砖长（图6-7c）。

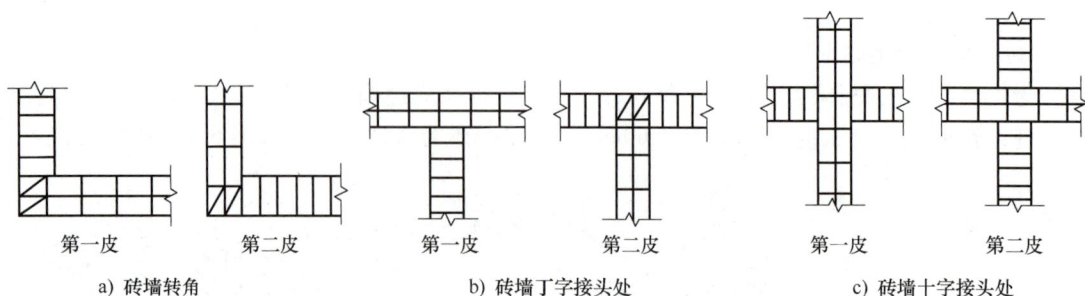

| 第一皮 | 第二皮 | 第一皮 | 第二皮 | 第一皮 | 第二皮 |

a) 砖墙转角　　　　　　　　b) 砖墙丁字接头处　　　　　　　c) 砖墙十字接头处

图6-7　七分头砖形式

2. 施工工艺

普通烧结砖砌筑工序包括抄平、放线、摆砖样、立皮数杆、盘角、挂线、铺灰、砌砖、勾缝、清理等。

（1）抄平　砌砖墙前，先在基础面或楼面上按标准的水准点定出各层标高，并用水泥砂浆或C15细石混凝土找平，如图6-8所示。

a)　　　　　　　　　　　　　　　　b)

图6-8　抄平

（2）放线　底层墙身按龙门板上轴线定位钉为准，拉线、吊线坠，将墙身中心轴线投放至基础顶面，并据此弹出墙身边线及门窗洞口位置。楼层墙身的放线，应利用预先引测在外墙面上的墙身中心轴线，用经纬仪或线坠向上引测，如图6-9所示。

（3）摆砖样　按选定的组砌方法，在墙基顶面放线位置试摆砖样（生摆，即不铺灰），尽量使门窗垛符合砖的模数，偏差小时可通过竖缝调整，以减小斩砖数量，并保证砖及砖缝排列整齐、均匀，以提高砌砖效率，如图6-10所示。

（4）立皮数杆　立皮数杆可控制每皮砖砌筑的竖向尺寸，并使铺灰、砌砖的厚度均匀，保证砖皮水平。皮数杆标有砖的皮数、灰缝厚度及门窗洞、过梁、楼板的标高。它立于墙的转角处，其基准标高用水准仪校正。如墙很长，可每隔10~20m再立一根，如图6-11所示。

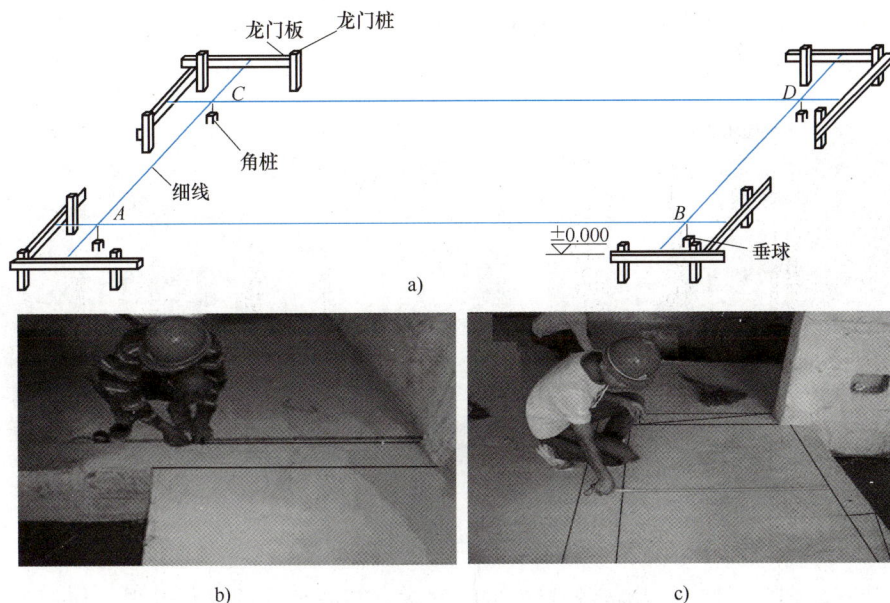

图 6-9　楼层围护墙的墙身放线

图 6-10　摆砖样

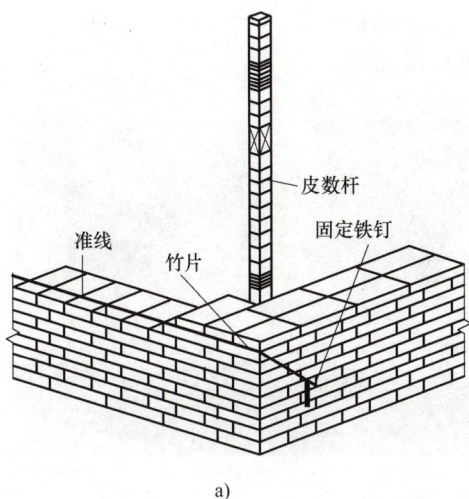

图 6-11　立皮数杆

皮数杆

（5）盘角、挂线　砌砖通常先在墙角以皮数杆进行盘角，然后将准线挂在墙侧，作为墙身砌筑的依据，每砌一皮或两皮，准线向上移动一次，如图6-12所示。

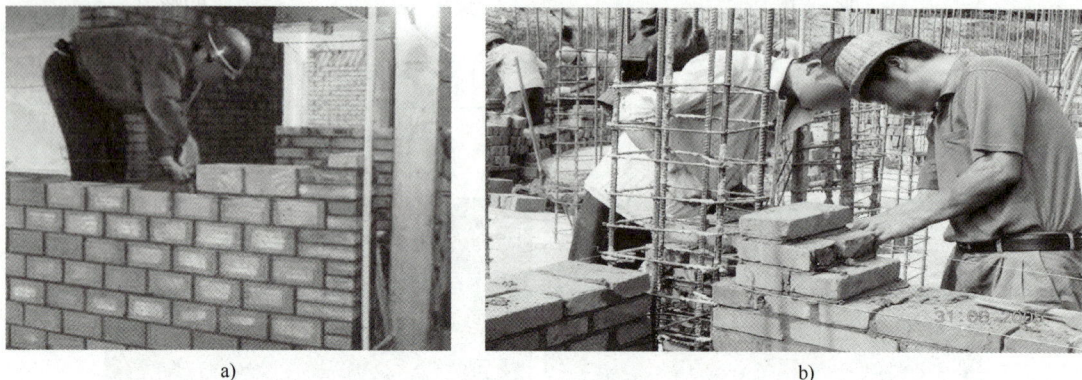

a)　　　　　　　　　　　　　　　　b)

图6-12　盘角、挂线

（6）铺灰、砌砖　铺灰、砌砖的操作方法很多，与各地区的操作习惯、使用工具有关。常用的砌砖工程施工方法有挤浆法（图6-13）、刮浆法（图6-14）和满口灰法。操作工具北方多用大铲，南方多用泥（瓦）刀。

图6-13　北方多用大铲、挤浆法砌筑

图6-14　南方多用泥（瓦）刀、刮浆法砌筑

目前建筑业流行的砌砖方法是"三一砌砖法"。"三一砌砖法"是刮浆法的一种，其操作口诀是："一铲（刀）灰、一口砖、一挤揉"，如图6-15所示。

a)　　　　　　　　　　　　　　　　b)

图6-15　三一砌砖法

（7）勾缝、清理　这是砌清水墙的最后一道工序，具有保护墙面并增加墙面美观的作用。勾缝的方法有两种：墙较薄时，可用砌筑砂浆随砌随勾缝，称为原浆勾缝；墙较厚时，待墙体砌筑完毕后，用1∶1水泥砂浆勾缝，称为加浆勾缝。勾缝形式有平缝、斜缝、凹缝等。勾缝完毕，应清扫墙面。

3. 质量要求

砌筑工程质量的基本要求是：横平竖直、砂浆饱满、灰缝均匀、上下错缝、内外搭砌、接槎牢固。

1）水平灰缝的砂浆饱满度不得小于_____%，用百格网检查砖底面与砂浆的黏结痕迹面积，如图6-16所示，每检验批抽查不少于5处，每处检测3块，取其平均值。

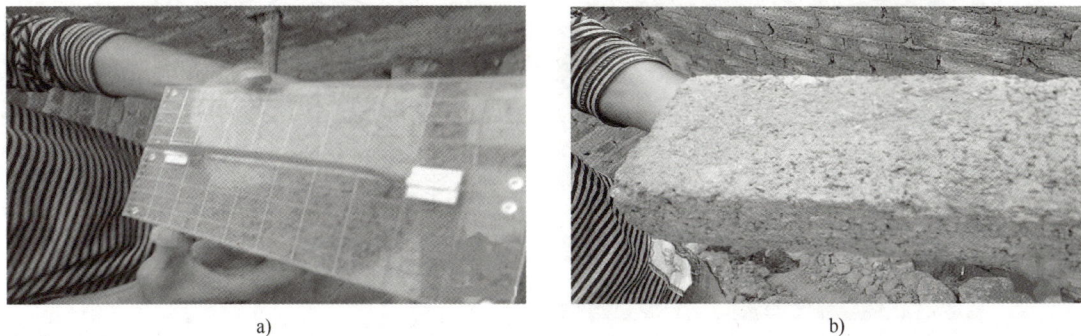

a)　　　　　　　　　　　　　　　　b)

图6-16　百格网

2）砖砌体的转角处和纵、横墙交接处应同时砌筑，严禁无可靠措施的内、外墙分砌施工，对不能同时砌筑而又必须留置的临时间断处应砌成斜槎，如图6-17所示，斜槎水平投

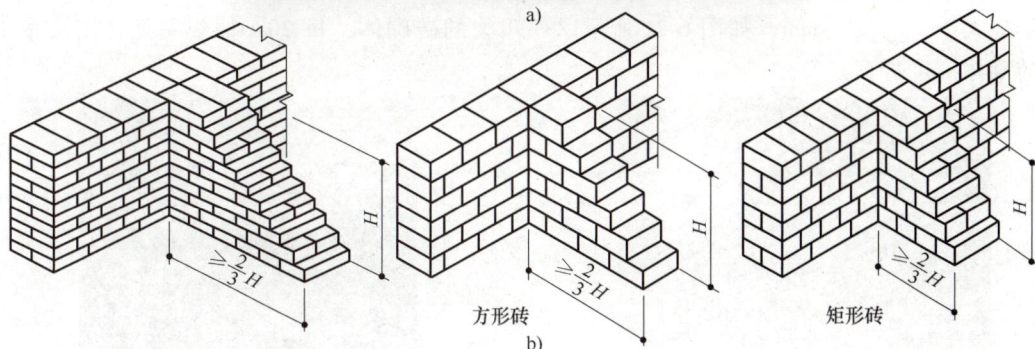

a)

方形砖
b)

矩形砖

图6-17　斜槎

影长度不小于高度的_____。

3）非抗震设防及抗震设防烈度为 6、7 度地区的临时间断处，当不能留斜槎时，除转角处外，可留直槎，但直槎必须做成凸槎，并加设拉结钢筋，如图 6-18 所示。拉结钢筋沿墙高每_____ mm 留设一道，数量为每_____ mm 墙厚放置 1φ6 拉结钢筋（120mm 厚墙放置 2φ6）；埋入长度从留槎处算起，每边均不应小于_____ mm，抗震设防烈度为 6、7 度的地区，不应小于_____ mm；末端应有 90°弯钩。

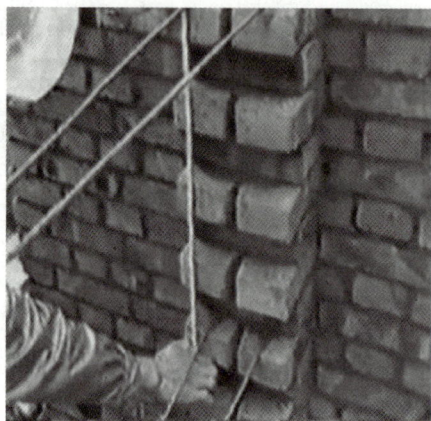
a)

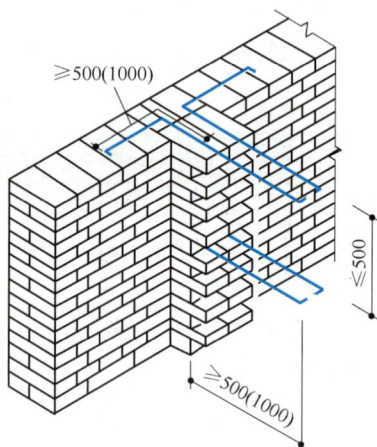
b)

图 6-18　直槎

4）砖砌体轴线位置偏移不得大于 10mm；砖砌体的垂直度允许偏差，每层楼为 5mm，建筑物全高 ≤10m 时，为 10mm，全高 >10m 时，为 20mm，如图 6-19 所示。

5）砖砌体组砌方法应上下错缝、内外搭砌，砖柱不得采用"包心砌法"。要求清水墙如图 6-20 所示和窗间墙无通缝，混水墙大于或等于 300mm 的通缝，每间房不超过 3 处，且不得位于同一面墙上。

6）砖砌体的灰缝应横平竖直、厚薄均匀，水平灰缝厚度宜为_____ mm，但不应小于_____ mm，也不应大于_____ mm，如图 6-21 所示。一步架的砖砌体，每 20m 抽查一处，用尺量 10 皮砖砌体高度折算。

图 6-19　垂直度检查

图 6-20　高质量的清水墙灰缝

图 6-21　质检员进行灰缝厚度检验

4. 混凝土构造柱

（1）混凝土构造柱的构造

1）构造柱的截面尺寸不宜小于_____mm，构造柱配筋中柱不宜少于4ϕ12，边柱、角柱不宜少于4ϕ14；箍筋宜为ϕ6@200（楼层上、下500mm范围内宜为ϕ6@100）；竖向受力钢筋应在基础梁和楼层圈梁中锚固，如图6-22所示；混凝土强度等级不宜低于_____。

2）砖墙与构造柱的连接处应砌成马牙槎，每一个马牙槎的高度不宜超过_____mm，并沿墙高每隔_____mm设置2ϕ6拉结钢筋，拉结钢筋每边伸入墙内不宜小于_____mm。

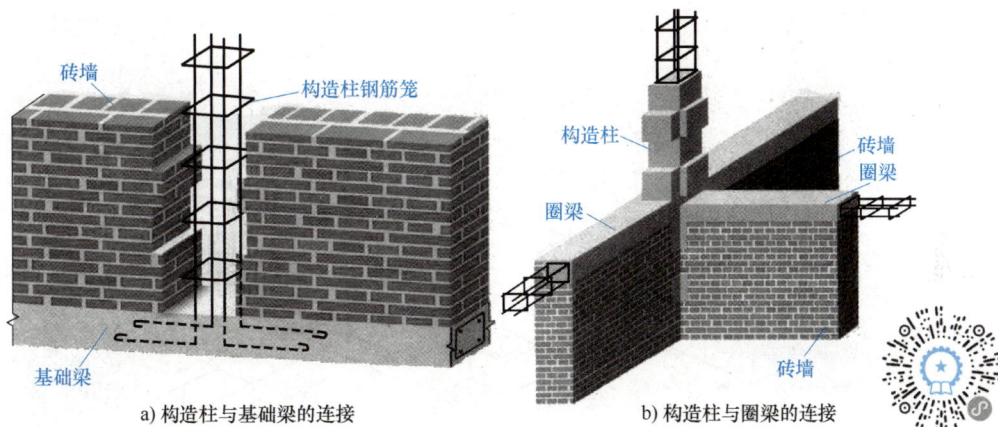

a) 构造柱与基础梁的连接   b) 构造柱与圈梁的连接

图6-22 构造柱与基础梁、圈梁的连接

构造柱基础

（2）构造柱施工 钢筋混凝土构造柱应遵循"先砌墙、后浇柱"的程序进行。其施工程序为：_____

_____

_____

_____ 。

6.3.3 中小型砌块砌体施工

1. 混凝土小型空心砌块砌筑施工

1）施工时所用砌块的龄期不应小于28d，砌筑时不得浇水。

2）砌块的砌筑应立皮数杆、拉准线，从转角处或定位处开始，内外墙同时砌筑、纵横墙交错搭接。

3）砌块的砌筑应遵循"对孔、错缝、反砌"的规则进行，即上皮砌块的孔洞对准下皮砌块的孔洞，则上下皮砌块的壁、肋可较好地传递竖向荷载，保证砌体的整体性和强度；错缝（搭砌）可增强砌体的整体性；将砌块生产时的底面朝上，便于铺放砂浆和保证水平灰缝的饱满度。

上、下皮小砌块竖向灰缝错开190mm，特殊情况无法对孔砌筑时，普通混凝土小砌块错缝长度不小于 90mm，轻集料混凝土砌块错缝长度不小于 120mm。无法满足此规定时，应在水平灰缝中设置 4φ4 钢筋网片，网片每端均应超过该竖向灰缝长度 400mm，如图 6-23 所示。

图 6-23 水平灰缝中拉筋

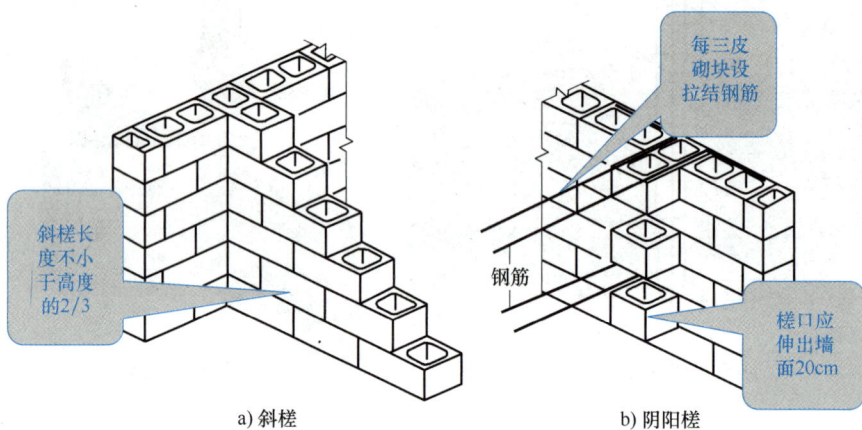

4）小砌块砌体的临时间断处应砌成斜槎，斜槎长度不小于高度的 2/3（图 6-24a）。转角处及抗震设防区严禁留置直槎。非抗震设防区的内、外墙临时间断处留斜槎有困难时，可从砌体面伸出 200mm 砌成阴阳槎，并每三皮砌块设拉结钢筋或钢筋网片，接槎部位延至门窗洞口，如图 6-24b 所示。

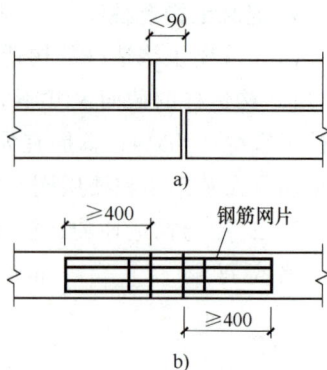

a) 斜槎   b) 阴阳槎

图 6-24 小砌块砌体斜槎和阴阳槎

5）承重墙体严禁使用断裂砌块。

6）需移动砌体中的砌块或砌块被撞动时，应重新铺砌。

7）砌块的日砌筑高度一般控制在 1.4m 或一步架内。

加气混凝土砌块施工

2. 蒸压加气混凝土砌块施工

1）蒸压加气混凝土砌块砌筑前，应绘制砌块排列图，设置皮数杆，拉准线，依线砌筑。

2）蒸压加气混凝土砌块出厂后经充分干燥方准上墙，砌筑时要适量洒水，同一砌筑单元的墙体应连续砌完，不留接槎，不得留设脚手眼。加气混凝土砌块墙的上、下皮砌块的灰缝应相互错开，错开长度宜为 300mm、不小于 150mm。当错缝小于 150mm 时，应在水平灰缝设置 2φ6 的拉结钢筋或 φ4 钢筋网片，拉结钢筋或钢筋网片的长度不小于 700mm，如图 6-25 所示。

3）蒸压加气混凝土砌块墙的灰缝应横平竖直、砂浆饱满。水平灰缝厚度宜为 15mm，竖向灰缝宽度宜为 20mm。

4）墙的转角处，应使纵、横墙的砌块相互搭砌，隔皮砌块露端面；丁字交接处，应使横墙砌块隔皮露端面，

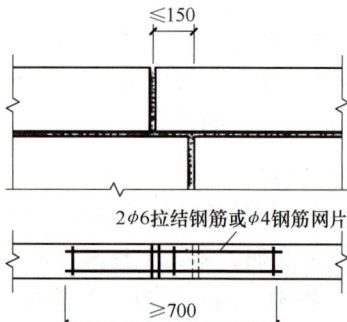

图 6-25 错缝长度不足时设置拉结钢筋

并坐中于纵墙砌块，如图 6-26 所示。

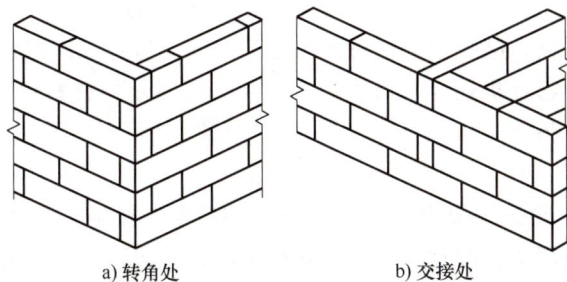

a) 转角处　　　　　　　　b) 交接处

图 6-26　蒸压加气混凝土砌块墙的转角处、交接处砌法

6.3.4　砌筑工程冬期施工

按照《砌体结构工程施工质量验收规范》（GB 50203—2011）规定，根据当地气象资料，当室外日平均气温连续 5d 稳定低于 5℃时，或当日最低气温低于 0℃时，砌筑施工属于冬期施工阶段。

砌筑工程冬期施工突出的问题是砂浆中的水在 0℃ 以下结冰，使水泥得不到水化，砂浆不能凝固，失去胶结能力而使砌体强度降低，或砂浆解冻后砌体出现沉降。冬期施工方法就是采取有效措施，保证砌筑工程冬期施工顺利进行。

问题：砌筑工程冬期施工方法有哪些（至少写三种）？并对所列方法进行解释。

_____

_____

_____

_____

_____

_____。

6.4　砌体工程施工方案实例

1. 工程概况

某住宅楼，平面呈一字形，采用混合结构，建筑面积为 $1986.45m^2$，层数为 6 层，筏形基础 ±0.000 以下采用烧结普通砖，±0.000 以上用 MU10 多孔页岩砖，楼板为现浇钢筋混凝土，板厚为 120mm。内墙面做法为 15mm 厚 1:6 混合砂浆打底，面刮涂料；厨房、卫生间采用瓷砖贴面；外墙面为 20mm 厚 1:3 水泥砂浆打底，1:2 水泥砂浆罩面，面刷防水涂料；屋面采用聚苯板保温和 SBS 卷材防水。

2. 主体结构施工方案

（1）垂直运输设备的布置　在砌筑工程中需将砖、砂浆和脚手架的搭设材料等运至各楼层的施工点，垂直运输量很大，因此合理选择垂直运输设施是砌筑工程首先解决的问题之一。根据本工程的特点，垂直运输采用一台附着式塔式起重机和一台自升式龙门架，将塔式起重机布置在外纵墙的中部。塔式起重机的工作效率取决于垂直运输的高度、材料堆放场地的远近、场内布置的合理性、起重机驾驶员技术的熟练程度和装卸工配合等因素，因此，为了提高起重机的工作效率，可以采取以下措施：充分利用起重机的起重能力，以减少吊次；合理紧凑地布置施工平面，减少起重机每次吊运的时间；避免二次搬运，以减少总吊次；合理安排施工顺序，保证起重机连续、均衡的工作。一些零星的材料设备可通过龙门架运输，以减轻塔式起重机的负担。

（2）施工前的准备工作

1）组织砌筑材料、机械等进场。在基础施工的后期，按施工平面图的要求并结合施工顺序，组织主体结构使用的各种材料、机械陆续进场，并将这些材料堆放在起重机工作半径范围内。

2）放线与抄平。为了保证房屋平面尺寸及各层标高的正确，在结构施工前，应仔细地做好墙、柱、楼板门窗等轴线、标高的放线与抄平工作，要确保施工到相应部位时测量标志齐全，以便对施工起控制作用。

① 底层轴线。根据标志桩（板）上的轴线位置，在做好的基础顶面上弹出墙身中线和边线。墙身轴线经核对无误后，将轴线引测到外墙的外墙面上，画上特定的符号，并以此符号为标准，用经纬仪或吊锤向上引测，确定以上各楼层的轴线位置。

② 抄平。用水准仪以标志板顶的标高（±0.000）将基础墙顶面全部抄平，并以此为标准立一层墙身的皮数杆，皮数杆钉在墙角处的基础墙上，其间距不超过20m。在底层房屋内四角的基础上测出-0.100标高，以此为标准控制门窗的高度和室内地面的标高。此外，在建筑物四角的墙面上做好标高标志，并以此为标准，利用钢尺引测以上各楼层的标高。

③ 画门框及窗框线。根据弹好的轴线和设计图纸上门框的位置尺寸，弹出门框并画上符号。当墙体高度将要砌至窗台底时，按窗洞口尺寸在墙面上画出窗框的位置，其符号与门框相同。门、窗洞口标高已画在皮数杆上，可用皮数杆来控制。

3）摆砖样。在基础墙上（或窗台面上），根据墙身长度和组砌形式，先用砖块试摆，使墙体每一皮砖块排列和灰缝宽度均匀，并尽可能少砍砖。摆砖样对墙身质量、美观、砌筑效率、节省材料都有很大影响，应组织有经验的工人进行。

（3）施工步骤　砌体工程是一个综合性的施工过程，由泥瓦工、架子工和普工等工种共同施工完成，其特点是操作人员多，专业分工明确。为了充分发挥操作人员的工作效率，避免出现窝工或工作面闲置的现象，就必须从空间上、时间上对他们进行合理的安排，做到有组织、有秩序的施工，故在组织施工时，按本工程的特点，将每个楼层划分为两个施工层、两个施工段。其中施工层的划分是根据建筑物的层高和脚手架的每步架高（钢管扣件式脚手架宜为1.2～1.4m）确定的，以达到提高砌砖的工作效率和保证砌筑质量的目的。

本工程主体结构标准层砌筑的施工顺序安排如下：放线→砌第一施工层墙→搭设脚手架（里脚手架）→砌第二施工层墙→支楼板与圈梁的模板→楼板与圈梁钢筋绑扎→楼板与圈梁混凝土浇筑。

1）墙体的砌筑。砌砖先从墙角开始，墙角的砌筑质量对整个房屋的砌筑质量影响很大。砖墙砌筑时，最好内外墙同时砌筑，以保证结构的整体性。但在实际施工中，有时受施工条件的限制，内外墙一般不能同时砌筑，通常需要留槎。如在砌体施工中，为了方便装修阶段的材料运输和人员通过，需在各单元的横隔墙上留设施工洞口（在本工程中，洞口高度为1.5m，宽度为1.2m，在洞顶设置钢筋混凝土过梁，洞口两侧沿高每500mm设2φ6拉结钢筋，伸入墙内不少于500mm，端部应设有90°的弯钩）。

2）脚手架的搭设。脚手架采用外脚手架和里脚手架两种。外脚手架从地面向上搭设，随墙体的不断砌高而逐步搭设，在砌筑施工过程时既作为砌筑墙体的辅助作业平台，又起到安全防护作用。外脚手架主要用于后期的室外装饰施工，可以采用钢管扣件式双排脚手架。里脚手架搭设在楼面上，用来砌筑墙体，在砌完一个楼层的砖墙后，搬到上一个楼层。本工程采用折叠式里脚手架。

在整个施工过程中，应注意适时穿插水、电、暖等安装工程的施工。

6.5 实训环节

6.5.1 常规砌筑实训

1. 实训目的

砖砌体是传统结构，砌筑是建筑业的一门传统操作技术，有悠久的历史，相当长的一段时间里砌筑工程仍然是量大面广、不可或缺的。认真学习砖瓦工基本操作技术，掌握砌筑基本功要领，有助于建筑结构的认识及日后施工质量管理。

2. 实训任务

以小组为单位（以6~8人为一组）砌筑一垛长2m、高1.2m、转角0.4m的24墙，如图6-27所示。

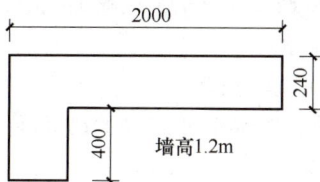

图6-27 墙体示意

3. 材料与工具

1）材料：红砖、石灰、砂、水。

2）镘刀——砌筑用，每组四把。

3）经纬仪——施工放线用，每组一台。

4）水平仪、水筒水平器、钢卷尺——量测用，每组一个。

5）线坠、墨线盒——定线用，每组一个。

6）拌合板、筛子、铁铲、水桶——搅拌砂浆用，每组一个。

7）百格网、靠尺板——检测用，每组一套。

4. 训练内容

工艺流程：准备→抄平→弹线→试摆→盘角→砌筑→清理。

1）砌筑前准备好材料、工具，并将砌筑面冲洗干净。

2）抄出水平线。

3）弹出墙体边线、端线。

4）按已弹好的线进行第一皮砖的干砖试摆，主要是将缝调匀，减少砍砖。

5）摆砖完成后，在砌墙两端立上皮数杆，并在一端头盘角（4~5）皮砖，用线坠校正好垂直度，然后挂上线一层层向上砌砖。当砌平端头角后，再盘4~5皮砖的头角，然后挂线一层层向上砌筑，如此往复，直至达到要求高度为止。

6）清理场地，若为清水墙，则应进行勾缝。

5. 砌砖施工质量安全要求

1）不准站在墙顶上进行画线、刮缝及清扫墙面或检查大角垂直等工作。不准用不稳定的工具或物体在脚手板上面垫高而继续作业。

2）砍砖应面向墙面，工作完毕应将脚手板和砖墙上的碎砖、灰浆清扫干净，防止掉落伤人。正在砌筑的墙上不准走人。

3）砌墙高度超过地坪1.2m以上时，应搭设脚手架。架上堆放材料不得超过规定荷载值，堆砖高度不得超过3皮侧砖，同一脚手板上的操作人员不应超过2人。

4）从砖垛上取砖时，应先取高处的后取低处的，防止垛倒砸人。

5）雨天或每日下班时，应做好防雨准备，以防雨水冲走砂浆，致使砌体倒塌。

6. 质量验收标准

（1）主控项目

1）砖和砂浆的强度等级必须符合设计要求。

抽检数量：每一生产厂家，烧结普通砖、混凝土实心砖每15万块，烧结多孔砖、混凝土多孔砖、蒸压灰砂砖及蒸压粉煤灰砖每10万块各为一验收批，不足上述数量时按1批计，抽检数量为1组。砂浆试块的抽检数量执行《砌体结构工程施工质量验收规范》（GB 50203—2011）第4.0.12条的有关规定。

检验方法：检查砖和砂浆试块试验报告。

2）砌体灰缝砂浆应密实饱满，砖墙水平灰缝的砂浆饱满度不得低于80%；砖柱水平灰缝和竖向灰缝饱满度不得低于90%。

抽检数量：每检验批抽查不应少于5处。

检验方法：用百格网检查砖底面与砂浆的黏结痕迹面积。每处检测3块砖，取其平均值。

3）砖砌体的转角处和交接处应同时砌筑。严禁无可靠措施的内、外墙分砌施工。在抗震设防烈度为8度及8度以上的地区，对不能同时砌筑而又必须留置的临时间断处应砌成斜槎，普通砖砌体斜槎水平投影长度不应小于高度的2/3。多孔砖砌体的斜槎长高比不应小于1/2。斜槎高度不得超过一步脚手架的高度。

抽检数量：每检验批抽查不应少于5处。

检验方法：观察检查。

4）非抗震设防及抗震设防烈度为6度、7度地区的临时间断处，当不能留斜槎时，除转角处外，可留直槎，但直槎必须做成凸槎，且应加设拉结钢筋，拉结钢筋应符合下列规定：

① 120mm 墙厚放置 $1\phi6$ 拉结钢筋（120mm 厚墙应放置 $2\phi6$ 拉结钢筋）。

② 间距沿墙高不应超过 500mm，且竖向间距偏差不应超过 100mm。

③ 埋入长度从留槎处算起每边均不应小于 500mm，对抗震设防烈度为 6 度、7 度的地区，不应小于 1000mm。

④ 末端应有 90°弯钩。

抽检数量：每检验批抽查不应少于 5 处。

检验方法：观察和尺量检查。

（2）一般项目

1）砖砌体组砌方法应正确，内外搭砌，上、下错缝。清水墙、窗间墙无通缝；混水墙中不得有长度大于 300mm 的通缝，长度为 200~300mm 的通缝，每间不超过 3 处，且不得位于同一面墙体上。砖柱不得采用包心砌法。

抽检数量：每检验批抽查不应少于 5 处。

检验方法：观察检查。砌体组砌方法抽检每处应为 3~5m。

2）砖砌体的灰缝应横平竖直，厚薄均匀。水平灰缝厚度及竖向灰缝宽度宜为 10mm，但不应小于 8mm，也不应大于 12mm。

抽检数量：每检验批抽查不应少于 5 处。

检验方法：水平灰缝厚度用尺量 10 皮砖砌体高度折算。竖向灰缝宽度用尺量 2m 砌体长度折算。

（3）允许偏差项目　砖砌体尺寸、位置的允许偏差及检验应符合表 6-1 的规定。

表 6-1　砖砌体尺寸、位置的允许偏差及检验

项目			允许偏差/mm	检查方法	抽检数量
轴线位移			10	用经纬仪和尺或其他测量仪器检查	承重墙、柱全数检查
基础、墙、柱顶面标高			±15	用水平仪和尺检查	不应少于 5 处
墙面垂直度	每层		5	用 2m 托线板检查	不应少于 5 处
	全高	≤10m	10	用经纬仪、吊线和尺或其他测量仪器检查	外墙全部阳角
		>10m	20		
表面平整度	清水墙、柱		5	用 2m 直尺和楔形塞尺检查	不应少于 5 处
	混水墙、柱		8		
水平灰缝平直度	清水墙		7	拉 5m 线和尺检查	不应少于 5 处
	混水墙		10		
门窗洞口高、宽（后塞框）			±10	用尺检查	不应少于 5 处
外墙上下窗口偏移			20	以底层窗口为准，用经纬仪吊线检查	不应少于 5 处
清水墙面游丁走缝（中型砌块）			20	以每层第一皮为准，用吊线和尺检查	不应少于 5 处

7. 检验批质量验收记录

砖砌体工程施工质量检验一般由 3~4 人组成，其中，一人手持仪器、一人测量读数、一人记录。各组相互交叉进行砖砌体检验质量的检查与验收，依据《砌体结构工程施工质量验收规范》（GB 50203—2011）进行验收，并按表 6-2 要求填写砖砌体工程检验批质量验收记录。

表 6-2　砖砌体工程检验批质量验收记录

单位(子单位) 工程名称				分部(子分部) 工程名称		主体结构/ 砌体结构	分项工程名称		砖砌体
施工单位				项目负责人			检验批容量		
分包单位				分包单位项目 负责人			检验批部位		
施工依据			《砌体结构工程施工规范》 （GB 50924—2014）			验收依据	《砌体结构工程施工质量验收规范》 （GB 50203—2011）		

		验收项目			设计要求及 规范规定	最小/实际 抽样数量	检查记录	检查结果
主控项目	1	砖强度等级必须符合设计要求			设计要求	—		
		砂浆强度等级必须符合设计要求			设计要求	—		
	2	砂浆 饱满度	墙水平灰缝		≥80%	—		
			柱水平及竖向灰缝		≥90%	—		
	3	转角、交接处			第5.2.3条	—		
		斜槎留置				—		
	4	直槎拉结钢筋及接槎处理			第5.2.4条			
一般项目	1	组砌方法			第5.3.1条	—		
	2	水平灰缝厚度			8~12mm	—		
		竖向灰缝宽度				—		
	3	砖砌体尺寸、位置的允许偏差/mm	轴线位移		10	—		
			基础、墙、柱顶面标高		±15	—		
			墙面 垂直度	每层	5	—		
				全高　≤10m	10	—		
				全高　>10m	20	—		
			表面 平整度	清水墙、柱	5	—		
				混水墙、柱	8	—		
			水平灰缝 平直度	清水墙	7	—		
				混水墙	10	—		
			门窗洞口高、宽（后塞口）		±10	—		
			外墙上下窗口偏移		20	—		
			清水墙游丁走缝		20	—		

施工单位检查结果	专业工长(施工员)： 项目专业质量检查员： 　　　年　月　日
监理(建设)单位验收结论	专业监理工程师 (建设单位项目专业负责人)： 　　　年　月　日

6.5.2 砌体工程常见质量问题分析

分析表 6-3 中砌体工程一些常见质量问题的现象，填写防治措施。

表 6-3 砌体工程常见质量问题分析

常见问题	现　　象	防治措施
墙体因地基不均匀下沉引起的墙体裂缝	（1）在纵墙的两端出现斜裂缝，多数裂缝通过窗口的两个对角，裂缝向沉降较大的方向倾斜，并由下向上发展。裂缝多在墙体下部，向上逐渐减少，裂缝宽度下大上小，常常在房屋建成后不久就出现，其数量及宽度随时间而逐渐发展 （2）在窗间墙的上、下对角处成对出现水平裂缝，沉降大的一边裂缝在下，沉降小的一边裂缝在上 （3）在纵墙中央的顶部和底部窗台处出现竖向裂缝，裂缝上宽下窄。当纵墙顶部有圈梁时，顶层中央顶部竖向裂缝较少	
填充墙砌筑不当，与主体结构交接处裂缝	框架梁底、柱边出现裂缝	

6.5.3 全国（世界）砌筑项目技能大赛训练

1. 技术描述

（1）项目概要　砌筑主要在工业与民用建筑施工中进行，包括砌砖、石、砌块及轻质墙板等内容，通过上述相关工作，建造内外墙、隔板、烟囱和其他建（构）筑物。

砌筑工通过技能培训后要能够从事以下工作：

1）选择和制备灰浆。

2）修建内、外墙和隔板。

3）在砌筑墙上安装预埋材料。

4）在工业建筑和民用建筑烟囱上砌筑弧形砖石。

5）在烟囱和排烟窗上等贴耐火砖。

6）在窑炉和贮水池上等贴耐酸砖。

7）修建园墙、人行小道、拱门、露台和阳台。

8）精确切割石头、砖、木料和其他高密度砌筑材料。

9）用螺栓、拉筋或金属网加固砌筑结构。

要成为一名成功的砌筑工，需要忍耐力、集中精力、有计划和合理安排时间、使用不同手工技能、具有较强的砌筑技能、注重细节和整洁等。参赛选手在抽选到的工位上，在15.5 个小时内，独立完成两个砌筑模块（竞赛试题）的砌筑，包括但不限于识图、放样、切砖（砌块）、砌筑、抹灰、勾缝、清洁砌筑作品等工作。

（2）基本知识与能力要求　本竞赛是对该项技能的展示与评估，仅测试实际操作方面的能力。除表 6-4 所列能力外，还包括按砌筑工国家职业技能标准要求高级砌筑工所具备的其他能力。

表 6-4　相关能力要求

相关能力要求		权重比例（%）
1	工作组织与管理能力	15
基本知识	• 建立和维护客户信心的重要性 • 健康和安全法规、义务和文件 • 必须使用个人防护用具的情况 • 所有工具和设备的目的、使用、维护、保养和储存，以及所牵涉的安全 • 材料的目的、使用、维护和储存 • 应用绿色材料和回收利用的可持续性措施 • 实际工作中能使减小浪费和帮助管理成本的方法 • 工作流程和衡量原则 • 在工作实践中，计划、准确、检查和关注细节的重要性	
基本能力	• 阐释客户的要求和管理客户的期望 • 阐释客户的要求，以便能满足/改进他们的设计和预算要求 • 贡献自己的想法，表现出对创新和改变的开放态度 • 遵守健康、安全、环境标准、规则和规范 • 选择、使用合适的个人防护用具，包括安全鞋、耳朵和眼镜保护措施 • 安全地选择、使用、清洁、维护和储存所有工具和设备 • 安全地选择、使用和储存所有材料 • 计划和保持工作区域效益最大化 • 准确测量 • 高效工作，定期检查进度和成果 • 建立和保持高品质标准和工作流程，及时发现问题并解决问题	
2	识图能力	10
基本知识	• 施工图纸中必须包含的基本信息 • 在放样和施工之前，检查缺失信息或者错误、预测和解决问题的重要性 • 几何在施工过程中的角色和作用 • 运算处理过程和问题解决 • 工作过程中常见的问题类型 • 解决问题的诊断方法	
基本能力	• 准确解释所有平面图、立面图、剖面图和大样图 • 确定水平和垂直的关键尺寸和所有角度 • 确定曲线工作和灰缝修饰 • 解释所有项目的特点及它们所要求的建造方法 • 建立任何需要特殊设备或模板的特性 • 识别规定的粘合方式及在修建过程中遵守粘合规则 • 确定需要澄清的绘图错误或者项目 • 确定和检查建造特殊项目所需的材料的数量 • 准确测量和计算 • 生产成本和时间估算	
3	放样和测量能力	20
基本知识	• 思考"自上而下"的重要性，以确保在项目开始时，可以确定所有特性可被放样 • 不正确放样对的企业/组织的影响 • 可能对建筑有帮助的模板/建筑辅助设备 • 计算有助于测量和检查项目 • 协助项目的几何技术	

（续）

	相关能力要求	权重比例(%)
基本能力	• 通过对项目检查和思考,及早发现潜在的挑战并采取必要的预防措施 • 根据计划和规范,放样项目位置、起点和线形 • 放样高技术设计,包括:竖砌砖、侧砌砖、倾斜的、弯曲凸、砖墙凹进、拱门、砖挑头、装饰加固墙 • 准确计算图纸尺寸,确保设计放样在允许误差范围内 • 检查所有水平和垂直的角度 • 砌第一层砖,检查所有角度、曲线和尺寸是否正确 • 在建造过程中,生产任何有用的模板/建筑辅助装置 • 放样项目参考基准点	
4	建造能力	40
基本知识	• 健康、安全、环境要求对项目的影响 • 砖砌层十字接缝的应用 • 精确切割和铺设砖及砌块,以构成华丽特性和细节 • 不同材料使用手工或机械切割技术 • 在正确的位置上定位和铺砖	
基本能力	• 根据提供的图纸建造项目 • 建造模板或足弓支撑,以满足设计要求 • 选择实际形状和角度的砖,拒收碎砖 • 砖砌施工,保持尺寸准确度在允许误差范围内 • 定期检查尺寸,并在必要时予以更正 • 在允许误差范围内保持水平精确度 • 准确换层 • 确保顶层平整光滑 • 检查突出的砌砖的工作底面是水平的 • 在允许误差范围内保持垂直精确度 • 检查材料质量 • 在允许误差范围内,保持水平、垂直,或对角线的精确度 • 定期检查平整度,并保持所有表面是平的 • 保持角度准确度 • 定期检查角度,并在必要时予以更正 • 粉刷砖砌小构件,成为光滑一致的饰面;构建基本铺砌,确保表面平整,并在允许误差范围内	
5	勾缝清理能力	15
基本知识	• 所有工作的呈现要符合客户及相关行业的需要和期望 • 根据所提供的规范进行联合修整的重要性 • 砂浆凝结时间和材料吸收率 • 演示刷砖和清洁,以及工作区域的整理和清洁 • 不同接缝修整应用不同的技术	
基本能力	• 准确完成图纸解释 • 生产的切砖笔直无碎片 • 运用接缝修整:所有斜缝、圆缝、平缝和凹缝饱满,没有空洞且表面光滑 • 生产的直线边缘锋利,且外观挺括 • 清洁砖砌以消除任何镘刀痕迹,消除表面污迹和碎片 • 保持工作区域在合适条件下,便于检查和后续工作 • 报告工作过程和结果中的正负偏差,包括其影响;收集任何废弃材料,使其能有效地处理或回收	
合计		100

2. 竞赛试题及评判标准

（1）试题　本次比赛竞赛试题共两个模块。试题命制的办法、基本流程：裁判长与场地经理对接沟通→确定比赛用砖/砌块型号→裁判长拟定命题构思→基本成图→试砌→修改→定尺→出图→裁判员交流讨论→模块图纸定稿流程，确定六个候选模块。

公布方式：赛前至少一个月随技术文件公布六个候选模块作为候选竞赛试题，赛前两天在六个候选模块中抽取两个模块作为竞赛正式赛题。抽取方式为：从第一~三个模块中随机抽取一道作为第一道竞赛正式赛题，从第四~六个模块中随机抽取一道作为第二道竞赛正式赛题。

试题内容描述：本次候选试题（模块）结合举办城市广州的特点，以习近平总书记提出的"两山论""抗疫"等具有鲜明时代特色的主题为命题构思元素，用砌筑的形式予以表达，设置了名为"羊城之筑""伟大中国""情系广州""绿水青山""南粤风情""抗疫必胜"六个候选竞赛模块（图 6-28），采用白、红、绿三种色系砖，各模块尺寸分别为1615mm×1457mm、1490mm×1197mm、1615mm×1260mm、1615mm×1260mm、1615mm×1323mm、1990mm×1448mm。各候选模块描述见表 6-5。

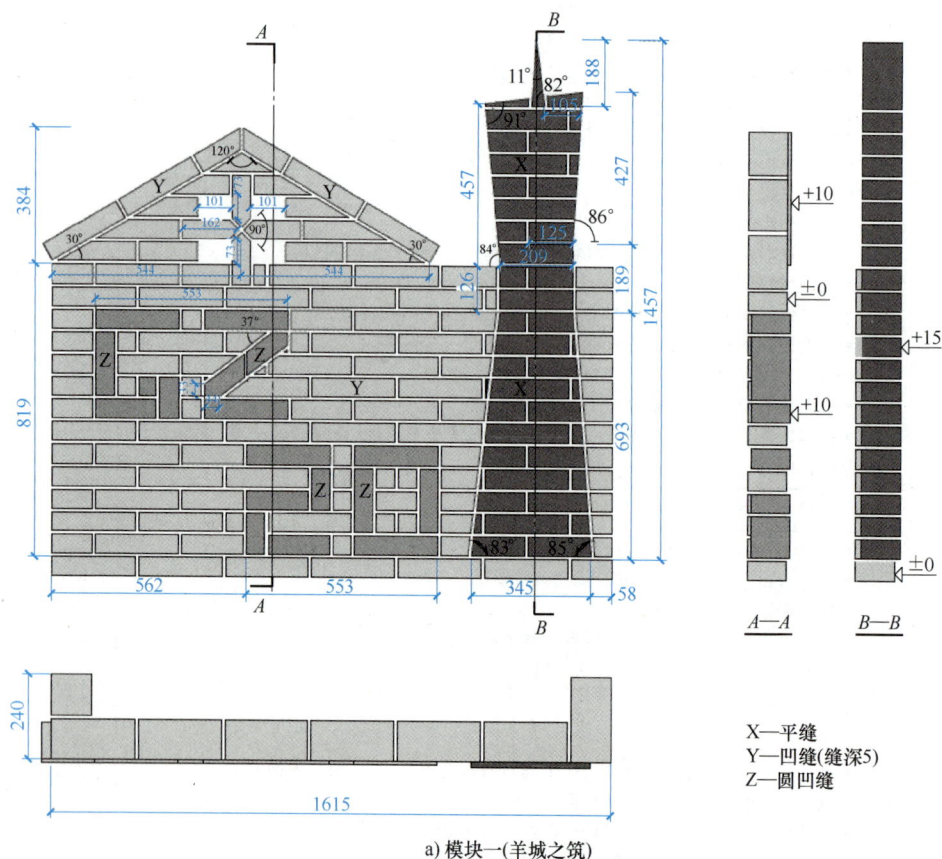

X—平缝
Y—凹缝(缝深5)
Z—圆凹缝

a) 模块一(羊城之筑)

图 6-28　六大候选竞赛模块

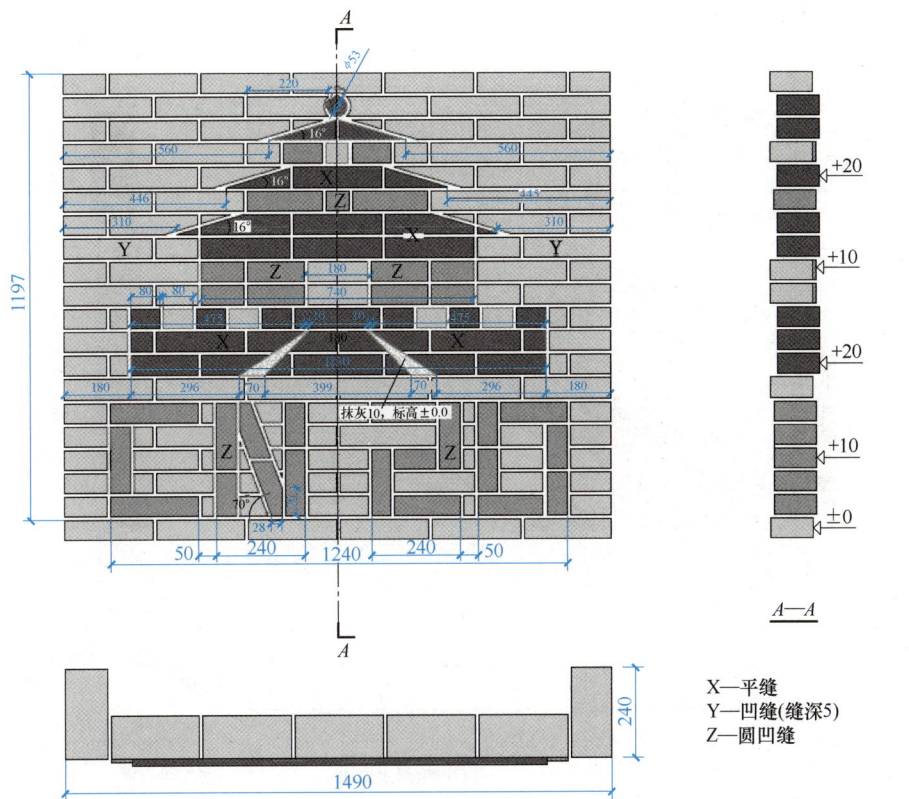

b) 模块二(伟大中国)

X—平缝
Y—凹缝(缝深5)
Z—圆凹缝

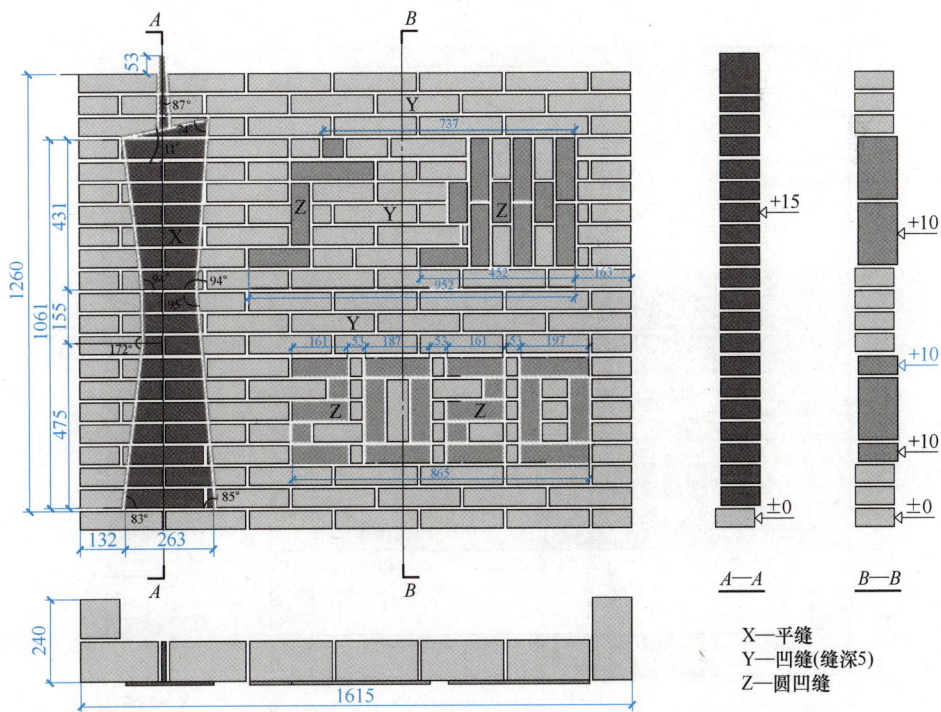

c) 模块三(情系广州)

X—平缝
Y—凹缝(缝深5)
Z—圆凹缝

图 6-28 六大候选竞赛模块（续）

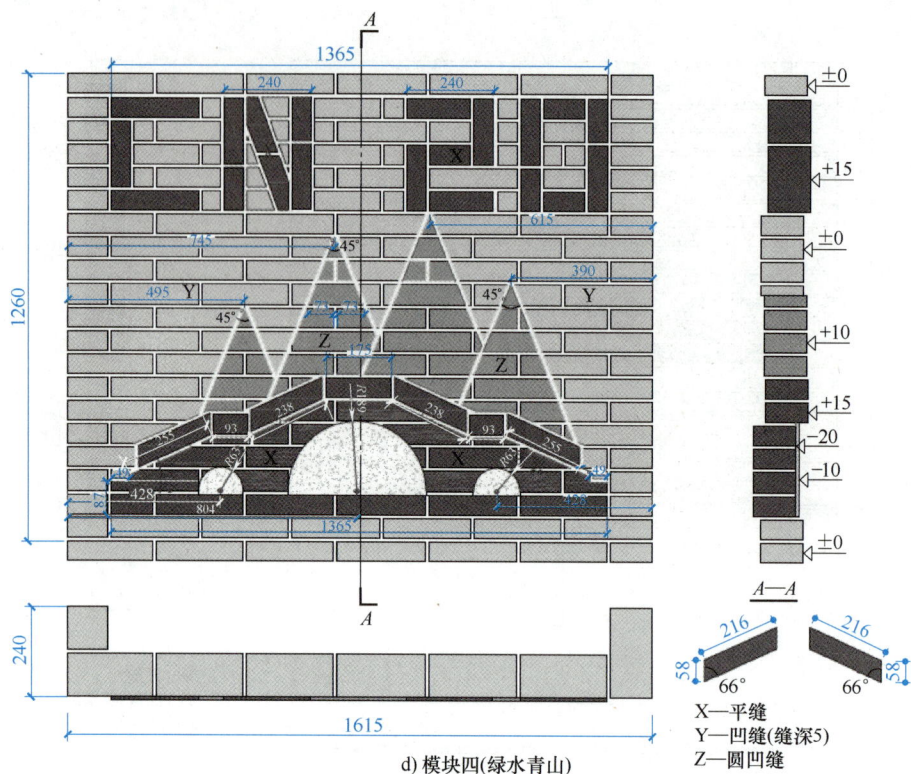

d) 模块四(绿水青山)

X—平缝
Y—凹缝(缝深5)
Z—圆凹缝

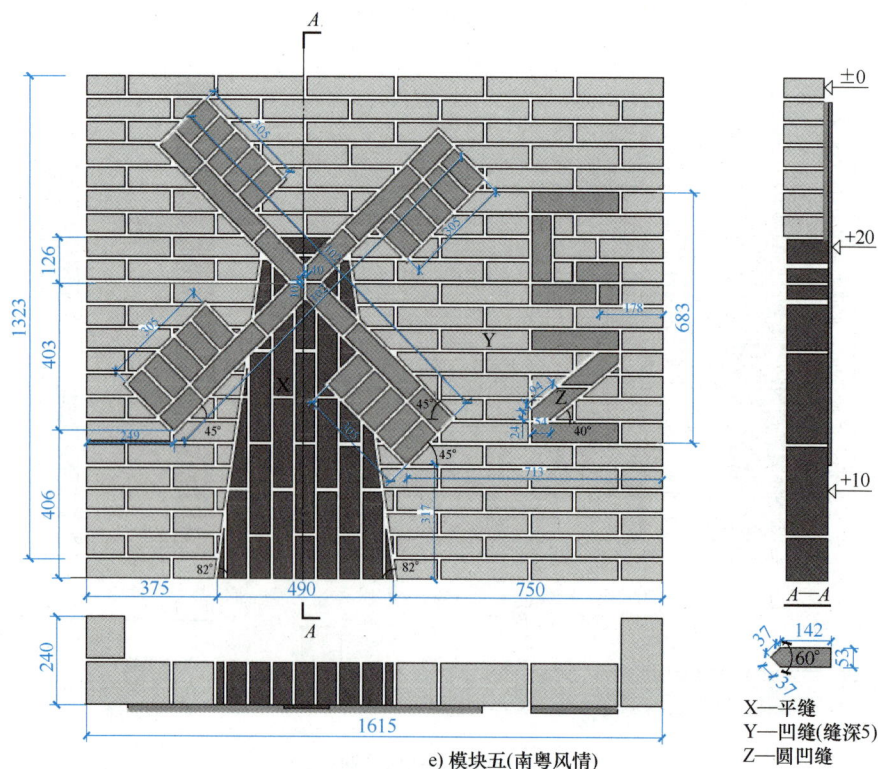

e) 模块五(南粤风情)

X—平缝
Y—凹缝(缝深5)
Z—圆凹缝

图 6-28　六大候选竞赛模块（续）

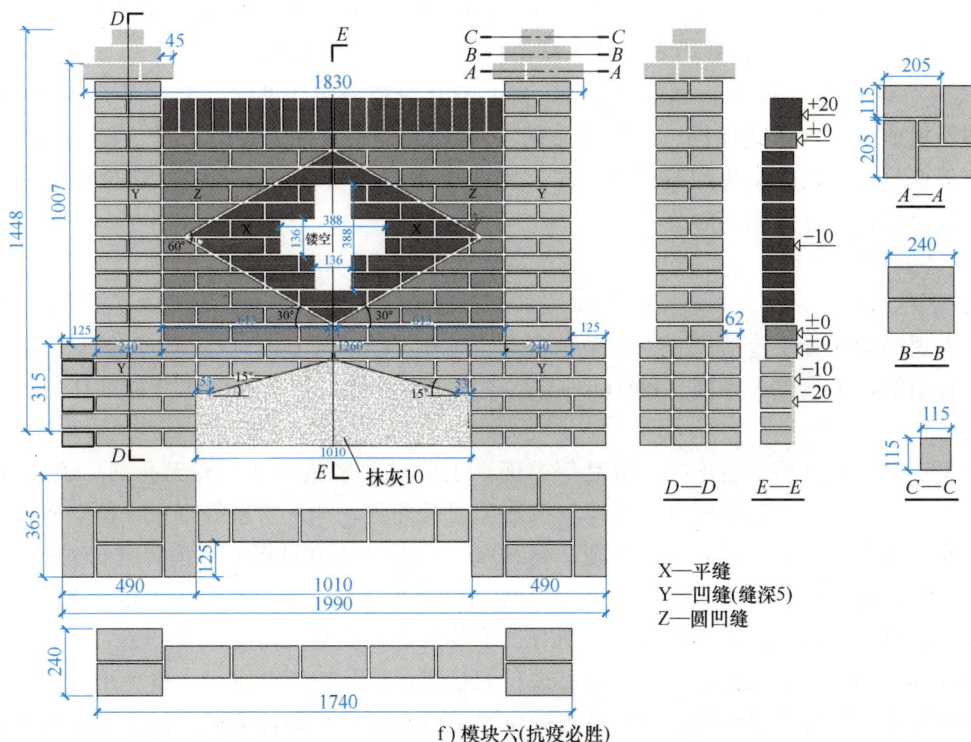

f) 模块六(抗疫必胜)

图 6-28 六大候选竞赛模块 (续)

表 6-5 六大候选竞赛模块

模块	模块描述
模块一	该模块为立体墙面,取名"羊城之筑",墙面图案为广州塔,左侧为屋顶造型;右下方墙面为字母"GZ"及数字"20"造型
模块二	该模块为立体墙面,取名"伟大中国",墙面图案为天坛造型,下方墙面为字母"CN"及数字"20"造型。少量抹灰
模块三	该模块为立体墙面,取名"情系广州",墙面图案为广州塔,右侧墙面为汉字"广州"及数字"2020"造型
模块四	该模块为立体墙面,取名"绿水青山",墙面图案为多孔拱桥及高山,上方为竖向排列字母"CN"造型及数字"20"造型,局部设有抹灰
模块五	该模块为立体墙面,取名"南粤风情",墙面图案为风车造型,右侧为竖向排列字母"GZ"造型
模块六	该模块为立体墙面,取名"抗疫必胜",两侧为飞檐式柱体,中间为镂空十字形造型。局部设有抹灰

(2) 比赛时间 按照赛区组委会、执委会统一安排。比赛时长共 15.5 小时,分三天进行,三天赛程时间分布为 6+6+3.5,比赛第一天、第二天上午和下午各安排 3 小时赛程,第三天上午安排 3.5 小时赛程,赛程内中途不安排休息。

(3) 评分标准

1) 分数权重。试题采用两个模块共 100 分制评分。两个模块分评价与测量评分,其中评价分共 20 分，测量分共 80 分，从第一~三个模块中抽取的第一道竞赛模块分值为 40 分（其中评价分为 8 分，测量分为 32 分），从第四~六个模块中抽取的第二道竞赛模块分值为 60 分（其中评价分为 12 分，测量分为 48 分）。具体分值分布详见评分汇总表。本次竞赛打分点图不提前公布（正式评价、测量前公布），操作技能项目评分表中"评价标准"的具体标准需根据打分点及各模块配分设置而定，因此操作技能项目评分表中"评价标准"的具体标准分值将随打分点图同时公布。

2）评判方法：

① 评判总则。

★客观测量评分项包括尺寸、水平、垂直、对齐、细部等方面，在预定的测量位置进行测量，每项都以零误差为标准，每 1mm 误差将扣一定分值，各项具体扣分标准详见评分表（样表）。

★主观评价评分项包括连接、成品等方面，主要对砂浆饱满度、有无孔洞、组砌方式、非整砖切割线平直度、灰缝平直及宽厚、清洁和成品外观、抹灰质量等进行评价。砂浆饱满度在比赛过程中裁判员予以观察，必须达到 80%，但禁止裁判员揭开选手砖进行观察。

★测量评分测量位置图（评分点）及具体评分方案将在测量、评分前予以公布。

★评分时，除裁判工作组成员外，所有选手及其他人员必须离场。

★各裁判小组应避免同时对同一作品进行测量或评价，应错开进行，避免干扰。

★砌筑项目操作技能检查评分打分点的位置图将在开始评分检测前予以公布，对于需要选择的测量位置，由各裁判小组组长组织本组成员抽签决定。

★评价及测量结果各组应保密，各裁判组成员不得自行对选手发布任何有关评分、成绩及名次事宜，后果由对外发布者负责。

★所有主客观打分及评测均需在作品完成、选手结束比赛后进行，对于主观评价，考评人员需进行过程检查，记录相关扣分点，待选手结束比赛后再打分。

★主观评价由 3 位裁判人员进行评分，每位需独立对每个作品进行打分，打分过程中不得进行交流，不允许串通打分，做好自己评分的保密工作。

★当作品未完成时对每子项主观评价产生影响时，主观评分不予评定，即该作品主观评价为"0"，客观评测能够测量的点需进行测量，当测量位置作品未完成时，该处不予测量，该项为 0 分。

★选手在比赛过程中，裁判人员在工位外进行巡视检查，不得进入选手工位，不得与选手进行交流。

★客观测量时，两人负责检测工具，协同配合检测，一人读数，一人记录，一人进行监督，但记录与读数人员不得来自该选手单位人员。

★裁判员在对现场对作品进行客观测量时，须严格按打分点的位置图在作品相应位置进行测量。

★当天比赛结束后裁判员可以帮助本队选手完成场地及设备、工器具清理任务，但不得接触作品。

★出现争议，由裁判长组织裁判员表决。

★裁判员按照评分标准及规则进行评判，评判结果由各分组裁判员签字后由小组组长交裁判长。

② 客观测量规则。

★客观测量时，现场填写所测数值即可，分值将由计算机自动计算生成，如计算机竞赛系统不支持自动计算，裁判员在评分记录表上根据测量结果及评分标准计算出各评分点分值。

★客观测量时，测量数值全部取整，不得有小数。小数点后的读数不管是大于 5 还是小于 5 全部舍掉。如测平整度时，测量值为 2.5，应记录为 2，测量值为 3.7 时，应记录为 3。

★进行现场客观测量时，如选手留有卷尺、靠尺、角尺等工具，应用选手的工具进行相关的评测。

★"尺寸"测量：用卷尺测量时，测量方式应采用近似选手砌筑时的测量方式；测量作品高度起始点为第一层砖顶部。

★"角度"测量：30°、45°、60°的角度用水平尺、三角板、卷尺进行量测，测量时，先将水平尺摆放水平，三角板一边放在水平尺上，三角板的相应角边紧贴作品对应边，用塞尺或折尺测量三角板斜边与作品对应边最大距离，最大距离即为测量值，或用测量角度的电子水平尺进行测量。

★"垂直"测量：垂直测量时，检测尺应覆盖所测位置全高，测量时应用梯形塞尺在两端点进行塞垫直至检测尺垂直，塞测其最大处；进行作品两侧垂直度测量时，距离测面中间进行测量。

★"水平"测量：用长水平尺先靠在一端，将水平尺调节摆放水平，该层砖与水平尺边最大距离处用塞尺进行测量。

★"对齐（平整度）"测量：对齐测量检测的是作品的平整度，用靠尺及梯形塞尺进行测量，拿靠尺时双手应放在靠尺 1/3 处，用梯形塞尺塞入缝隙最大处，确定测量读数值。

③ 主观评价规则。

★主观评价标准：主观评价时按四档进行给分，即 0、1、2、3 档，0 档代表低于基本要求及工作差；1 代表工作质量达到平均及基本水平；2 代表工作非常好及较好地完成了该项工作；3 代表该项工作杰出及优秀。

★最终主观评价分，根据 3 位裁判评分，去掉最大值及最小值，取中间评价值，如竞赛系统具备自动计算功能，由竞赛系统根据录入值自动生成评分值。如 3 名裁判在评价时，有两名裁判给出的评分值相差超两个等级时，由第 4 名裁判组织该两名裁判重新评价打分。

★平缝（X）：该项检查图中标为 X 的工作面砖缝边缘是否平整，灰缝有无孔洞。

★凹平缝（Y）：该项检查图中标为 Y 的工作面缝深是否为 5mm 统一深度，有无孔洞，成品所有边缘是否光滑。

★半圆凹缝（Z）：该项检查图中标为 Z 的工作面砖缝边缘是否光滑，缝宽是否一致，有无孔洞。

★组砌方式：应详细核对试题图纸与作品组砌方式是否一致，全部按图砌筑者，应给予满分。

★非整砖切割线平直，无缺口：此条检查的是选手对于砖的精加工水平，检查砖切割是否平直、是否存在缺口等。

★水平、竖直灰缝宽厚符合要求，不游丁走缝，抹灰面平整光洁：对于该项检查，主要看砖缝是否工整、缝宽是否一致、是否存在游丁走缝，抹灰面是否平整光洁、无孔洞、无抹纹等。

★清洁与成品外观：该项仅对作品的清洁及作品清水面（含正面及侧面）外观进行评价，作品之外的现场清洁不纳入本次评分范围。作品上是否存在有舌头灰、作品上撒落有未清理的多余砂浆、墙面被砂浆等污染不整洁、清水面墙整砖缺棱掉角的程度应纳入评分范围。

★作品背面整洁饱满：主要评价背面灰缝砂浆是否饱满、墙面是否干净整洁等。

3）成绩并列。最后比赛总分成绩如果遇到选手竞赛成绩相同，则依序由尺寸成绩高低作为决定名次之依据，如再遇到同分，则再以垂直水平成绩决定之，依序则以平整、细部成绩决定之。

第一届全国技能大赛砌筑项目（国赛精选）的评分汇总表见表6-6，操作技能项目评分表见表6-7。

表6-6 评分汇总表

选手姓名：　　　　　　　工位号：

标准编号	内容	分数			
		客观分	主观分	总分	实际得分
A	尺寸	20		20	
B	水平	10		10	
C	垂直度	20		20	
D	对齐（平整度）	10		10	
E	细部	20	20	20	
F	连接及成品		80	20	100

表6-7 操作技能项目评分表

选手姓名：　　　　　　　工位号：

标准编号	内容		要求或公称尺寸	评价标准	最大分值	实际得分
A	尺寸	1.1	图示尺寸	每1mm误差扣除N分		
		1.2	图示尺寸	每1mm误差扣除N分		
		…				
		小计				
B	水平	2.1	0mm	每1mm误差扣除N分		
		2.2	0mm	每1mm误差扣除N分		
		…				
		小计				
C	垂直度	3.1	0mm	每1mm误差扣除N分		
		3.2	0mm	每1mm误差扣除N分		
		…				
		小计				

（续）

标准编号	内容	要求或公称尺寸		评价标准	最大分值	实际得分
D	对齐 （平整度）	4.1	0mm	每 1mm 误差扣除 N 分		
		4.2	0mm	每 1mm 误差扣除 N 分		
		…				
		小计				
E	细部	5.1	交底及标准范围值	每 1mm 误差扣除 N 分		
		5.2	交底及标准范围值	每 1mm 误差扣除 N 分		
		…				
		小计				
F	连接 及成品	6.1	凹缝(Y)缝:无 5mm 深以上孔洞,所有 成品边缘光滑干净			
		6.2	平缝(X)、圆缝 (Z)砖缝边缘光滑、无孔			
		6.3	饱满度:灰缝砂浆饱满			
		6.4	按示意图组砌 方式正确砌筑			
		6.5	非整砖切割线 平直,无缺口			
		6.6	水平、竖向接缝横平、 竖直,宽厚符合要求, 不游丁走缝			
		6.7	清洁和成品外观			
		6.8	作品背面整洁饱满			
		小计				
合计						

注：各单项分值扣到最大分为止，不再另扣分。

3. 竞赛细则

（1）试题确定方式 本次比赛试题采取不迟于赛前一个月在技术文件中公布候选试题方式进行，候选试题由裁判长制作比赛试题，正式赛题在赛前两天在候选试题中抽签决定。欢迎各参赛队提供比赛参考样题，以便作为今后比赛制作赛题参考之用。

（2）裁判员和选手

1）裁判长。裁判长负责领导全体裁判员做好裁判工作，掌握竞赛进程，解决竞赛过程中可能出现的各种问题。负责协调并确保竞赛顺利进行，取得圆满成功，裁判长不直接参与打分评测。负责做好现场培训、交底，对所有裁判员进行分工、分组。

2）裁判长助理。协助裁判长做好执裁各项组织工作；完成裁判长安排的相关工作。

3）裁判员的条件和组成。各参赛队仅限推荐 1 名裁判员组成裁判组，认真负责做好裁判工作。裁判在执裁过程中，应公平、公正、公开执裁，不得出现相互串通打分，一经发现有相互串通者，将立即取消裁判资格，对其评分做无效处理。

4）选手的条件和要求。参赛选手应为 2004 年 1 月 1 日以前出生，法定退休年龄以内的中国大陆公民。所有参赛选手应思想品德优秀、身心健康，具备相应职业（专业）扎实的基本功和技能水平，有较强学习领悟能力和良好的身体素质、心理素质及应变能力的人员。参赛选手需服从赛区组委会纪律、环境、健康、安全等要求，拒不服从者，将视情况严重程度取消竞赛资格。

（3）裁判人员分工分组　本项目共设赛前场地材料设备检查组、主观评价组、客观测量组，其中客观测量组包括尺寸测量组、垂直测量组、水平测量组、平整测量组、细部测量组，客观测量组具体分组根据正式赛题打分情况而定。

1）场地材料设备检测查组共设两个分组，每组由三到五名裁判员组长。主要职责为在每天比赛前，检查选手各工位所带的材料、工器具、设备等是否符合比赛规定要求。

2）主观评价组共设一组，由 4 名裁判员组成，其中 3 名负责主观评价，当遇到有作品为本裁判所属队时，由第 4 名裁判替换该裁判对作品进行评价。

3）客观测量组每小组共 4~5 人，各小组设组长一名。

比赛过程中，每名裁判负责监督一个工位，防止违规，禁止裁判员对本队工位进行监督。所有裁判分组由裁判长组织裁判会议进行推荐、抽签选出。

（4）竞赛原则

1）竞赛流程。

① 赛前：选手将有 30 分钟时间熟悉竞赛场地和主要设备和选砖，熟悉总电源开关、插座开关、切割机开关等工位电气设备，熟悉安全撤离路线。

② 赛中：具体包括竞赛的开始与结束时间，对选手在竞赛中与相关人员沟通交流的具体规定，选手在竞赛中遇到突发问题的处理，选手及其他人员违纪处分。

③ 赛后：包括最后成绩的产生，做好选手对竞赛结果发生争议的仲裁处理等。

④ 命题与评判：命题与评判结合经济转型和产业发展要求，根据赛项的特点，从强调速度向强调精准度转化，从以结果评判为重点向突出对规范化操作的评判转化，从传承技术向鼓励创新等方向转化，引导国内技能竞赛和技能人才培养提升内涵质量。

⑤ 设施设备：选用竞赛设施设备时，在国内外技术水平相当或接近情况下，倡导以使用国产设备为主，同时兼顾国内各地区经济发展水平的差异，保证在设施设备使用上体现竞赛的公平性、公正性。

2）主要竞赛文档。竞赛项目技术文件，提前不少于一个月公布。

3）裁判现场培训。裁判员到达赛区后，开赛前由裁判长组织裁判员、选手进行培训、交底。主要讲解裁判守则与纪律，讲解技术文件、竞赛规则、竞赛流程、评判方法、赛题及裁判分组等。

4）抽签决定赛位。在公开监督下，由裁判长主持抽签工作，采用抽签方式决定赛位。

5）选手熟悉场地。讲解竞赛规则、竞赛流程、设备使用、安全规定、选手须知、注意事项，选手熟悉设备设施，必要时，赛场技术人员讲解工具、材料的使用规范要求。

6）宣布竞赛开幕。选手入场，裁判员对选手进行安全性检查，开赛前，选手有一定的时间检查和准备工具和材料，选手可以在指引下尽可能地熟悉设备、工具、材料和工作流程，并使用大赛允许的材料进行练习操作。

7）正式竞赛。

① 竞赛时间：按照赛区组委会、执委会统一安排。比赛时长共 15.5 小时，分三天进行，三天赛程时间分布为 6+6+3.5，比赛第一天、第二天上午和下午各安排 3 小时赛程，第三天上午安排 3.5 小时赛程，赛程内中途不安排休息。

② 竞赛形式：本竞赛项目采用单人竞赛形式，仅考核实践操作方面的能力，不进行理论知识考核的笔试，参赛选手在指定的竞赛工位内，按照赛区提供的砌筑竞赛技术规范，按照竞赛题目要求，在规定的时间内独立完成竞赛任务。

8）成绩评判。裁判员按照评分标准规定进行评判，裁判长、裁判员对各选手成绩进行签字确认。

（5）竞赛纪律及要求

1）裁判纪律。

① 裁判员听从裁判长的安排。

② 裁判员出入赛场要佩戴胸牌，衣着整齐，举止大方，不大声喧哗，听从指挥，服从裁判长安排。

③ 竞赛时在竞赛工位外流动观测，不得随意进入选手工作区。

④ 裁判员在竞赛中要坚持公平公正的评判原则，严格执行竞赛流程，按照评判规则对竞赛过程进行管理和成绩评判，不串通打分。

⑤ 评判时如果出现争议，首先按照评判标准规定，协商讨论达成一致意见，坚持技术问题技术手段解决的原则，如果不能达成一致意见，及时报告裁判长解决。

⑥ 遵守保密规定。

⑦ 裁判员要注意自身的安全，操作符合各项规范。

2）选手守则。

① 选手必须持本人身份证、工作证（胸卡）或者学生证和赛区组委会签发的参赛证参加竞赛。

② 选手要衣冠整洁，符合劳动保护要求，可以自备工具腰带、腰包、工具箱。

③ 在竞赛前进行抽签来决定竞赛工位，参赛队在竞赛前 30 分钟到赛场检录，竞赛前 20 分钟进入赛场，核对现场提供的材料。

④ 选手自带的工具要经过现场审核，符合竞赛规定和安全要求方可使用。

⑤ 竞赛分 3 天进行。竞赛期间选手不得擅自离场，需要如厕时举手示意裁判，征得裁判同意后才能离开赛位。

⑥ 竞赛过程中严禁接受任何形式的场外指导。

⑦ 竞赛时段内，选手休息、饮食或如厕时间均计算在竞赛时间内。

⑧ 选手须严格遵守安全操作规程及劳动保护要求，接受裁判员、现场技术服务人员的监督和警示，确保设备及人身安全。

⑨ 当选手开始进入第二个模块施工时（含开始放样、切割），第一模块不允许再进行任何施工。

⑩ 竞赛时间到，立即停止作品的操作。

⑪ 选手若提前结束竞赛，应向裁判员举手示意，竞赛终止时间由裁判员记录，参赛队在结束竞赛后不得再进行任何操作。

⑫ 参赛选手在自己竞赛工位内操作，赛位间距较小时，要互不影响操作。

⑬ 参赛队需按照竞赛任务书要求完成比赛，并清理现场卫生。

3）竞赛区域进入权限规定。竞赛区域分为选手操作区和非操作区。竞赛区域按以下权限进入：

① 选手及当值裁判员在规定时间内可进入选手操作区，当值裁判员应指定岗位执裁。裁判长可进入全部竞赛区域。裁判长助理根据裁判长安排进入相应区域。其他裁判人员在没有具体工作任务时，可在裁判人员工作区。选手在赛间休息时，可在选手休息区休息。

② 场地经理及助理和相关赛务保障人员应在非操作区待命，并按裁判长要求第一时间进入操作区处理问题。录分员在指定区域从事相应工作。

③ 执裁观察员、保障观察员按裁判长要求可进入本项目竞赛区域的非操作区。

④ 组委会及执委会相关工作人员、技术保障工作人员因工作需要，经裁判长允许后可凭证件进入非操作区。

⑤ 各参赛队领队及助理因工作需要，经裁判长允许后可凭证件进入非操作区。

⑥ 组委会、执委会安排的记者经裁判长允许后可进入非操作区拍照、摄像，但不得影响、干扰选手竞赛。

⑦ 其他人员一律不得进入竞赛区域。

（6）违规处理规定

1）对选手的处罚范围包括警告到剥夺参赛资格。

2）对于选手，违规等级分为小违规、中等违规、大违规。对于小违规及中等违规，将在最后的成绩中扣除一定分值；对于大违规，将取消比赛资格，未来也不得再参赛。

3）裁判员如违规将给予绿牌警告、黄牌警告、红牌警告。当绿牌警告时，其出现争议分面的评分不予采纳；当黄牌警告时，不得参与评分工作；当红牌警告时，将立即被取消裁判员资格，未来也不得担任裁判员参赛。

4）以上违规处理决定由组委会监督仲裁委员会负责仲裁和违规处理，由执委会监督仲裁协助部协助记录违规处理及仲裁结果。

5）以上违规处理规定如组委会、执委会另有规定，按组委会、执委会规定执行。

4. 竞赛场地、设施设备

（1）赛场规格　本项目场地总体面积为 3132m^2（长 87m，宽 36m），共设 30 个工位，每个工位面积为 35m^2（长 7m，宽 5m），除有通道外，相邻工位紧邻。每个工位上设台式带水切割机一台。非操作区（工位以外区域）设有材料储存及砂浆搅拌区域（面积约 200m^2）、裁判员休息区（面积约 97m^2）、选手休息区（面积约 95m^2），另设录分室（面积约 23m^2）和办公室（面积约 45m^2）。

（2）场地布局　竞赛场地如图 6-29 所示，最终以场地实际布局为准。

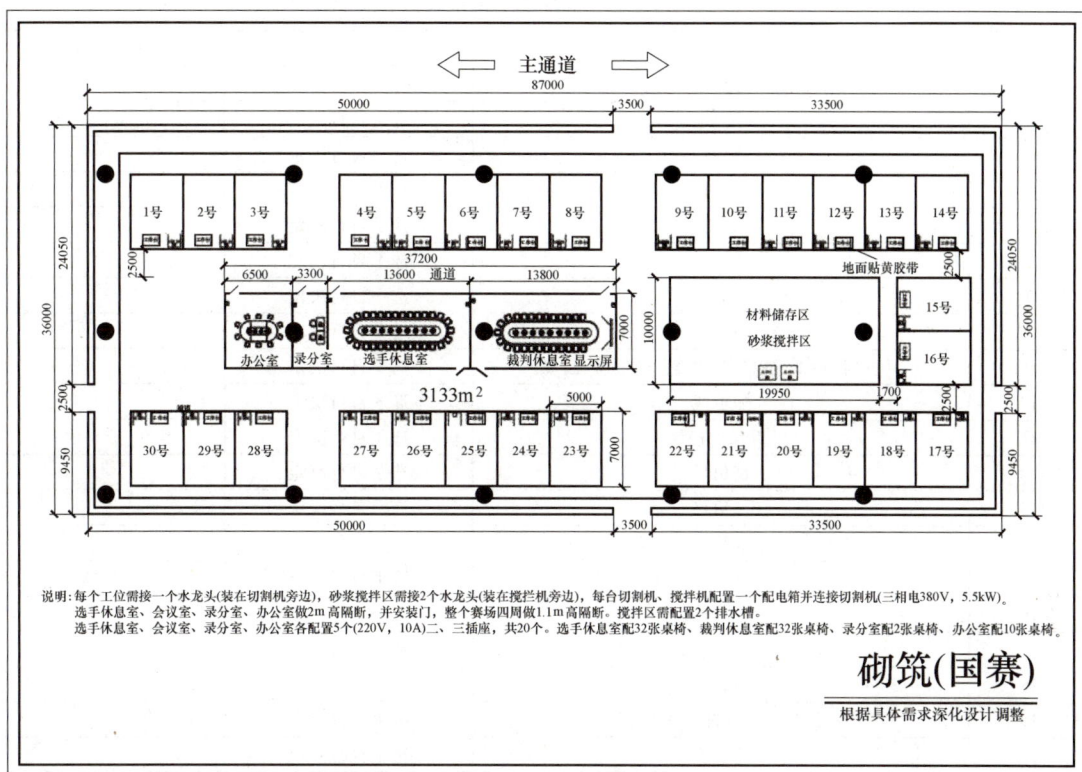

图 6-29 砌筑项目现场布置

注：最终以场地实际布局为准。

（3）基础设施清单

1）砌筑（国赛）赛场提供设施、设备、材料清单见表 6-8。

表 6-8 砌筑（国赛）赛场提供设施、设备、材料清单

序号	名称	数量	技术规格
1	砌筑用砖	按抽取赛题确认	240mm×115mm×53mm
2	砂浆	按需供应	
3	大型带水切割机	1 台/工位	
4	胶水管水龙头	1 套/工位	
5	清水桶	1 个/工位	
6	污水桶	1 个/工位	
7	桌子	1 张/工位	长 2m，宽 1.2m
8	垃级铲、扫帚	1 套/工位	
9	放样纸	可领取 2 张/工位	

2）砌筑（国赛）项目选手自带工具、材料清单见表 6-9。

3）砌筑（国赛）赛场需准备的设施、设备、材料清单见表 6-10。

表 6-9 砌筑（国赛）项目选手自带工具、材料清单

序号	名称	数量	技术规格
1	瓦刀	选手自行决定	
2	甩子	选手自行决定	
3	刨锛	选手自行决定	
4	手锤	选手自行决定	
5	灰线	选手自行决定	
6	灰板	选手自行决定	
7	勾缝工具	选手自行决定	
8	墨斗	选手自行决定	
9	计算器、白纸、放样纸、铅笔、量角器、圆规	选手自行决定	
10	标示线	选手自行决定	
11	折尺、方尺	选手自行决定	
12	直角尺	选手自行决定	
13	三角尺	选手自行决定	
14	水平尺	选手自行决定	
15	靠尺	选手自行决定	
16	水准仪	选手自行决定	
17	水平垂直等数字测量设备	选手自行决定	
18	钢卷尺	选手自行决定	
19	线锤	选手自行决定	
20	托线板	选手自行决定	
21	皮数杆	选手自行决定	
22	防护镜	选手自行决定	
23	防护耳罩	选手自行决定	
24	手套	选手自行决定	
25	安全鞋	选手自行决定	
26	清洁工具	选手自行决定	

表 6-10 砌筑（国赛）赛场需准备的设施、设备、材料清单

序号	名称	数量	技术规格
1	砌筑用砖	16000 块（白色 10000 块、红色 3000 块、绿色 3000 块）	240mm×115mm×53mm
2	干拌砂浆	约 7 立方米，并满足比赛需要	
3	砂浆搅拌机	3 台	两台自动搅拌机,一台平口搅拌机备用
4	灰桶/水桶	若干	满足供应砂浆及清理之用
5	平台推车	12 台	
6	电子数显水平尺	2 套	
7	靠尺	6 套（带气泡）	2m、1.2m 各 3 套
8	毫米梯形塞尺	15 把	
9	卷尺	3 把	
10	磁性方尺	5 把	
11	办用用具（电脑、打印机等）	根据需要配置	
12	消防设施	若干	满足消防要求
13	医药急救箱	一个	
14	防疫防控物资（含酒精、口罩等）	若干	满足防疫防控要求

4）设施设备、材料相关注意事项。

① 参赛者需自备的工器具清单中，参赛者可视自身情况自行决定所带参赛工具，但必须在规定范围内选择。

② 大赛实施单位不为参赛者提供参赛者需自备的工器具清单中的工具及材料。

③ 选手工具箱体积加起来不得超过 $1.25m^3$。竞赛进行期间，工具箱必须放置在分配区域内。选手的工具箱、包及工具、材料，包括任何侧面，都不能侵犯选手所分配区域以外的任何地面空间。

④ 允许选手携带使用数字测量设备。

⑤ 赛场内仅能使用大赛实施单位提供的电动工具。

⑥ 成型板必须在竞赛时间内组装，除非裁判长提前要求大赛实施单位提供外。

⑦ 选手不得携带用于清洁的化学物品（如清洗液或油）进入比赛现场。开放式容器或者桶里的水可以用无化学的海绵来清洁砖砌和砌块。

⑧ 不允许使用砂浆添加剂，禁止携带计算机、IPAD平板、智能手表等带网络接收信息功能的工具或设备。

⑨ 模板：行业内常用物品允许使用，但任何特定用于项目的物品不能使用。30°、45°、60°及90°成套三角模板允许带入赛场。二分之一、四分之一、四分之三的砌砖模板允许带入赛场。如果项目需要使用特定的模板，必须在竞赛时间内制作。关于拱门或曲线，其中心应该（如果可能的话）包括在模板内。

⑩ 选手为自己所使用的工具的准确度负责。

⑪ 评分测量过程中会使用到选手测量的卷尺、水平尺和直角尺。提供自己的测量工具用于评分测量是选手的责任，如果选手的工具不能使用的话，就会使用大赛实施单位提供的工具进行评分测量。

⑫ 除非得到裁判长的批准，所有裁判和选手的物品不能随意进出赛场，包括向工具箱增加或者移除物品。

5. 健康、安全、环境规定

（1）一般规定

1）所有裁判、选手等进入赛场人员必须遵守国家关于健康和安全相关法律法规。

2）所有裁判、选手等进入赛场人员必须遵守国家、大赛实施单位、赛场关于防疫防控的要求。

3）选手们在比赛期间必须安全操作，保持工作区域的安全。比赛期间，任何违反健康和安全规则的选手，将由专门负责健康、安全、环境的工作人员、场地经理对其进行安全教育，但不影响选手的比赛工作时间。

4）未经裁判长批准，选手们在比赛期间不得离开工位工作。

5）每位选手必须佩戴个人防护用品，包括安全眼镜、安全鞋（劳保鞋）等。

6）大赛实施单位必须提供低分贝砖石锯片，其最小切割厚度为150mm。

7）选手操作切割机时，必须严格按切割机安全操作规程进行操作，如果选手不安全使用切割机，将被迫接受安全教育，以确保他们意识到自己的安全义务，继续误用会导致选手在比赛中不允许使用电锯。

8）选手一次只能切割一块砖或一块砌块。

9）所有参赛者必须在比赛开始前，充分了解安全的工作方法和安全使用情况。

10）所有选手都有责任清除掉落在自己作品底部的砂浆。

11）比赛结束，在选手清理完砂浆后，各队裁判可以协助选手清理他们整个工作区域。在清洗过程中，裁判和选手不得与作品接触。

（2）场地消防和逃生要求

1）竞赛场地必须提供足够的干粉灭火器，至少保证消防通道畅通无阻。

2）设置消防应急逃生路线标识，标识明显清晰。有危险的位置，要标明警示牌，必要时，要张贴设备安全使用说明书。

3）对进入赛场的人员要逐一进行安检，防止任何易燃易爆危险物品带入赛场。

4）赛场内禁止吸烟，张贴禁烟标识，指定专员进行赛前消防检查，并在竞赛过程中巡视检查，确保竞赛顺利进行。

（3）切割机安全操作规程

1）切割物件前，必须佩戴好劳保用品（口罩、眼镜、安全鞋、耳塞）。

2）切割机在使用前必须检查并确认电动机、电缆线均正常，保护接地良好，防护装置安全有效，锯片选用符合要求，安装正确。

3）起动后，应空载运转，检查并确认锯片运转方向正确，升降机构灵活，运转中无异常、异响，一切正常后方可作业。

4）操作人员应双手按紧物件，均匀送料，在推进切割机时，不得用力过猛。

5）更换切割片时，先关掉电源，挂警示牌，切割片必须同心、紧固，以免脱落伤人。（此条适用工作人员）

6）严禁在运转中检查、维修各部件。锯台上和构件锯缝中的碎屑应用专用工具及时清除，不得用手捡拾。

7）严禁在切割片上砂磨物件。

8）切割完毕后，必须把切割机整理好，清洗机身，擦干锯片，排放水箱余水，并打扫切割场所清洁。

（4）突发事件应急处理预案

1）赛场突发问题处理。比赛期间，如在竞赛区域内出现因设施设备故障、选手伤病等突发问题，由裁判长组织处理，执委会提供相应保障；如在公共区域内出现各类突发事件，由执委会统一组织处理。

① 停电或切割机故障。当出现停电或切割机故障无法进行作业时，选手可向当值裁判员举手报告，裁判员征得裁判长同意后，该选手可申请暂停比赛，由当值裁判员记录暂停起止时间，以便补时。由于选手自身违规操作导致的停电或切割机故障，所耽误的时间不予补时。

② 伤病。比赛过程中，如选手突发病痛或违规操作给自身带来伤害，由当值裁判员报告裁判长，由场地工作人员带其进行就医。如果是小的伤害，可报告当值裁判员，由场内工作人员用医药急救箱内医药用品进行救治。由于伤病导致比赛中断，医疗救治时间不予补时。

③ 缺乏工具。如比赛过程中，发现自己缺少相关工具，只要是符合"参赛者需自备的工器具"清单内的工具，可以在非比赛时间内补充，但补充时，需征得当值裁判员和裁判

长同意，并经场地材料设备检测查组检查后合格后方可使用。

④ 争议。如出现选手、裁判组内部难以达成一致的争议，由裁判长组织裁判员会议协调解决，仍有争议时，可书面申诉至执委会监督仲裁协助部、组委会监督仲裁委员会予以仲裁解决。在争议解决程序进行中，选手必须能够继续他们的工作。如果选手被要求出席各种会面，他们损失的时间也会得到弥补。

2）中断竞赛时间处理。竞赛过程中，因参赛选手个人原因导致竞赛中断，中断的时间计入参赛选手竞赛时间，不予补偿；非因参赛选手个人原因造成的竞赛中断，中断时间不计入参赛选手竞赛时间，并予补足。竞赛中断的原因，由裁判长会同当值裁判员在选手回避的情况下做出判断，并尽快告知参赛选手所在参赛队裁判员。参赛选手处理伤病中断比赛的按个人原因导致比赛中断处理，无法继续参赛的，按已完成竞赛部分计算成绩。

6.6 实训自评

如实填写表 6-11。

表 6-11 实训自评表

姓名：	岗位职务：	班级：	学号：	组别：	

目标	掌握	了解	不会
砌体工程的技术要求和工艺的基本知识			
完成砌体工程的砌筑任务			
进行砌体工程的质量检验			
分析并解决砌体工程常见质量问题			

总结与提高	
你在整个任务完成过程中做得好的是什么？还有什么不足？有何打算？	
你在整个任务完成过程中出现了哪些问题？你是如何解决的？你还有什么问题不能解决？	
教师评价	

项目 7

脚手架工程

【导读】

　　某商业广场 B 区超高支模架搭设时，承包商将商业广场 B 区中庭钢化玻璃结构顶盖改为混凝土结构，并安排无支模架搭设资质的工人进行超高支模架的搭设。2008 年 4 月 30 日 12 时 47 分，因模板支撑系统失稳，导致约 21m 高的整个支模系统坍塌（图 7-1），11 名工人随屋面及支撑架从高空坠落，造成 8 人死亡、3 人受伤。检察院对承包商、监理、业主方的 8 名责任人提起公诉，3 人涉嫌重大事故责任罪。高支模搭设前施工单位需要编制超危大工程施工专项方案，并对方案进行专家论证，通过审查的方案必须严格执行，特种作业施工作业人员须持证上岗。该案例警示我们，应该严格按照图纸施工、按照规范施工，任何责任方无权擅自变更，否则将承担造成的后果和责任；应树立质量终生责任制的责任意识，质量是企业的生命。总之，安全生产工作应当以人为本，坚持人民至上、生命至上，把保护人民生命安全摆在首位，树牢安全发展理念，坚持安全第一、预防为主、综合治理的方针，从源头上防范化解重大安全风险。

a)　　　　　　　　　　　　　　　　b)

图 7-1　模板系统失稳坍塌

7.1　实训目的

　　1）了解脚手架的种类、用途和构成。

2）掌握《建筑施工扣件式钢管脚手架安全技术规范》（JGJ 130—2011）、《建筑施工扣件式钢管脚手架安全技术标准》（T/CECS 699—2020）、《建筑施工承插盘扣式钢管脚手架安全技术标准》（JGJ T231—2021）等规范内容。

3）掌握扣件式钢管脚手架搭设施工工艺。

7.2 实训内容

1）学习脚手架的技术要求和工艺的基本知识。

2）完成脚手架的安装，掌握模板脚手架的安装工艺流程和安装要点。

3）分析并解决脚手架工程常见问题。

7.3 知识拓展

脚手架是在建筑安装施工中占有特别重要地位的临时设施。混凝土结构浇筑、砖墙砌筑、装饰和粉刷、管道安装、设备安装等，都需要搭设脚手架。它是顺利完成工程建设建筑、安装工程施工任务必不可少的重要工具之一。脚手架选择与使用得合适与否，不但影响施工作业的顺利进行和安全保障，而且也关系到工程质量、施工进度和经济效益的提高。

7.3.1 扣件式钢管脚手架认知

1. 脚手架构配件

（1）钢管 《建筑施工扣件式钢管脚手架安全技术规范》（JGJ 130—2011）中相关规定：

1）脚手架钢管应采用《直缝电焊钢管》（GB/T 13793—2016）或《低压流体输送用焊接钢管》（GB/T 3091—2015）中规定的 Q235 普通钢管；钢管的钢材质量应符合《碳素结构钢》（GB/T 700—2016）中 Q235 级钢的规定。

2）脚手架钢管宜采用_____钢管，如图 7-2 所示。每根钢管的最大质量不

a)　　　　　　　　　　　　　　　　　b)

图 7-2 脚手架钢管

应大于_____。

（2）扣件

1）扣件应采用可锻铸铁或铸钢制作，如图7-3所示。其质量和性能应符合《钢管脚手架扣件》（GB 15831—2023）的相关规定。采用其他材料制作的扣件，应经试验证明其质量符合该标准的规定后方可使用，其质量应为1.1kg（含螺栓及螺母）。一般情况下是采用蘸红色的防锈漆的形式做防锈处理的。扣件与钢管配套使用。一般扣件产品的生产及采购比例是_____。

2）扣件在螺栓拧紧扭力矩达到_____时，不得发生破坏。

a) 直角扣件　　　　　　　　　　　　　　b) 旋转扣件

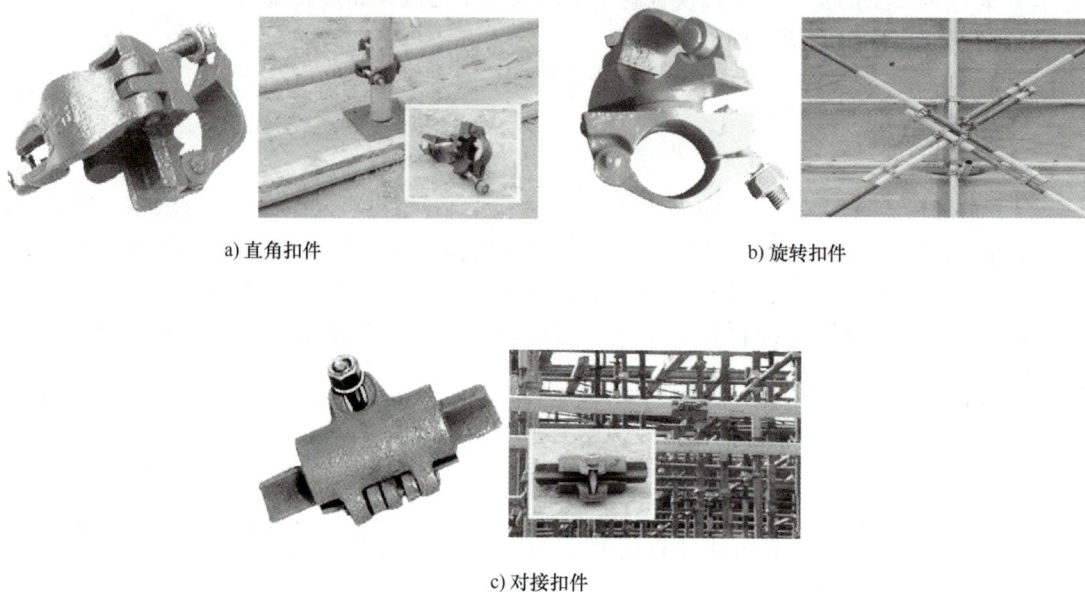

c) 对接扣件

图 7-3　扣件

（3）脚手板

1）脚手板可采用钢、木、竹材料制作，如图7-4所示。单块脚手板的质量不宜大于_____。

a) 木脚手板　　　　　　　　　　　　　　b) 钢脚手板

图 7-4　脚手板

c) 竹串片脚手板

d) 竹笆脚手板

图 7-4　脚手板（续）

2）木脚手板材质应符合《木结构设计规范》（GB 50005—2017）中Ⅱa级材质的相关规定。脚手板厚度不应小于_____，两端宜各设置直径不小于_____的镀锌钢丝箍绑扎两道。

3）竹脚手板宜采用由毛竹或楠竹制作的竹串片板、竹笆板；竹串片脚手板应符合《建筑施工竹脚手架安全技术规范》（JGJ 254—2011）的相关规定。

（4）可调托撑

1）可调托撑螺杆外径不得小于_____，直径与螺距应符合《梯形螺纹第 2 部分：直径与螺距系列》（GB/T 5796.2—2022）、《梯形螺纹第 3 部分：基本尺寸》（GB/T 5796.3—2022）的规定，可调托撑如图 7-5 所示。

2）可调托撑抗压承载能力设计值不应小于_____，支托板厚不应小于_____。

a) 可调下托撑（底托）

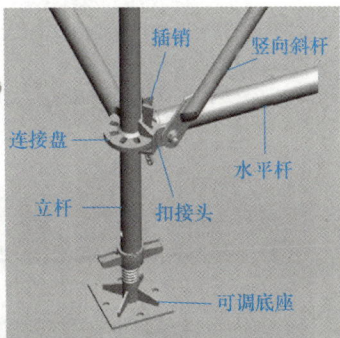

b) 可调上托撑（顶托）

图 7-5　可调托撑

2. 脚手架的分类

（1）脚手架按用途分类　如图 7-6 所示，分为作业脚手架（砌筑脚手架、装修脚手架等）、支撑脚手架（结构安装支撑脚手架、模板支撑脚手架）、防护脚手架。

（2）脚手架按架设方法分类　如图 7-7 所示，分为立杆落地式脚手架、悬挑式脚手架、吊挂式脚手架、附着升降式脚手架等。

a) 砌筑脚手架

b) 装修脚手架

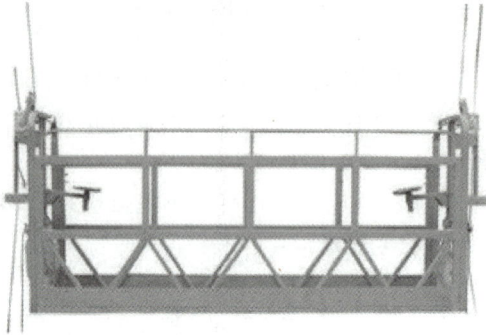

c) 结构安装支撑脚手架

d) 模板支撑脚手架

图 7-6　脚手架按用途分类

a) 立杆落地式脚手架

b) 悬挑式脚手架

c) 吊挂式脚手架

d) 附着升降式脚手架

图 7-7　脚手架按架设方法分类

简述下列四种脚手架的特点：

立杆落地式脚手架：_____

_____

_____

_____

_____ 。

悬挑式脚手架：_____

_____

_____

_____

_____ 。

吊挂式脚手架：_____

_____

_____

_____

_____ 。

附着升降式脚手架：_____

_____

_____

_____

_____ 。

（3）按立杆搭设排数分类　按搭设立杆的排数，可以分为单排脚手架、双排脚手架和满堂脚手架。查找相应脚手架的图片贴入框中。

 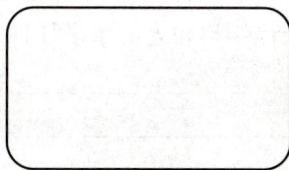 

　　　单排脚手架　　　　　　　双排脚手架　　　　　　　满堂脚手架

3. 脚手架的组成

脚手架由垫板、底座、立杆、大横杆、小横杆、斜撑、抛撑、剪刀撑、连墙件、扫地杆、脚手板及其附件等组成。

（1）立杆（也称立柱、竖杆等）　与地面垂直，是脚手架的主要受力杆件。其作用是__

_____

_____

_____ 。

（2）大横杆（也称纵向水平杆） 与墙面长度方向平行，作用是＿＿＿＿＿＿＿＿＿＿＿＿＿＿＿

＿＿＿

＿＿。

（3）小横杆（也称横向水平杆） 与墙面垂直，作用是＿＿＿＿＿＿＿＿＿＿＿＿＿＿＿＿＿＿

＿＿＿

＿＿＿

＿＿。

（4）斜撑（也称八字撑） 与脚手架外排立杆紧贴连接，与其立杆斜交并与地面呈45°~60°，上、下连续设置，形如"之"字。斜撑主要设置在脚手架拐角处、开口处、两端等部位。其作用是＿＿＿＿＿＿＿＿＿＿＿＿＿＿＿＿＿＿＿＿＿＿＿＿＿＿＿＿＿＿＿＿＿＿＿＿＿

＿＿＿＿＿＿＿＿

＿＿＿

＿＿。

（5）剪刀撑（也称十字撑） 是在脚手架外侧设置的双肢斜杆，互相交叉，都与地面呈45°~60°。其作用是＿＿＿＿＿＿＿＿＿＿＿＿＿＿＿＿＿＿＿＿＿＿＿＿＿＿＿＿＿＿＿＿＿＿＿＿＿＿

＿＿＿

＿＿＿

＿＿。

（6）抛撑（也称支撑） 是设置在脚手架外排（周围）、从地面支撑脚手架的斜杆，一般与地面呈60°。其作用是＿＿＿＿＿＿＿＿＿＿＿＿＿＿＿＿＿＿＿＿＿＿＿＿＿＿＿＿＿＿＿＿＿＿

＿＿＿

＿＿＿

＿＿。

（7）连墙件（也称连墙杆） 是沿立杆的竖向（垂直）不大于4m，水平方向不大于6m，设置能承受拉力和压力而与主体结构相连的水平杆件。其作用是＿＿＿＿＿＿＿＿＿＿＿＿＿

＿＿＿

＿＿＿

＿＿＿

＿＿。

（8）扫地杆 是紧贴于地面的纵向水平杆和横向水平杆，包括纵向扫地杆和横向扫地杆。其作用是＿＿

＿＿＿

＿＿＿

＿＿。

（9）脚手板（也称跳板、架板） 是铺于小横杆上直接承受施工荷载的构件。
填写图7-8中所指构件（1~18）的名称。

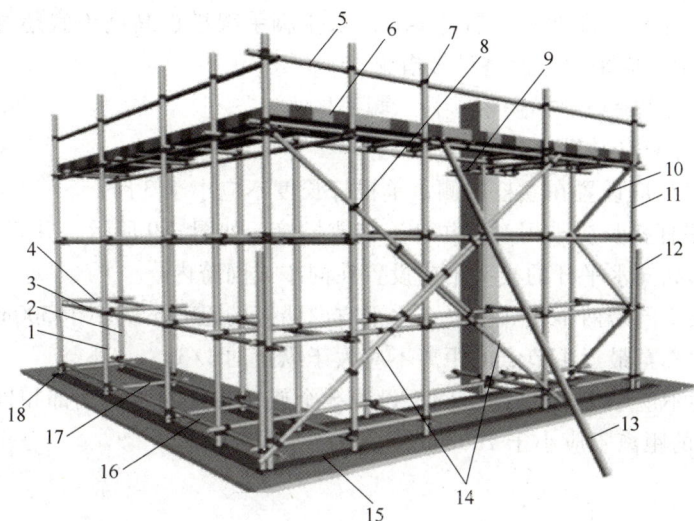

图 7-8　脚手架构造

7.3.2　扣件式钢管脚手架的构造

1. 构造知识

1）常用密目式安全网全封闭式双排脚手架结构的设计尺寸，可按表7-1采用。

表 7-1　常用密目式安全网全封闭式双排脚手架结构的设计尺寸 （单位：m）

连墙件设置	立杆横距 l_b	步距 h	下列荷载时的立杆纵距 l_a				脚手架允许搭设高度/H
			$2+0.35$ /（kN/m²）	$2+2+2×0.35$ /（kN/m²）	$3+0.35$ /（kN/m²）	$3+2+2×0.35$ /（kN/m²）	
二步三跨	1.05	1.5	2.0	1.5	1.5	1.5	50
		1.80	1.8	1.5	1.5	1.5	32
	1.30	1.5	1.8	1.5	1.5	1.5	50
		1.80	1.8	1.2	1.5	1.2	30
	1.55	1.5	1.8	1.5	1.5	1.5	38
		1.80	1.8	1.2	1.5	1.2	22
三步三跨	1.05	1.5	2.0	1.5	1.5	1.5	43
		1.80	1.8	1.2	1.5	1.2	24
	1.30	1.5	1.8	1.5	1.5	1.2	30
		1.80	1.8	1.2	1.5	1.2	17

注：1. 表中所示 $2+2+2×0.35$（kN/m²），包括下列荷载：$2+2$（kN/m²）为二层装修作业层施工荷载标准值；$2×0.35$（kN/m²）为二层作业层脚手板自重荷载标准值。

2. 作业层横向水平杆间距，应按不大于 $l_a/2$ 设置。

3. 地面粗糙度为 B 类，基本风压 $W_0=0.4$kN/m²。

2）单排脚手架搭设高度不应超过24m；双排脚手架搭设高度不宜超过50m，高度超过50m的双排脚手架，应采用分段搭设等措施。

2. 脚手架纵向水平杆、横向水平杆、脚手板

（1）纵向水平杆的构造规定

1）纵向水平杆应设置在立杆内侧，单根杆长度不应小于3跨。

2）纵向水平杆接长应采用对接扣件连接或搭接，如图7-9所示，并应符合下列规定：

① 两根相邻纵向水平杆的接头不应设置在同步或同跨内。

② 不同步或不同跨两个相邻接头在水平方向错开的距离不应小于500mm。

③ 各接头中心至最近主节点的距离不应大于纵距的1/3。

④ 搭接长度不应小于1m，应等间距设置3个旋转扣件固定；端部扣件盖板边缘至搭接纵向水平杆杆端的距离不应小于100mm。

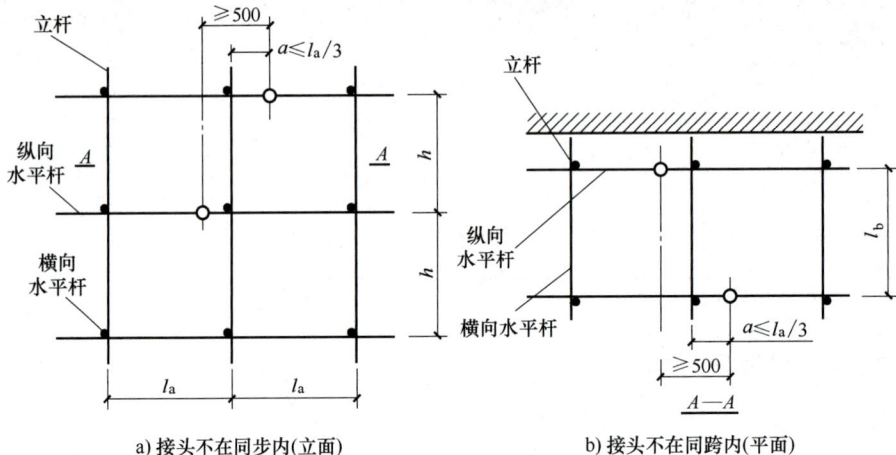

a) 接头不在同步内(立面) b) 接头不在同跨内(平面)

图7-9 纵向水平杆对接接头布置

指出图7-10所示脚手架安装不妥之处：_____

_____

_____。

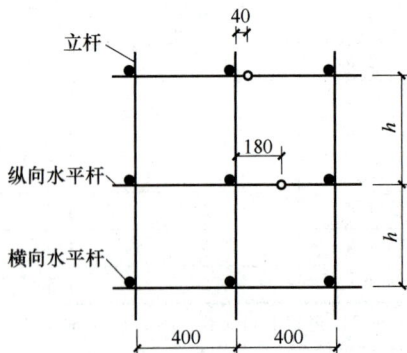

图7-10 纵向水平杆对接接头布置（错例）

3）当使用冲压钢脚手板、木脚手板、竹串片脚手板时，纵向水平杆应作为横向水平杆的支座，用直角扣件固定在立杆上；当使用竹笆脚手板时，纵向水平杆应采用直角扣件固定在横向水平杆上，并应等间距设置，间距不应大于400mm，如图7-11所示。

（2）横向水平杆的构造规定

1）作业层上非主节点处的横向水平杆，宜根据支撑脚手板的需要等间距设置，最大间距不应大于纵距的1/2。

2）当使用冲压钢脚手板、木脚手板、竹串片脚手板时，双排脚手架的横向水平杆两端均应采用直角扣件固定在纵向水平杆上；单排脚手架的横向水平杆的一端应用直角扣件固定在纵向水平杆上，另一端应插入墙内，插入长度不应小于180mm。

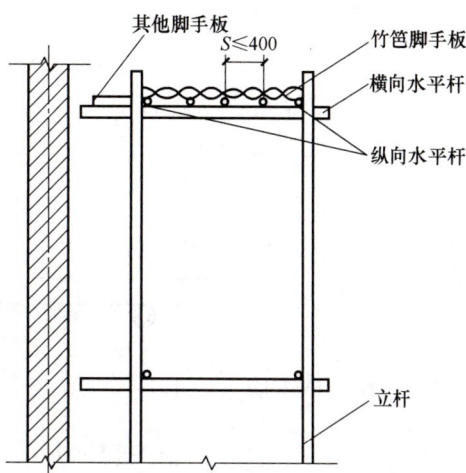

图 7-11　铺竹笆脚手板时纵向水平杆的构造

3）当使用竹笆脚手板时，双排脚手架的横向水平杆的两端应用直角扣件固定在立杆上；单排脚手架的横向水平杆的一端，应用直角扣件固定在立杆上，另一端插入墙内，插入长度不应小于180mm。

4）主节点处必须设置一根横向水平杆，直角扣件扣接且严禁拆除。

（3）脚手板的设置规定

1）作业层脚手板应铺满、铺稳、铺实。

2）冲压钢脚手板、木脚手板、竹串片脚手板等，应设置在三根横向水平杆上。当脚手板长度小于2m时，可采用两根横向水平杆支撑，但应将脚手板两端与横向水平杆可靠固定，严防倾翻。脚手板的铺设应采用对接平铺或搭接铺设。

3）脚手板对接平铺时，接头处应设两根横向水平杆，脚手板外伸长度应取130～150mm，两块脚手板外伸长度的和不应大于300mm；脚手板搭接铺设时，接头应支在横向水平杆上，搭接长度不应小于200mm，其伸出横向水平杆的长度不应小于100mm，如图7-12所示。

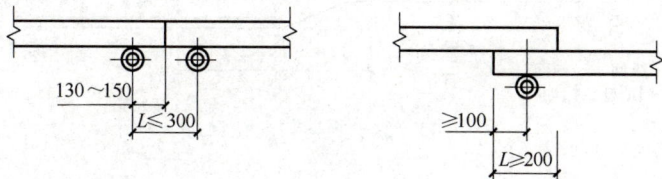

图 7-12　脚手板对接、搭接构造

4）竹笆脚手板应按其主竹筋垂直于纵向水平杆方向铺设，且应对接平铺，四个角应用直径不小于1.2mm的镀锌钢丝固定在纵向水平杆上。

5）作业层端部脚手板探头长度应取150mm，其板的两端均应固定于支撑杆件上。请指

出图 7-13 中的不妥之处：_____

_____

_____

_____

_____

_____。

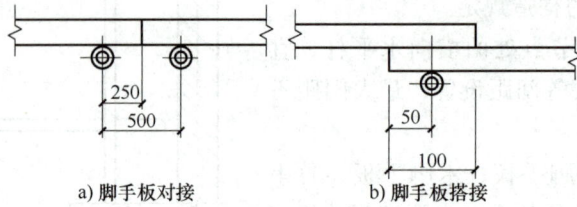

a) 脚手板对接　　　　b) 脚手板搭接

图 7-13　脚手板对接、搭接构造（错例）

3. 立杆

1）每根立杆底部宜设置底座或垫板，如图 7-14 所示。

2）脚手架必须设置纵、横向扫地杆。纵向扫地杆应采用直角扣件固定在距钢管底端不大于 200mm 处的立杆上。横向扫地杆应采用直角扣件固定在紧靠纵向扫地杆下方的立杆上，如图 7-15 所示。

3）脚手架立杆基础不在同一高度上时，必须将高处的纵向扫地杆向低处延长两跨与立杆固定，高低差不应大于 1m。靠边坡上方的立杆轴线到边坡的距离不应小于 500mm。

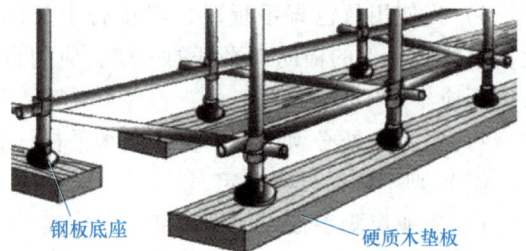

图 7-14　立杆底座、垫板

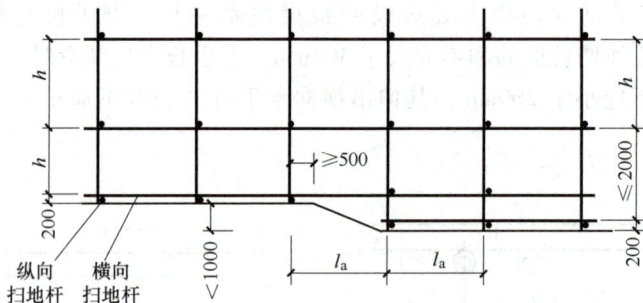

图 7-15　纵、横向扫地杆构造

4）单、双排脚手架底层步距均不应大于 2m。

5）单排、双排与满堂脚手架立杆接长除顶层顶步外，其余各层各步接头必须采用对接扣件连接，如图 7-16 所示。

6）脚手架立杆的对接、搭接应符合下列规定：

① 当立杆采用对接接长时，立杆的对接扣件应交错布置，两根相邻立杆的接头不应设置在同步内，同步内隔一根立杆的两个相隔接头在高度方向错开的距离不宜小于 500mm；

a)顶层顶步　　　　　　　　　　　　b) 非顶层顶步

除顶层顶步外，其余各层各步接头必须对接，立杆对接应交错布置

图 7-16　立杆对接、搭接

各接头中心至主节点的距离不宜大于步距的 1/3，如图 7-17 所示。

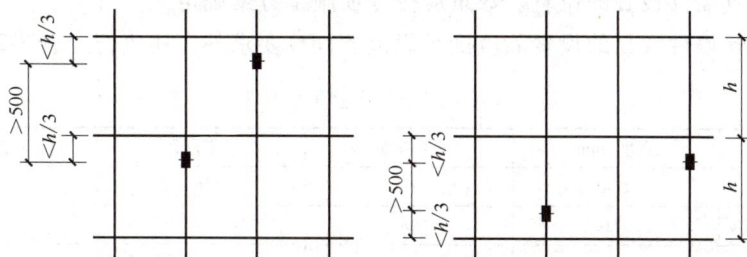

图 7-17　立杆对接构造要求

② 当立杆采用搭接接长时，搭接长度不应小于 1m，并应采用不少于 2 个旋转扣件固定。端部扣件盖板的边缘至杆端距离不应小于 100mm，如图 7-18 所示。

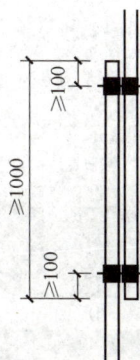

图 7-18　立杆搭接构造要求

7）脚手架立杆顶端栏杆宜高出女儿墙上端 1m，宜高出檐口上端 1.5m。

请指出图 7-19 所示脚手架安装不妥之处：_____

_____

_____

_____

_____

_____

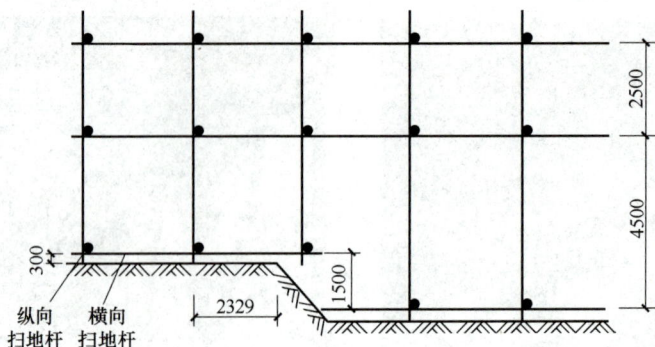

图 7-19　脚手架搭设

4. 连墙件

1）脚手架连墙件设置的位置、数量应按专项施工方案确定。

2）脚手架连墙件数量的设置除应满足规范的计算要求外，还应符合表 7-2 的规定。

表 7-2　连墙件布置最大间距

搭设方法	高度/mm	竖向间距	水平间距	每根连墙件覆盖面积/m²
双排落地	≤50	$3h$	$3l_a$	≤40
双排悬挑	>50	$2h$	$3l_a$	≤27
单排	≤24	$3h$	$3l_a$	≤40

注：h 为步距；l_a 为纵距。

3）连墙件的布置应符合下列规定：

① 应靠近主节点设置，偏离主节点的距离不应大于 300mm，如图 7-20 所示，主节点是

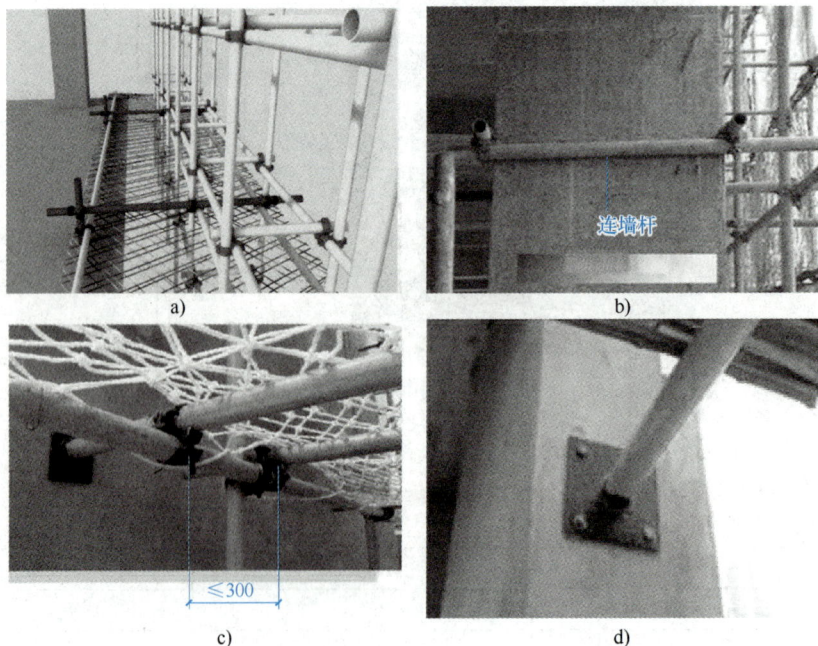

a)

b)

c)

d)

图 7-20　连墙件靠近主节点固定

指立杆、横向水平杆、纵向水平杆三杆紧靠的扣接点。

② 应从底层第一步纵向水平杆处开始设置，当该处设置有困难时，应采用其他可靠措施固定。

③ 应优先采用菱形布置，或采用方形、矩形布置。

4）开口型脚手架的两端必须设置连墙件，连墙件的垂直间距不应大于建筑物的层高，并且不应大于4m，如图7-21所示。

5）连墙件中的连墙杆应呈水平设置，当不能水平设置时，应向脚手架一端下斜连接，如图7-22所示。

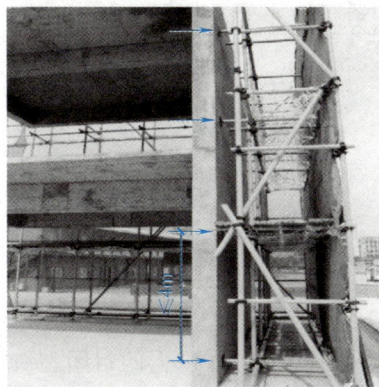

图 7-21 开口型脚手架连墙件设置

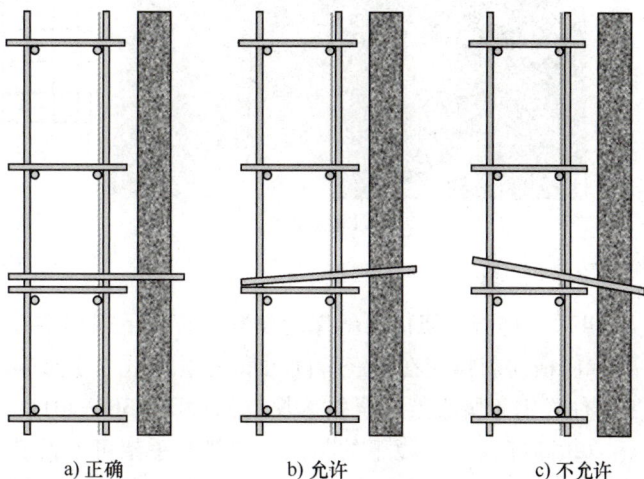

图 7-22 连墙件呈水平方式连接

a) 正确　　　b) 允许　　　c) 不允许

6）连墙件必须采用可承受拉力和压力的构造。对高度24m以上的双排脚手架，应采用刚性连墙件与建筑物连接。

7）当脚手架下部暂不能设连墙件时应采取防倾覆措施。当搭设抛撑时，抛撑应采用通长杆件，并用旋转扣件固定在脚手架上，与地面的倾角应为45°~60°；连接点中心至主节点的距离不应大于300mm。抛撑应在连墙件搭设后再拆除。

5. 剪刀撑与横向斜撑

1）双排脚手架应设置剪刀撑与横向斜撑，单排脚手架应设置剪刀撑。

2）单、双排脚手架剪刀撑的设置应符合下列规定：

① 每道剪刀撑跨越立杆的根数应按表7-3的规定确定。每道剪刀撑宽度不应小于4跨，且不应小于6m，斜杆与地面的倾角应为45°~60°。

表 7-3 剪刀撑跨越立杆的最多根数

剪刀撑斜杆与地面的倾角	45°	50°	60°
剪刀撑跨越立杆的最多根数	7	6	5

② 剪刀撑斜杆的接长应采用搭接或对接，搭接应符合规范规定。

③ 剪刀撑斜杆应用旋转扣件固定在与之相交的横向水平杆的伸出端或立杆上，旋转扣件中心线至主节点的距离不应大于150mm。

163

3）高度在 24m 及以上的双排脚手架应在外侧全立面连续设置剪刀撑；高度在 24m 以下的单、双排脚手架，均必须在外侧两端、转角及中间间隔不超过 15m 的立面上，各设置一道剪刀撑，并应由底至顶连续设置，如图 7-23 所示。

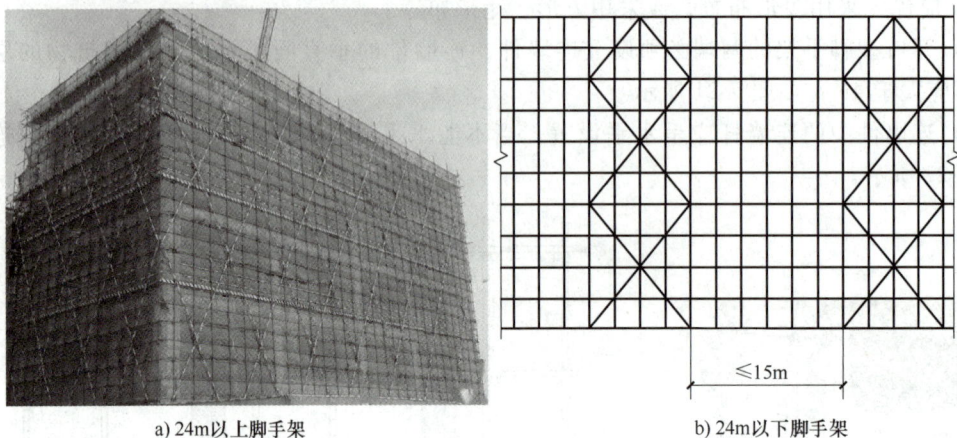

a) 24m 以上脚手架　　　　　　　　　　　b) 24m 以下脚手架

图 7-23　脚手架剪刀撑布置

4）双排脚手架横向斜撑的设置应符合下列规定：

① 横向斜撑应在同一节间由底至顶层呈之字形连续布置，斜撑的固定应符合《建筑施工扣件式钢管脚手架安全技术规范》（JGJ 130—2011）的规定。

② 高度在 24m 以下的封闭型双排脚手架可不设横向斜撑，高度在 24m 以上的封闭型脚手架，除拐角应设置横向斜撑外，中间应每隔 6 跨距设置一道。

5）开口型双排脚手架的两端均必须设置横向斜撑，如图 7-24 所示。

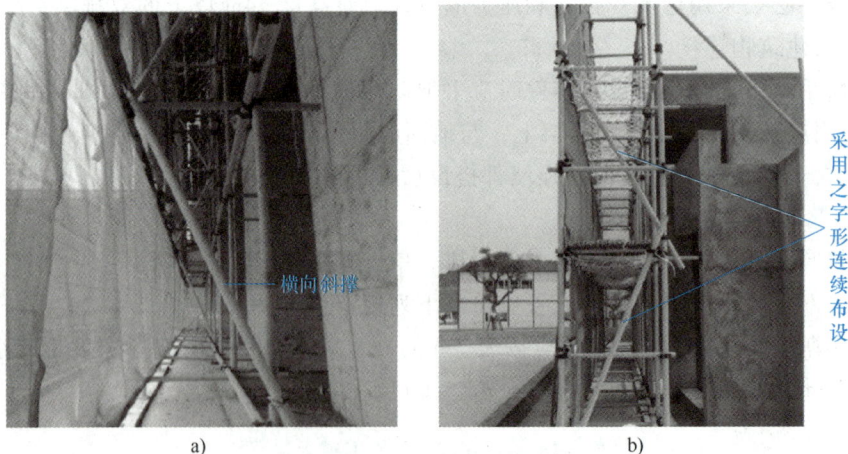

a)　　　　　　　　　　　　　　　　　b)

图 7-24　开口型双排脚手架横向支撑

6. 斜道

1）人行并兼作材料运输的斜道的形式宜按下列要求确定：

① 高度不大于 6m 的脚手架，宜采用一字形斜道。

② 高度大于 6m 的脚手架，宜采用之字形斜道。

2）斜道的构造应符合下列规定：

① 斜道应附着外脚手架或建筑物设置。

② 运料斜道宽度不应小于 1.5m，坡度不应大于 1∶6；人行斜道宽度不应小于 1m，坡度不应大于 1∶3，如图 7-25 所示。

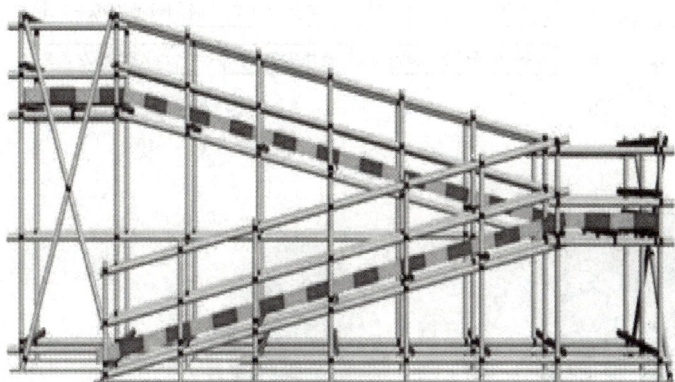

a)　　　　　　　　　　　　　　　　b)

图 7-25　斜道

3）拐弯处应设置平台，其宽度不应小于斜道宽度。

4）斜道两侧及平台外围均应设置栏杆及挡脚板。栏杆高度应为 1.2m，挡脚板高度不应小于 180mm，如图 7-26 所示。

5）运料斜道两端、平台外围和端部均应按《建筑施工扣件式钢管脚手架安全技术规范》（JGJ 130—2011）第 6.4.1 条~6.4.6 条的规定设置连墙件；每两步应加设水平斜杆；应按 JGJ 130—2011 第 6.6.2 条~6.6.5 条的规定设置剪刀撑和横向斜撑。

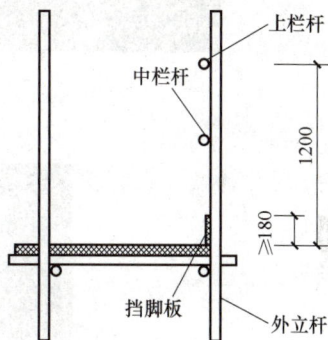

图 7-26　栏杆安装

6）斜道脚手板构造应符合下列规定：

① 脚手板横铺时，应在横向水平杆下增设纵向支托杆，纵向支托杆间距不应大于 500mm。

② 脚手板顺铺时，接头应采用搭接，下面的板头应压住上面的板头，板头的凸棱处应采用三角木填顺。

③ 人行斜道和运料斜道的脚手板上应每隔 250~300mm 设置一根防滑木条，木条厚度应为 20~30mm。

7.3.3　扣件式钢管脚手架的搭设工艺

1. 脚手架搭设工艺

脚手架搭设工艺如图 7-27 所示。

2. 注意事项

1）按要求进行定位放线；垫板（长度不小于 2 跨，宽度不小于 200mm、厚度不小于

50mm 的木板）准确放置在定位线上。

2）扫地杆：纵向扫地杆采用直角扣件固定在距离底座 200mm 处的立杆上；横向扫地杆固定在紧靠纵向扫地杆下方的立杆上，如图 7-28 所示。

3）开始搭设立杆时，应每隔 6 跨搭设一道抛撑，直到连墙件安装完毕，架体稳定后根据实际情况拆除抛撑，如图 7-29 所示。

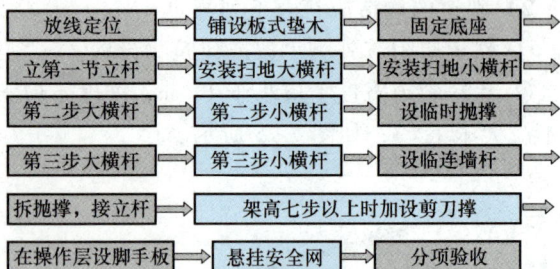

放线定位	铺设板式垫木	固定底座
立第一节立杆	安装扫地大横杆	安装扫地小横杆
第二步大横杆	第二步小横杆	设临时抛撑
第三步大横杆	第三步小横杆	设临连墙杆
拆抛撑，接立杆	架高七步以上时加设剪刀撑	
在操作层设脚手板	悬挂安全网	分项验收

图 7-27　脚手架搭设工艺

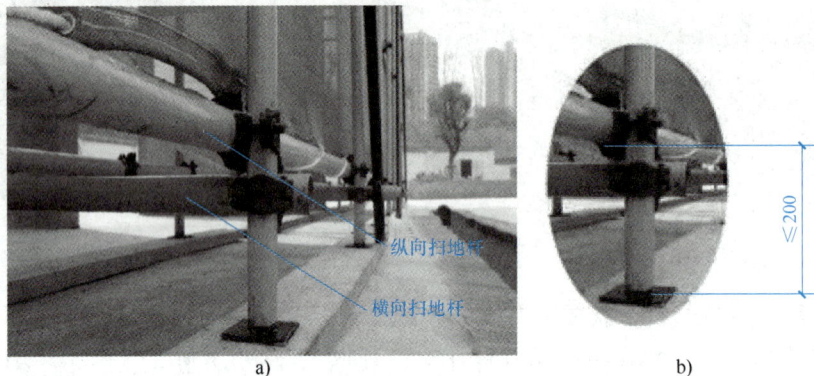

纵向扫地杆
横向扫地杆

a)　　　　　　　b)

图 7-28　扫地杆

图 7-29　抛撑

板式阳台构造

4）立杆接长除顶层相邻立杆的对接扣件不得在同一高度内，错开距离不得小于 500mm；各接头中心至主节点的距离不应大于 500mm；立杆顶部高出女儿墙 1m，高出檐口上皮 1.5m；立杆钢管长度不应小于 6m，如图 7-30 所示。

5）纵向水平杆设置在立杆内侧，长度不宜小于 3 跨；纵向水平杆接长采用对接扣件连接；对接扣件应交错布置，两根相邻纵向水平杆的接头不应在同步或同跨内，不同步或不同跨两个相邻接头在水平方向错开的距离不应小于 500mm；各接头中心至最近主节点的距离不应大于纵距的 1/3，如图 7-31 所示。

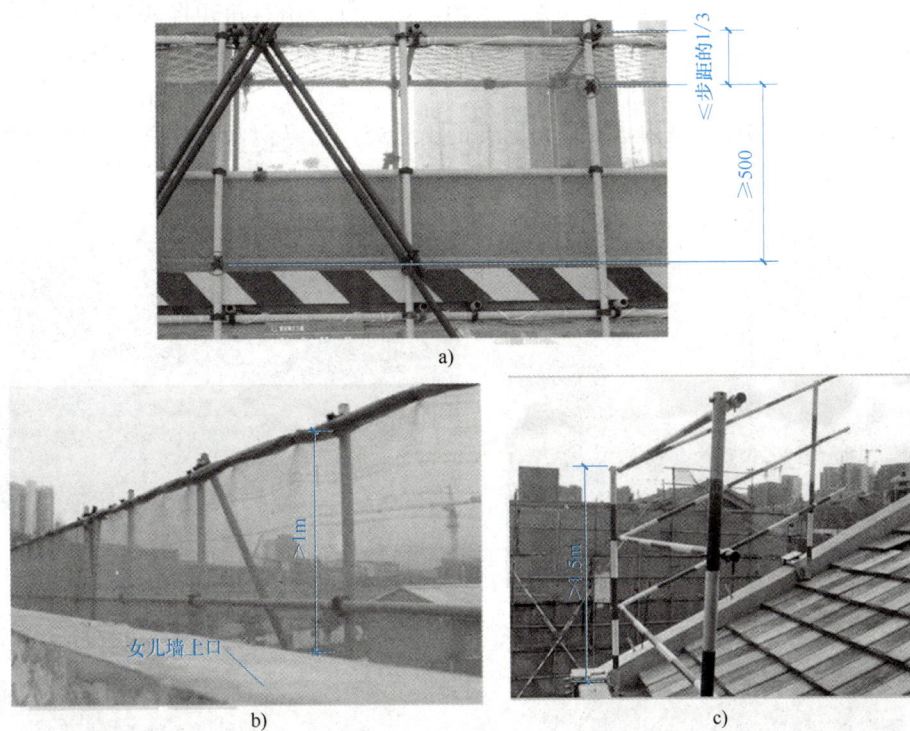

图 7-30　立杆

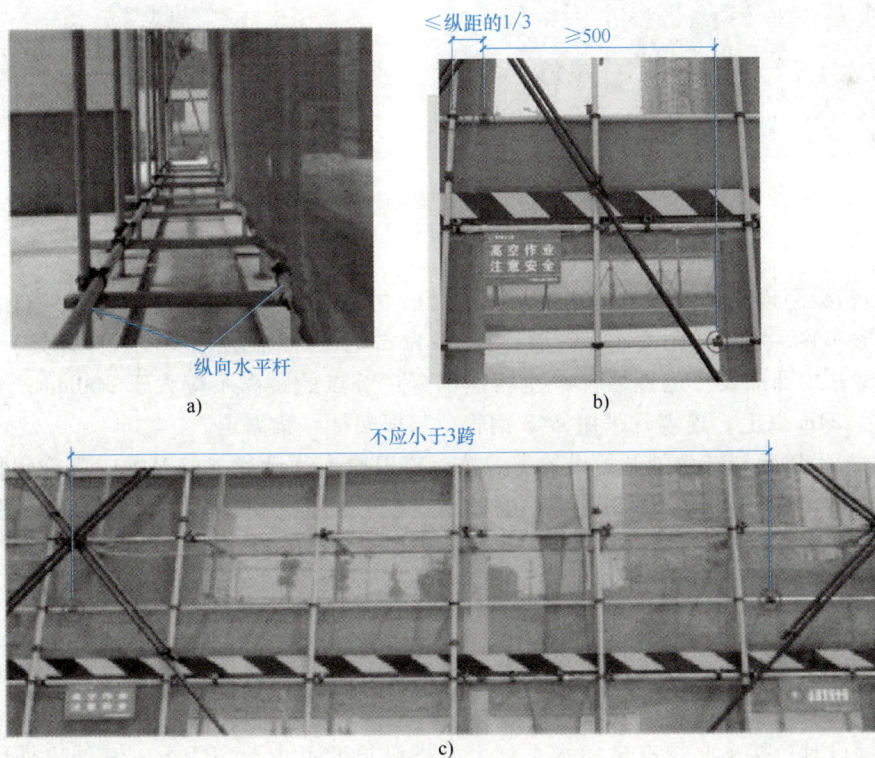

图 7-31　纵向水平杆

6）横向水平杆：主节点处必须设置一根横向水平杆，用直角扣件连接且严禁拆除；作业层上非主节点处的横向水平杆，宜根据支撑脚手板的需要等间距设置，最大间距不应大于750mm；横向水平杆两端应采用直角扣件固定在纵向水平杆上。

7）横向水平杆应设在纵向水平杆与立杆的交点处，与纵向水平杆垂直；横向水平杆端头伸出外立杆100mm，伸出内立杆500mm，如图7-32所示。

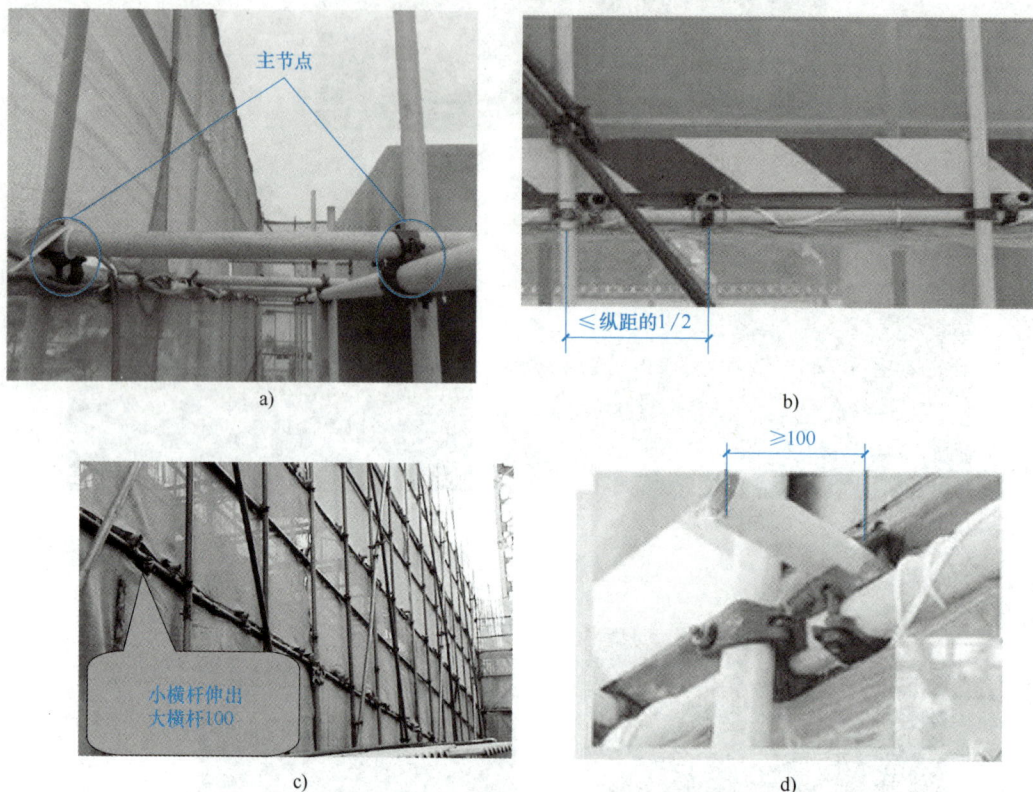

图7-32　横向水平杆

8）当搭设至连墙件位置时，在搭设完该处的立杆、水平杆后及时设置连墙件；连墙件宜采用菱形布置，水平间距为4.5m，竖向间距为3.6m（标准层每层楼板标高处）；首层至三层在外墙柱中部加设一道连墙件；连墙件偏离主节点的距离不应大于300mm；当脚手架搭设高度在24m以上，连墙件采用φ48钢管，与框架柱、梁固定。

9）由脚手架两端转角处开始设置剪刀撑，剪刀撑连续设置；剪刀撑应用旋转扣件固定在与之相交的横向水平杆的伸出端或立杆上，旋转扣件中心线至主节点的距离不宜大于150mm；钢管接长应用两只旋转扣件搭接，接头长度不小于1000mm；剪刀撑与地面夹角为45°~60°；立杆每隔5跨设置一道剪刀撑；剪刀撑每节两端用旋转扣件与立杆或水平杆扣牢固，如图7-33所示。

10）脚手板：作业层脚手板必须满铺，并铺稳，离开墙面200mm；脚手板可采用对接平铺或搭接；对接平铺时，接头处必须设两根横向水平杆，脚手板外伸长度不大于150mm；采用搭接铺设时，接头必须在横向水平杆上，搭接长度不小于200mm，其伸出横向水平杆的长度不小于100mm；作业层端部脚手板探头不应大于150mm，如图7-34所示。

图 7-33 剪刀撑

11）翻脚手板时，应两人操作，配合协调一致，由里向外逐块翻，到最后一块时，站到邻近的脚手板上把最外面的一块翻上去。

12）外立杆内侧满挂绿色密目安全网，每隔四层满挂水平安全网一道。

13）脚手架的检查与验收。

① 脚手架及其地基基础应在下列阶段进行检查与验收：基础完工后及脚手架使用前；作业层上施加荷载前；每搭完 10~13m 高度后；达到最终高度后；遇到六级大风与大雨后。

② 脚手架使用过程中，应定期检查下列项目：杆件的设置和连接，连墙件、支撑、门洞桁架等的构造是否符合要求；地基是否积水，底座是否松动，立杆是否悬空；扣件螺栓是否松动；安全防护是否符合要求；是否超载。

a)

b)

c)

d) 130～150 ≤300

e)

f) ≥200 ≥100

g) 150

h) ≥180

图 7-34　脚手板

3. 脚手架拆除与安全技术

（1）脚手架的拆除

1）脚手架拆除应按专项方案施工，拆除前应做好下列准备工作：应全面检查脚手架的扣件连接、连墙件、支撑体系等是否符合构造要求；应根据检查结果补充完善施工脚手架专项方案中的拆除顺序和措施，经审批后方可实施。

2）单、双排脚手架拆除作业必须由上而下逐层进行，严禁上下同时作业。连墙件必须随脚手架逐层拆除，严禁先将连墙件整层或数层拆除后再拆脚手架；分段拆除高差大于两步时，应增设连墙件加固。

3）当单、双排脚手架拆至下部最后一根长立杆的高度（约 6.5m）时，应先在适当位置搭设临时抛撑加固后，再拆除连墙杆。当单、双排脚手架采取分段、分立面拆除时，对不拆除的脚手架两端，应先按《建筑施工扣件式钢管脚手架安全技术规范》（JGJ 130—2011）第 6.4.4 条、第 6.4.5 条的有关规定设置连墙杆和横向支撑加固。

4）卸料时，各构配件严禁抛掷至地面。

（2）脚手架的安全技术

1）扣件钢管脚手架安装与拆除人员必须是经考核合格的专业架子工。架子工应持证上岗。

2）搭拆脚手架人员必须戴安全帽、系安全带、穿防滑鞋。

3）作业层上的施工荷载应符合设计要求，不得超载。不得将模板支架、缆风绳、泵送混凝土和砂浆的输送管等固定在架体上。严禁悬挂起重设备，严禁拆除或移动架体上安全防护设施。

4）操作层脚手板应铺设牢靠、严实，并应用安全平网双层兜底，施工层以下每隔 10m 应设安全平网封闭。

5）单、双排脚手架及悬挑式脚手架沿墙体外围应用密目式安全网全封闭，密目式安全网宜设置在脚手架外立杆的内侧，并应与架体结扎牢固。

6）在脚手架使用期间，严禁拆除下列杆件：主节点处的纵、横向水平杆，纵、横向扫地杆，连墙杆。

7）临街搭设脚手架时，外侧应有防止坠物伤人的防护措施。

8）在脚手架上进行电、气焊作业时，应有防火措施和专人看守。

9）工地临时用电线路的架设及脚手架接地、避雷措施等，应按现行行业标准的有关规定执行。

10）脚手架与支模架要分开搭设，不能将两者混搭在一起，脚手架不能当支模架使用。

7.3.4　承插型盘扣式钢管脚手架的基本规定

1）根据立杆外径大小，脚手架可分为标准型（B 型）和重型（Z 型）。脚手架构件、材料及其制作质量应符合《承插型盘扣式钢管支架构件》（JG/T 503—2016）的规定。

2）杆端扣接头与连接盘的插销连接锤击自锁后不应拔脱。搭设脚手架时，宜采用质量不小于 0.5kg 的锤子敲击插销顶面不少于 2 次，直至插销销紧。销紧后应再次击打，插销下沉量不应大于 3mm。

3）插销销紧后，扣接头端部弧面应与立杆外表面贴合。

4）脚手架结构设计应根据脚手架种类、搭设高度和荷载采用不同的安全等级。搭设高度大于 8m 的支撑架，需要按照超过一定规模危险性较大的分部分项工程管理规定要求编制方案。

7.3.5 承插型盘扣式钢管脚手架的构造

1. 构造要求一般规定

1）脚手架的构造体系应完整，脚手架应具有整体稳定性。

2）应根据施工方案计算得出的立杆纵、横向间距选用定长的水平杆和斜杆，并应根据搭设高度组合立杆、基座、可调托撑和可调底座。

3）脚手架搭设步距不应超过 2m。

4）脚手架的竖向斜杆不应采用钢管扣件。

5）当标准型（B 型）立杆荷载设计值大于 40kN，或重型（Z 型）立杆荷载设计值大于 65kN 时，脚手架顶层步距应比标准步距缩小 0.5m。

2. 支撑架

1）支撑架的高宽比宜控制在 3 以内，高宽比大于 3 的支撑架应采取与既有结构进行刚性连接等抗倾覆措施。

2）对标准步距为 1.5m 的支撑架，应根据支撑架搭设高度、支撑架型号及立杆轴向力设计值进行竖向斜杆布置，竖向斜杆布置形式选用应符合表 7-4、表 7-5 的要求。

表 7-4 标准型（B 型）支撑架竖向斜杆布置形式

立杆轴力设计值 N/kN	搭设高度 H/m			
	$H \leqslant 8$	$8 < H \leqslant 16$	$16 < H \leqslant 24$	$H > 24$
$N \leqslant 25$	间隔 3 跨	间隔 3 跨	间隔 2 跨	间隔 1 跨
$25 < N \leqslant 40$	间隔 2 跨	间隔 1 跨	间隔 1 跨	间隔 1 跨
$N > 40$	间隔 1 跨	间隔 1 跨	间隔 1 跨	每跨

表 7-5 重型（Z 型）支撑架竖向斜杆布置形式

立杆轴力设计值 N/kN	搭设高度 H/m			
	$H \leqslant 8$	$8 < H \leqslant 16$	$16 < H \leqslant 24$	$H > 24$
$N \leqslant 40$	间隔 3 跨	间隔 3 跨	间隔 2 跨	间隔 1 跨
$40 < N \leqslant 65$	间隔 2 跨	间隔 1 跨	间隔 1 跨	间隔 1 跨
$N > 65$	间隔 1 跨	间隔 1 跨	间隔 1 跨	每跨

注：1. 立杆轴力设计值和脚手架搭设高度为同一独立架体内的最大值。

2. 每跨表示竖向斜杆沿纵横向每跨搭设（图 7-35）；间隔 1 跨表示竖向斜杆沿纵横向每间隔 1 跨搭设（图 7-36）；间隔 2 跨表示竖向斜杆沿纵横向每间隔 2 跨搭设（图 7-37）；间隔 3 跨表示竖向斜杆沿纵横向每间隔 3 跨搭设（图 7-38）。

3）当支撑架搭设高度大于 16m 时，顶层步距内应每跨布置竖向斜杆。

4）支撑架可调托撑伸出顶层水平杆或双槽托梁中心线的悬臂长度不应超过 650mm，且丝杆外露长度不应超过 400mm，可调托撑插入立杆或双槽托梁长度不得小于 150mm，如图 7-39 所示。

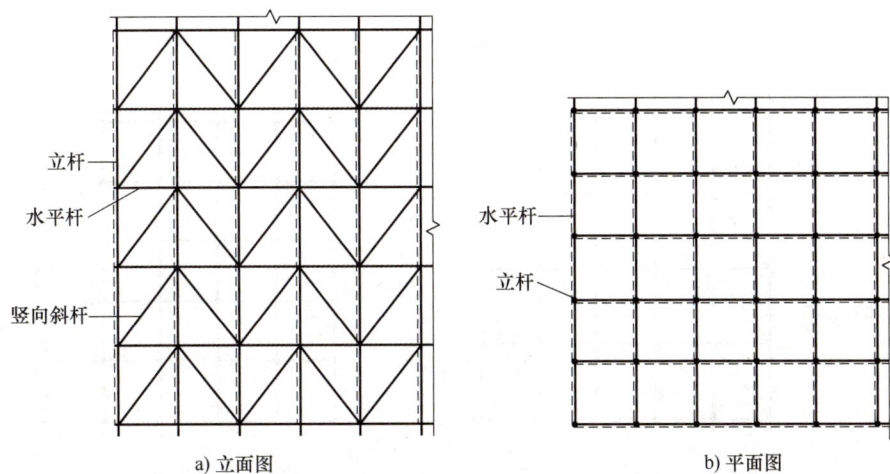

立杆
水平杆
竖向斜杆

水平杆
立杆

a) 立面图　　　　　　　　　　　b) 平面图

图 7-35　每跨形式支撑架斜杆设置

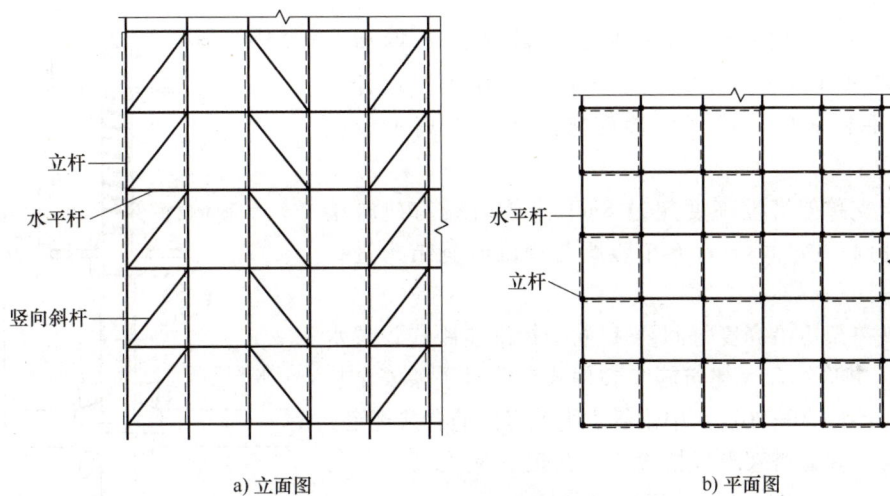

立杆
水平杆
竖向斜杆

水平杆
立杆

a) 立面图　　　　　　　　　　　b) 平面图

图 7-36　每隔 1 跨形式支撑架斜杆设置

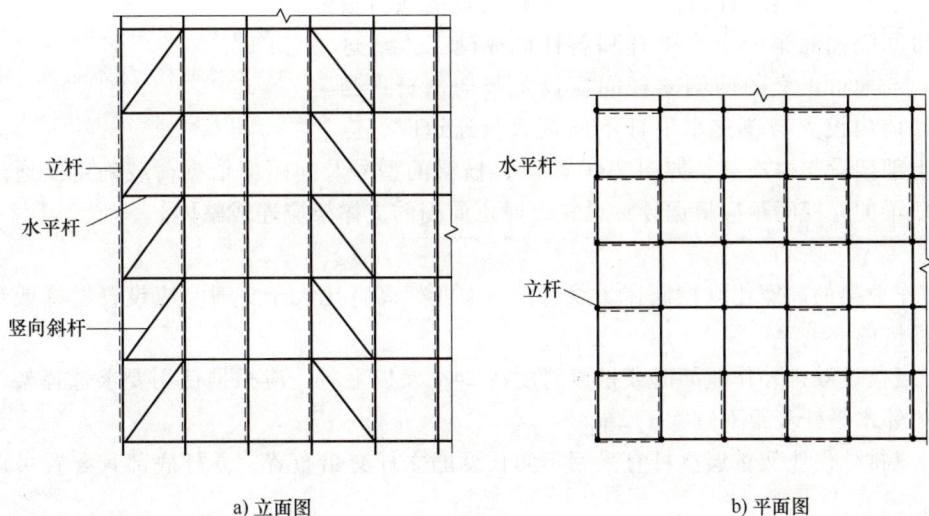

立杆
水平杆
竖向斜杆

水平杆
立杆

a) 立面图　　　　　　　　　　　b) 平面图

图 7-37　每隔 2 跨形式支撑架斜杆设置

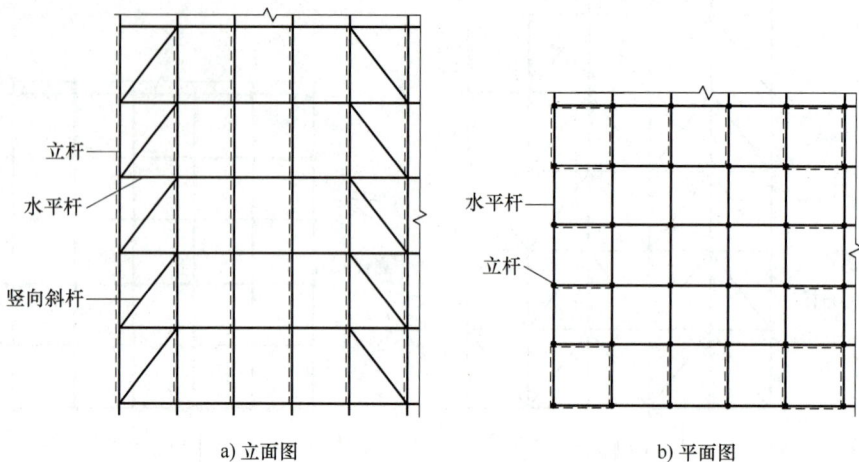

a) 立面图　　　　　　　　　　　b) 平面图

图 7-38　每隔 3 跨形式支撑架斜杆设置

5）支撑架可调底座丝杆插入立杆长度不得小于 150mm，丝杆外露长度不宜大于 300mm，作为扫地杆的最底层水平杆的中心线至可调底座底板的距离不应大于 550mm。

6）当支撑架搭设高度超过 8m、周围有既有建筑结构时，应沿高度每间隔 4~6 个步距与周围既有结构进行可靠拉结。

7）支撑架应沿高度每间隔 4~6 个标准步距应设置水平剪刀撑，并应符合《建筑施工扣件式钢管脚手架安全技术规范》（JGJ 130—2011）中钢管水平剪刀撑的有关规定。

8）当以独立塔架形式搭设支撑架时，应沿高度每间隔 2~4 个步距与相邻的独立塔架水平拉结。

9）当支撑架架体内设置与单支水平杆同宽的人行通道时，可间隔抽除第一层水平杆和斜杆形成施工人员进出通道，与通道正交的两侧立杆间应设置竖向斜杆；当支撑架架体内设置与单支水平杆不同宽人行通道时，应

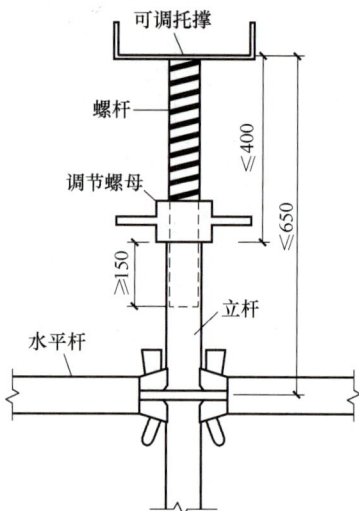

图 7-39　可调托撑伸出顶层水平杆的悬臂长度

在通道上部架设支撑横梁，如图 7-40 所示，横梁的型号及间距应依据荷载确定。通道相邻跨支撑横梁的立杆间距应根据计算设置，通道周围的支撑架应连成整体。

3. 作业架

1）作业架的高宽比宜控制在 3 以内；当作业架高宽比大于 3 时，应设置抛撑或缆风绳等抗倾覆措施。

2）当搭设双排外作业架时或搭设高度在 24m 及以上时，应根据使用要求选择架体几何尺寸，相邻水平杆步距不宜大于 2m。

3）双排外作业架首层立杆宜采用不同长度的立杆交错布置，立杆底部宜配置可调底座或垫板。

4）当设置双排外作业架人行通道时，应在通道上部架设支撑横梁，横梁截面大小应按

跨度及承受的荷载计算确定，通道两侧作业架应加设斜杆；洞口顶部应铺设封闭的防护板，两侧应设置安全网；通行机动车的洞口，应设置安全警示和防撞设施。

5）双排作业架的外侧立面上应设置竖向斜杆，并应符合下列规定：

① 在脚手架的转角处、开口型脚手架端部应由架体底部至顶部连续设置斜杆。

② 应每隔不大于4跨设置一道竖向或斜向连续斜杆；当架体搭设高度在24m以上时，应每隔不大于3跨设置一道竖向斜杆。

③ 竖向斜杆应在双排作业架外侧相邻立杆间由底至顶连续设置，如图7-41所示。

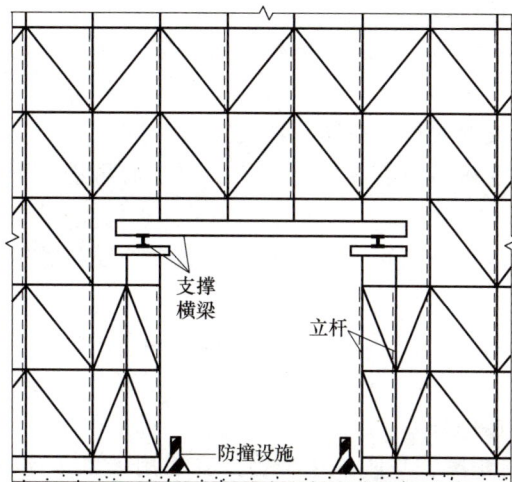

图7-40　支撑架人行通道设置

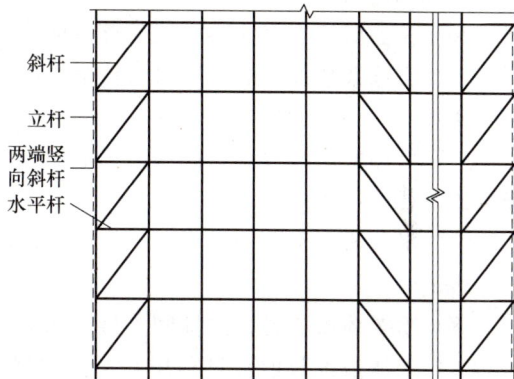

图7-41　斜杆搭设示意

6）连墙件的设置应符合下列规定：

① 连墙件应采用可承受拉、压荷载的刚性杆件，并应与建筑主体结构和架体连接牢固。

② 连墙件应靠近水平杆的盘扣节点设置。

③ 同一层连墙件宜在同一水平面，水平间距不应大于3跨；连墙件之上架体的悬臂高度不得超过2步。

④ 在架体的转角处或开口型双排脚手架的端部应按楼层设置，且竖向间距不应大于4m。

⑤ 连墙件宜从底层第一道水平杆处开始设置。

⑥ 连墙件宜采用菱形布置，也可采用矩形布置。

⑦ 连墙点应均匀分布。

⑧ 当脚手架下部不能搭设连墙件时，宜外扩搭设多排脚手架并设置斜杆，形成外侧斜面状附加梯形架。

7）三脚架与立杆连接及接触的地方，应沿三脚架长度方向增设水平杆，相邻三脚架应连接牢固。

7.3.6　承插型盘扣式钢管脚手架的安装与拆除

1. 施工准备

1）脚手架施工前应根据施工现场情况、地基承载力、搭设高度编制专项施工方案，并应经审核批准后实施。

2）操作人员应经过专业技术培训和专业考试合格后，持证上岗。脚手架搭设前，应按专项施工方案的要求对操作人员进行技术和安全作业交底。

3）脚手架搭设场地应平整、坚实，并应有排水措施。

2. 支撑架安装与拆除

1）支撑架立杆搭设位置应按专项施工方案放线确定。

2）支撑架搭设应根据立杆放置可调底座，应按先立杆后水平杆再斜杆的顺序搭设，形成基本的架体单元，应以此扩展搭设成整体脚手架体系。

3）可调底座应放置在定位线上，并应保持水平。若需铺设垫板，垫板应平整、无翘曲，不得采用已开裂木垫板。

4）在多层楼板上连续设置支撑架时，上下层支撑立杆宜在同一轴线上。

5）支撑架搭设完成后应对架体进行验收，并应确认符合专项施工方案要求后再进入下道工序施工。

6）可调底座和可调托撑安装完成后，立杆外表面应与可调螺母吻合，立杆外径与螺母台阶内径差不应大于 2mm。

7）水平杆及斜杆插销安装完成后，应采用锤击方法抽查插销，连续下沉量不应大于 3mm。

8）当架体吊装时，立杆间连接应增设立杆连接件。

9）架体搭设与拆除过程中，可调底座、可调托撑、基座等小型构件宜采用人工传递。吊装作业应由专人指挥信号，不得碰撞架体。

10）脚手架搭设完成后，立杆的垂直偏差不应大于支撑架总高度的 1/500，且不得大于 50mm。

11）拆除作业应按先装后拆、后装先拆的原则进行，应从顶层开始，逐层向下拆除，不得上下同时作业，不应抛掷。

12）当分段或分立面拆除时，应确定分界处的技术处理方案，分段后架体应稳定。

3. 作业架安装与拆除

1）作业架立杆应定位准确，并应配合施工进度搭设，双排外作业架一次搭设高度不应超过最上层连墙件两步，且自由高度不应大于 4m。

2）双排外作业架连墙件应随脚手架高度上升，在规定位置处同步设置，不得滞后安装和任意拆除。

3）作业层设置应符合下列规定：

① 应满铺脚手板。

② 双排外作业架外侧应设挡脚板和防护栏杆，防护栏杆可在每层作业面立杆的 0.5m 和 1.0m 的连接盘处布置两道水平杆，并应在外侧满挂密目安全网。

③ 作业层与主体结构间的空隙应设置水平防护网。

④ 当采用钢脚手板时，钢脚手板的挂钩应稳固扣在水平杆上，挂钩应处于锁住状态。

4）加固件、斜杆应与作业架同步搭设。当加固件、斜撑采用扣件钢管时，应符合 JGJ 130—2011 的有关规定。

5）作业架顶层的外侧防护栏杆高出顶层作业层的高度不应小于 1500mm。

6）当立杆处于受拉状态时，立杆的套管连接接长部位应采用螺栓连接。

7）作业架应分段搭设、分段使用，应经验收合格后方可使用。

8）作业架应经单位工程负责人确认并签署拆除许可令后，方可拆除。

9）当作业架拆除时，应划出安全区，应设置警戒标志，并应派专人看管。

10）拆除前应清理脚手架上的器具、多余的材料和杂物。

11）作业架拆除应按先装后拆、后装先拆的原则进行，不应上下同时作业。双排外脚手架连墙件应随脚手架逐层拆除，分段拆除的高度差不应大于两步。当作业条件限制，出现高度差大于两步时，应增设连墙件加固。

12）拆除至地面的脚手架及构配件应及时检查、维修及保养，并应按品种、规格分类存放。

7.4 实训环节

1. 实训目的

本实训项目是掌握架子工搭设、拆除脚手架的工种技能及对脚手架实施安全检查技能的重要训练。通过训练，可提高对施工工艺的感性认识，积累施工安全管理经验，并对所学的建筑施工技术、脚手架构造等有关知识进行深化与拓宽。

2. 实训任务安排及纪律

（1）实训任务安排 根据班级人数确定分组情况，要求每组应安排以下角色：架子工、交底人、材料员、监理员、安全员。

（2）实训纪律

1）穿劳保服、劳保鞋，衣服袖口有缩紧带或纽扣，不准穿拖鞋。

2）留辫子的同学必须把辫子扎在头顶。

3）作业过程必须戴手套、安全帽，涉及高空作业的必须佩戴安全带。

3. 材料及工具准备

（1）材料准备

1）48×3.6钢管：1.2m、2m、3m、4m、6m。

2）扣件：直角扣件、对接扣件、旋转扣件。

脚手架钢管质量必须符合《碳素结构钢》（GB/T 700—2016）中 Q235A 级钢的规定。脚手架钢管的尺寸采用 $\phi48×3.6$mm，长度采用 6m、4m、3m、2m 及 1.2m 五种；6m 管 15 条、4m 管 15 条、3m 管 25 条、2m 管 35 条、1.2m 管 35 条。直角扣件 80 个；旋转扣件 20 个；对接扣件 20 个；踢脚板 10m、竹芭 2 条、钢制脚手板 1 块；安全立网 $1.8×3m^2$ 张，镀锌钢丝 1 扎。

（2）工具准备 钢卷尺、墨线盒、扳手。

4. 实训内容

拟搭设的落地式脚手架是由立杆、大横杆、斜杆、小横杆、护栏杆及排竹等组成，如图 7-42、图 7-43 所示。其长 6m、宽 1.2m、高 3m。纵距 $l_a = 1.5$，横距 $l_b = 1.05$m，步距 $h = 1.35$m。

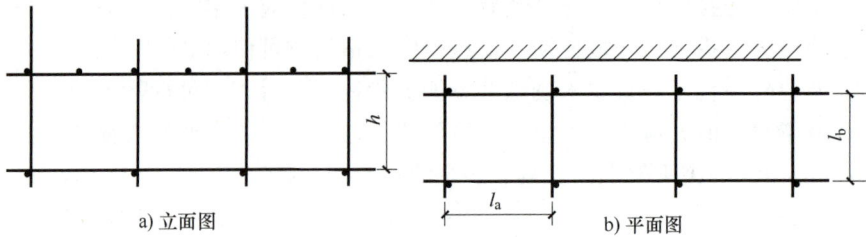

a) 立面图　　　　　　　　　　　b) 平面图

图 7-42　扣件式钢管脚手架布置

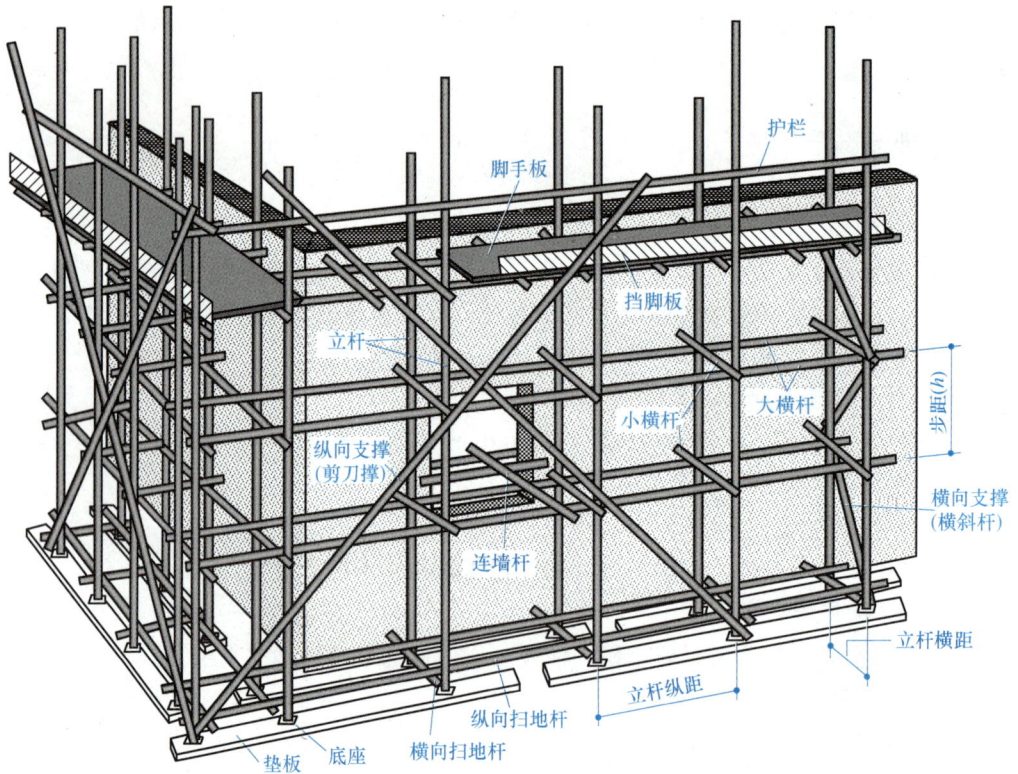

图 7-43　脚手架示意

5. 搭设顺序

竖向立杆→纵向扫地杆→横向扫地杆→大横杆→小横杆→抛撑→连墙件→剪刀撑→铺脚手板→扎防护栏杆→扎安全网→自检→考核评定→设置警戒线→拆卸。

6. 搭设与拆除要求

1）立杆用 2m 和 3m 两种规格交叉配置，注意接长位置错开。

2）纵向水平杆用 6m、4m、2m 三种规格交叉接长。

3）在第一步纵向水平杆适当位置处设置 1 根连墙件。

4）纵向扫地杆距底座上皮不大于 200mm，横向扫地杆采用直角扣件固定在紧靠纵向扫地杆下方的立杆上。

5）拆除要求：经检查评分后，按规范要求拆除。

7.5　实训自评

如实填写表 7-6。

表 7-6　实训自评

姓名：　　岗位职务：　　班级：　　学号：　　组别：			
目标	掌握	了解	不会
脚手架的技术要求和工艺的基本知识			
脚手架的安装与拆除			
分析并解决脚手架搭设常见质量问题			
总结与提高			
你在整个任务完成过程中做得好的是什么？还有什么不足？有何打算？			
你在整个任务完成过程中出现了哪些问题？你是如何解决的？你还有什么问题不能解决？			
教师评价			

项目 8

装饰装修工程

【导读】

2010 年 11 月 15 日，某公寓大楼发生特别重大火灾事故，造成 58 人死亡，71 人受伤，直接经济损失 1.58 亿元。

事故的直接原因：在该公寓大楼节能综合改造项目施工过程中，施工人员违规在 10 层电梯前室北窗外进行电焊作业，电焊溅落的金属熔融物引燃下方 9 层位置脚手架防护平台上堆积的聚氨酯保温材料碎块、碎屑引发火灾。

事故的间接原因：一是建设单位、投标企业、招标代理机构相互串通、虚假招标和转包、违法分包；二是工程项目施工组织管理混乱；三是设计企业、监理机构工作失职；四是市、区两级建设主管部门对工程项目监督管理缺失；五是区公安消防机构对工程项目监督检查不到位；六是区政府对工程项目组织实施工作领导不力。

该案例警示我们，要严格落实消防安全责任制，遵守防火技术标准及施工安全措施，加强安全管理和监管，督促落实安全措施，及时消除安全隐患，强化人员的责任意识和切实履行好职责，防止重特大火灾等事故的发生。

8.1　实训目的

1）了解装饰装修种类及用途。
2）掌握装饰装修基本构造。
3）掌握一般楼地面工程、墙面工程、吊顶工程的施工工艺及注意事项。

8.2　实训内容

1）学习装饰装修工程技术要求的基本知识。
2）学习装饰装修工程工艺的基本知识。

8.3　知识拓展

墙面釉面砖施工　花岗岩-点挂

8.3.1　墙面工程

墙体的表面分为外墙面和内墙面，外墙面直接接触外界，受到风雪、雨水、冰冻、光照等自然环境的作用，因此，在饰面选材和施工构造方法上，必须对这些客观因素加以考虑。室内环境气候相对稳定，对饰面层的耐候要求相对较低，但由于距人的视距较近，有的可触摸，因此，要求内墙面的观瞻效果更细腻，较低部位要耐磨、耐污染和具有良好的接触感。

外墙面的基本功能有：＿＿＿＿＿＿＿＿＿＿＿＿＿＿＿＿＿＿＿＿＿＿＿＿＿＿＿＿＿＿＿＿

＿＿

＿＿＿。

内墙面的基本功能有：＿＿＿＿＿＿＿＿＿＿＿＿＿＿＿＿＿＿＿＿＿＿＿＿＿＿＿＿＿＿＿＿

＿＿

＿＿＿。

1. 墙面装饰构造分类

根据所采用的装饰材料、施工方式和本身效果的不同，可将墙面装饰构造分成图 8-1 所示的不同种类。

a) 抹灰类墙面

b) 涂刷类墙面

c) 贴面、钩挂类墙面

d) 贴板类墙面

e) 裱糊类墙面

f) 清水类墙面

图 8-1　墙面装饰构造

2. 施工工艺及注意事项

以抹灰类墙面装饰构造和涂刷类墙面装饰构造为主进行示例。

（1）抹灰的概念　抹灰是用各种加色的、不加色的水泥砂浆，或者石灰砂浆、混合砂浆、石膏砂浆、水泥石渣浆等做成的各种装饰。抹灰层特点：造价低廉、施工方便、效果良好等。抹灰应用最为广泛的装饰形式之一。

（2）墙面抹灰的组成（图8-2）

1）底层：与基层黏结和初步找平；根据基层材料
的不同选用不同的方法和材料。

2）中层：进一步找平和减少由于材料干缩引起的
龟裂缝；可一次，也可多次抹成，根据墙体的平整度和
垂直偏差情况而定。

3）面层：装饰和保护的作用。外抹灰由于防水抗
冻的要求，一般用1:2.5或1:3的水泥砂浆，层厚为
6~8mm；内抹灰常用石灰类砂浆1:1:4或1:1:6，
层厚为1~2mm。

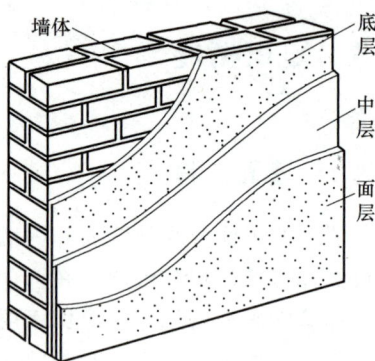

图8-2 抹灰层的组成

（3）抹灰类墙面施工工艺　一般抹灰的施工工艺流
程：基层处理→测量放线→做饼、冲筋→拌制砂浆→抹底层灰→抹中层灰→抹面层灰→喷水
养护→质量验收。

注意：抹灰施工过程中，基层材质、含水量对工程质量的影响是巨大的。如含水量过
高，砂浆凝固慢，尤其是罩面灰，可能会因为砂浆不凝固导致下垂，影响平整度、垂直度；
而含水量过低，砂浆内的水分很快被吸收完毕，最终导致砂浆表面不能收光和强度不足，加
大墙面腻子（泥子）的施工难度，同时容易造成墙面空鼓、开裂现象。

常用的抹灰工具如图8-3所示。

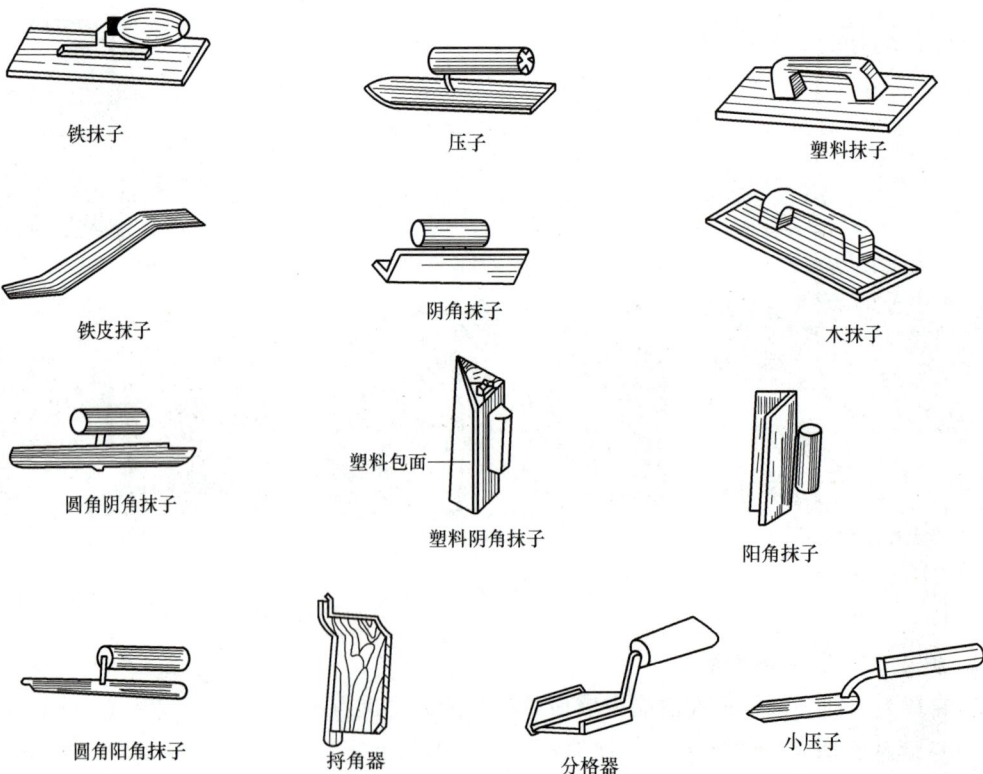

图8-3 抹灰工具

花锤　　　　　单刀或多刀　　　　　剁斧

木杠　　　　　八字靠尺板　　　　靠尺板　　　　托灰板

方尺　　　　　　托线板　　　　　　　筛子

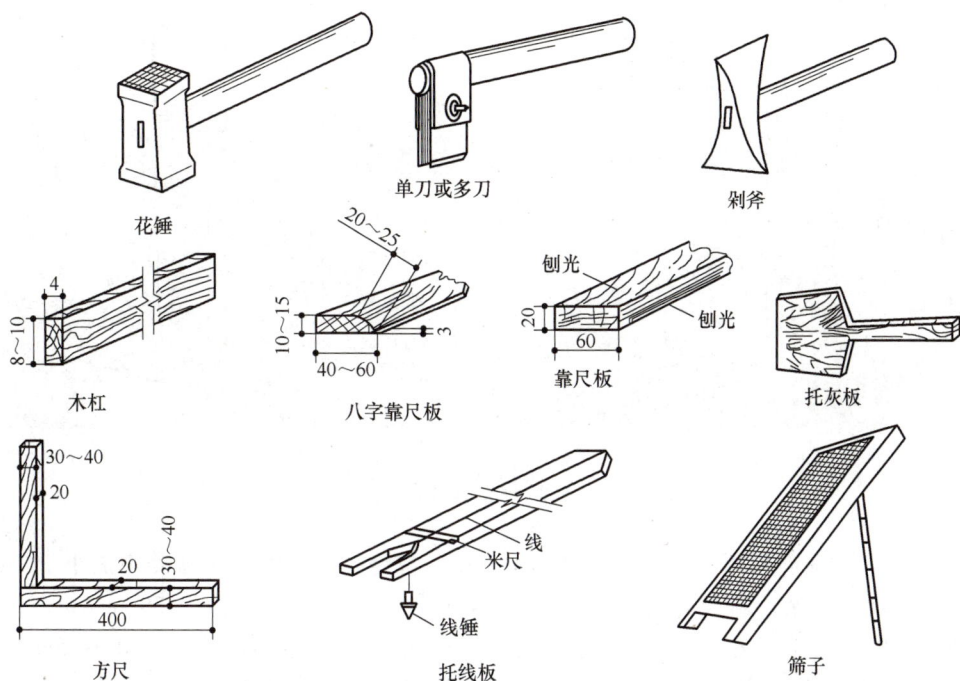

图 8-3　抹灰工具（续）

1）基层处理。剔平补齐凸凹不平的砖墙面，嵌填脚手孔洞、管线沟槽及门窗框缝隙；清理基层表面（灰尘、污坏、油渍、钢丝、钢筋头等），光滑混凝土表面凿毛，并刷掺 107 胶的纯水泥浆或使用界面处理剂；不同结构基层的交接处铺钉钢丝网，在不同结构基层的交接处应采取加强措施（铺钉一层钢丝网粉水泥砂浆，或用水泥掺 107 胶铺贴玻纤网格布，与相交基层搭接宽度不小于 100mm），如图 8-4 所示。砖墙、砖柱阳角做暗护角；根据墙体材料类型决定是否需要提前 1~2d 浇水湿润。

a) 墙面基层甩浆毛化处理　　　　b) 不同基层接缝处理

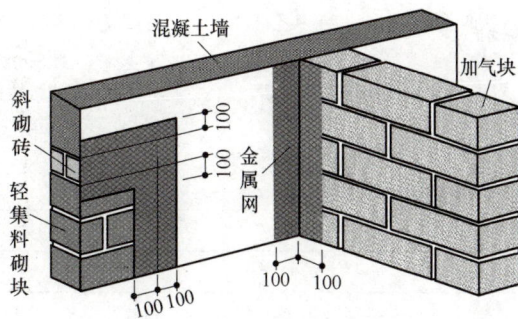

图 8-4　基层处理

2）测量放线。墙身 1.0m 线和地面 200mm 控制线是房间开间尺寸、净空尺寸的施工依据，如图 8-5 所示，尤其是墙身 1.0m 线还是外窗安装、地面找平、天花施工的施工依据。目前市面出售的红外扫平仪精度差异较大，因此，墙身 1.0m 线建议采用光学水准仪施测。在墙面拉毛、抹灰期间必须予以保留，并移交外窗安装、精装修施工单位。

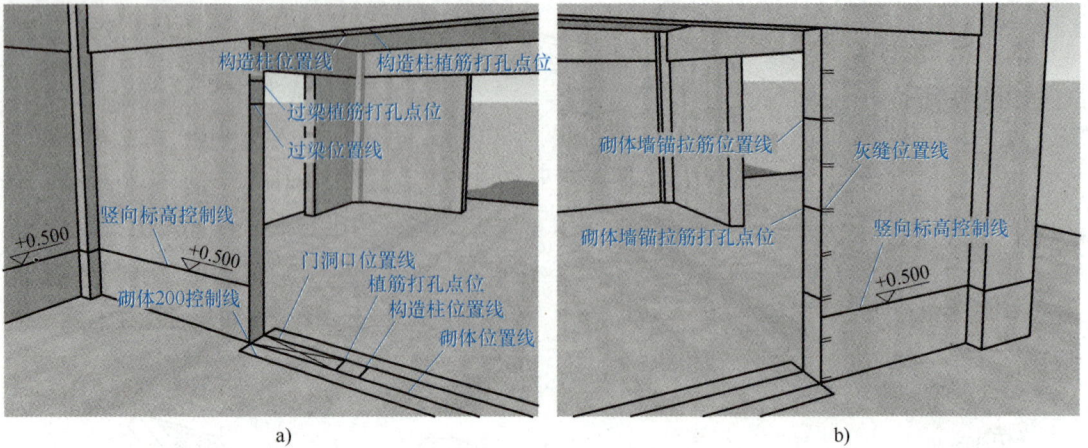

图 8-5　测量放线

3）做饼、冲筋。根据墙面的平整度和垂直度，决定抹灰厚度（最薄处不能小于 7mm），分别在门窗口、墙垛、墙面等处吊垂直，先做一个灰饼，灰饼宜做成 50mm×50mm 规格（图 8-6a），然后用托线板吊线，做墙下角的灰饼（图 8-6b）；再挂线每隔 1.2～1.5m 加做若干标准灰饼，上下灰饼之间抹 100mm 的砂浆冲筋，木杆刮平（图 8-6c）。必须保证抹灰时刮尺能同时刮到两个以上灰饼。贴灰饼工作宜在正式抹灰前 24h 以上进行。

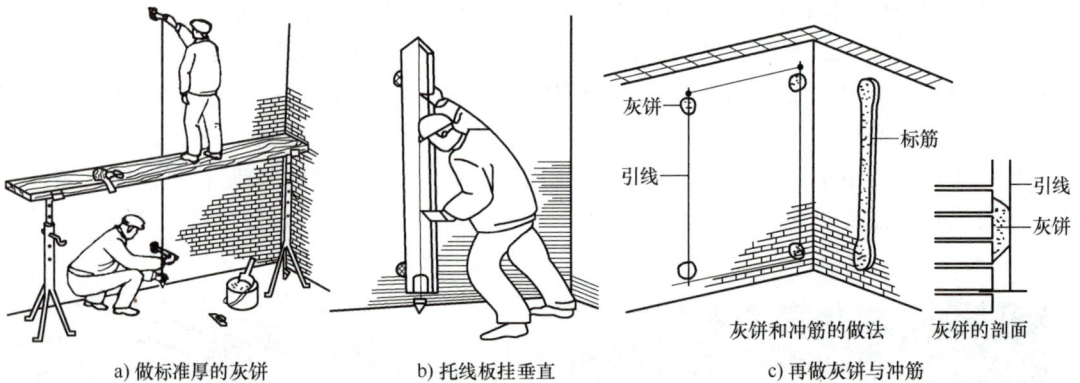

a) 做标准厚的灰饼　　　　b) 托线板挂垂直　　　　c) 再做灰饼与冲筋

图 8-6　做饼、冲筋

做灰饼的作用：_____

_____

_____

_____ 。

4）砂浆搅拌。抹灰砂浆搅拌必须采用机械搅拌，如图 8-7 所示，水泥砂浆和水泥混合砂浆搅拌时间不应低于 2min，对于掺防冻剂、粉煤灰等外加剂的砂浆，搅拌时间应延长至 3～5min。现场搅拌的砂浆应随拌随用，控制砂浆在 3h 内使用完毕。当施工期间气温超过 30℃时，应在 2h 内用完。目前部分大中城市已限期禁止现场搅拌砂浆，预拌砂浆代替现场拌合砂浆已是历史的必然。

图 8-7　砂浆搅拌

搅拌完毕的砂浆应在 3h 内用完的原因：_____

_____

_____。

5）抹打底灰。打底灰每层厚度控制在 5~9mm，作用是使抹灰层与基层牢固结合，并对基层初步找平，底层涂抹后应间隔一定时间，让其干燥和水分蒸发后再涂抹中间层和罩面层。抹灰前需检查墙面拉毛的强度。打底灰抹完后用刮尺找平、找直，用木抹子搓毛，如图 8-8 所示。

a) 底层抹灰　　　　　　　b) 木杆刮平　　　　　　　c) 装挡刮杠

图 8-8　抹打底灰

中层灰起找平作用，可一次或分次涂抹，厚度为 5~9mm，在灰浆凝固前应交叉刻痕，以增强与面层的黏结。

打底灰的作用：_____

_____

_____

_____。

6）抹罩面灰。罩面砂浆每遍厚度一般控制在 2~5mm，如打底灰已明显干燥，应适当湿润，如图 8-9 所示。抹完后用刮尺刮平，木抹子搓毛。待砂浆表面收水后用铁抹子收光（对于墙面有贴瓷砖要求的直接搓毛即可）。为了避免空鼓、开裂现象的出现，面层不宜过分压光，以表面平整、无明显小凹坑、砂头不外露为最佳。在墙面装饰做法为刮腻子刷涂料的部位，罩面灰已经算是成品，因此一定要严控质量。

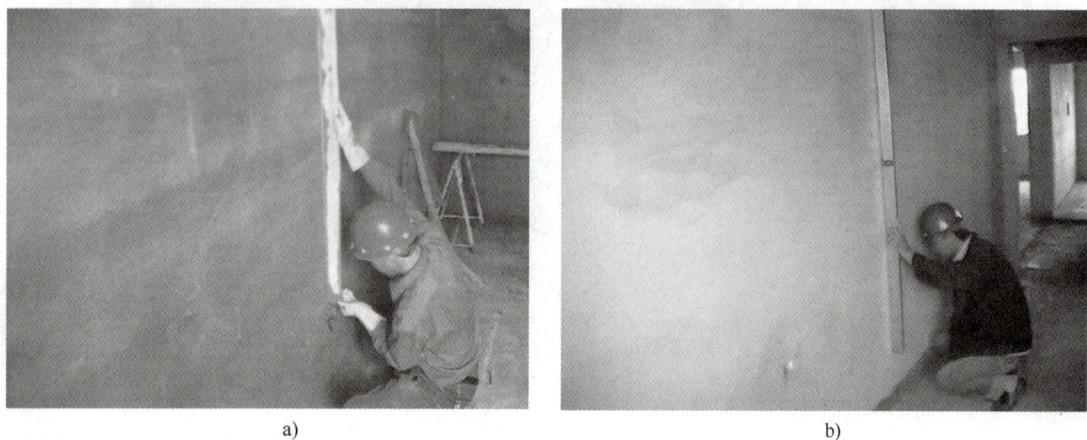

图 8-9　抹罩面灰

7）喷水养护。喷水养护是抹灰工程的又一个重要工序，尤其是对于比较干燥的加气砌块墙，必须加强对抹灰层的养护，如图 8-10 所示。否则，墙面一旦出现反砂现象基本无法弥补，且砂浆失水过快也会引发砂浆强度不足，最终影响装饰效果。养护工作宜在砂浆初凝后进行，至少保持 5d。

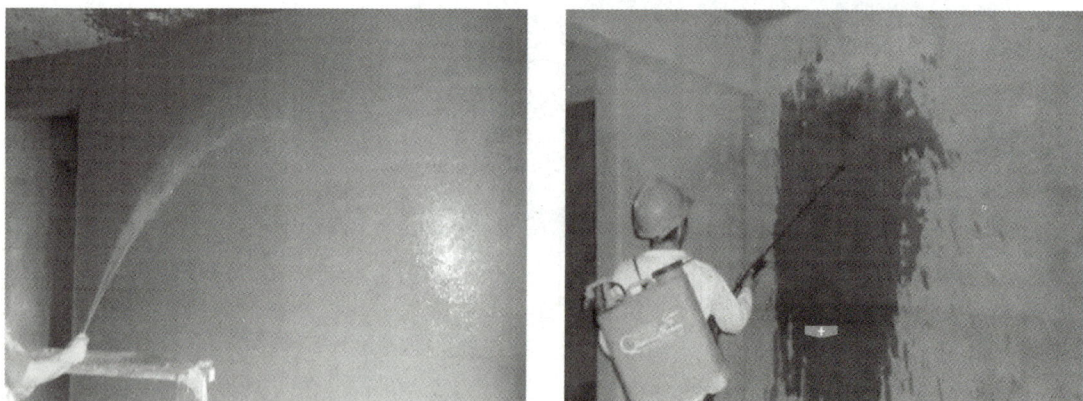

图 8-10　喷水养护

注意事项：

① 抹灰工程需留施工缝时，施工缝位置必须切齐，尤其是罩面灰，否则接口部位砂浆无法抹平，直接影响整片墙的平整度。如果多层砂浆都需要留设施工缝，施工缝应错开至少 300mm。

② 为了避免墙面开裂空鼓，可以在罩面砂浆面层增设玻纤网格布一层，以项目实际情况为准。

③ 当设计图纸有做水泥护角要求时，应先做水泥护角。

④ 门窗洞口收口时应注意同类型门窗洞口收口尺寸应一致。

⑤ 每层抹灰结束后，需及时清理开关盒、配电箱内的砂浆。

⑥ 抹灰层应尽量防止被大风、暴雨等造成快干、水冲、撞击、振动和挤压。

⑦ 墙角部位应视情况增设木板、PVC 护角。

⑧ 应避免抹完罩面灰的墙面被人为污染、破坏。

8）质量验收。一般抹灰的允许偏差和检验方法见表 8-1。垂直度和平整度检查如图 8-11 所示。

表 8-1　一般抹灰的允许偏差和检验方法

项次	项目	允许偏差/mm		检验方法
		普通抹灰	高级抹灰	
1	立面垂直度	4	3	用 2m 垂直检测尺检查
2	表面平整度	4	3	用 2m 靠尺和塞尺检查
3	阴阳角方正	4	3	用 200mm 直角检测尺检查
4	分格条（缝）直线度	4	3	拉 5m 线，不足 5m 拉通线，用钢直尺检查
5	墙裙、勒脚上口直线度	4	3	拉 5m 线，不足 5m 拉通线，用钢直尺检查

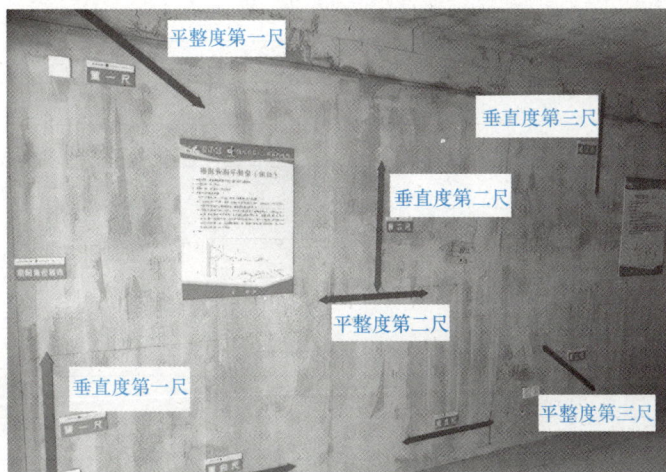

图 8-11　垂直度和平整度检查

8.3.2　楼地面工程

1. 楼地面组成

楼地面工程包括楼面、地面两大部分。建筑地面自下而上一般包括基层、结合层、面层。面层是直接承受各种物理和化学作用的建筑地面表面层，主要分三大类：整体面层，板块面层，木、竹面层。

简要描述图 8-12 和图 8-13 楼地面做法中相关构造层次的含义及作用：

架空式木、竹地面

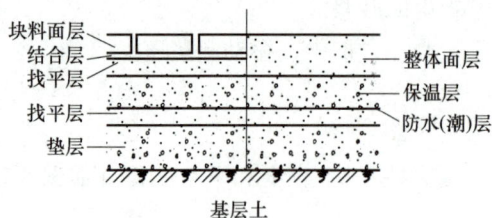

图 8-12　地面构造层次

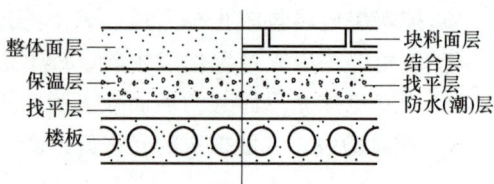

图 8-13　楼面构造层次

1）垫层：_____

_____

_____。

2）防水（潮）层：_____

_____

_____。

3）找平层：_____

_____

_____。

4）保温层：_____

_____

_____。

5）结合层：_____

_____

_____。

2. 楼地面种类

常见楼地面类型，如图 8-14 所示。

简述以下楼地面的优缺点：

1）水磨石地面：_____

_____

_____。

2）块材楼地面：_____

_____

_____。

3）水泥砂浆楼地面：_____

_____

_____。

4）木质楼地面：_____

_____

_____。

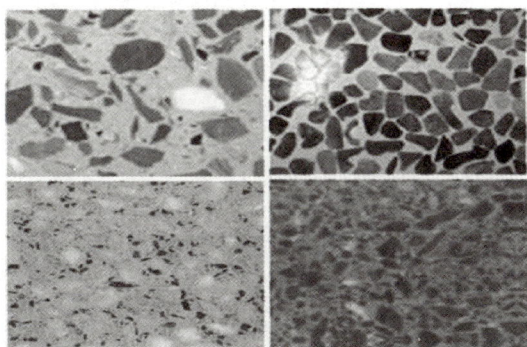

a) 水磨石地面　　　　　　　　　　b) 块材楼地面

c) 水泥砂浆楼地面　　　　　　　　d) 木质楼地面

图 8-14　常见的楼地面类型

3. 整体面层地面

整体面层有水泥混凝土（含细石混凝土）面层、水泥砂浆面层、水磨石面层、水泥钢（铁）屑面层、防油渗面层和不发火（防爆的）面层等。其中，以水泥混凝土（含细石混凝土）面层、水泥砂浆面层最为常见。

铺设整体面层时，其水泥类基层的抗压强度不得小于 1.2MPa；表面应粗糙、洁净、湿润，并不得有积水；铺设前宜涂刷界面处理剂，以保证上下层结合牢固。

建筑地面应按设计要求设置变形缝，以防治整体类面层因温差、收缩等造成裂缝或拱起、起壳等质量缺陷，施工过程中应有较明确的工艺要求。

整体面层施工后，养护时间不应小于 7d；抗压强度应达到 5MPa 后，方准上人行走；抗压强度应达到设计要求后，方可正常使用，以保证面层的耐久性能。

当采用掺有水泥拌合料做踢脚线时，不得用石灰浆打底，以避免水泥类踢脚线的空鼓。

整体面层的抹平工作应在水泥初凝前完成，压光工作应在水泥终凝前完成，防止因操作使表面结构破坏，影响面层质量。

（1）水泥混凝土面层

1）一般要求。

① 施工过程中应对面层厚度采取控制措施并检查，保证面层厚度符合设计要求。

② 面层铺设时不得留施工缝。当施工间歇时间超过规定允许值时，应对接槎处处理。

③ 面层的强度等级应符合设计要求，且水泥混凝土面层强度等级不应小于 C20。

2）施工准备。

① 材料要求：水泥采用硅酸盐水泥、普通硅酸盐水泥，其等级不小于 42.5 级；宜采用中砂或粗砂，含泥量不应大于 3%；宜采用碎石或卵石，其最大粒径不应大于面层厚度的 2/3，当为细石混凝土面层时，石子粒径不应大于 16mm，含泥量应小于 2%；其他要求见混凝土有关内容。

② 施工机具：混凝土搅拌机、平板振动器、机械压光机、机械清扫机、运输小车、刮尺（2~3m）、木抹子、铁锹、铁抹子等。

③ 施工条件要求：已对所覆盖的隐蔽工程进行验收且合格，并办理完隐蔽工程验收签证，特别是基层；室内墙面上已弹好水平线控制线，一般采用建筑 50 线或 1 米线（线下 500mm 或 1m 为建筑地面上标高）；混凝土配合比已通过试验确定。

3）施工工艺流程。基层处理→设置分格缝→设置灰饼和冲筋→刷结合层→搅拌混凝土→铺混凝土面层→搓平→机械压光→养护。

4）施工工艺要求。

① 基层处理：清除基层表面的灰尘，铲掉基层上的浆皮、落地灰，清刷油污等杂物；修补基层达到要求，提前 1~2d 浇水湿透，可有效避免面层空鼓，如图 8-15 所示。

a) 基层松动表面进行拉毛处理   b) 铲灰

图 8-15　基层处理

② 设置分格缝：楼地面面积较大时，要按设计要求设置变形缝，一般留在梁的上部、门口、结构变化处等位置，如图 8-16 所示。

③ 贴灰饼和冲筋：根据房间内四周墙上弹的水平标高控制线抹灰饼，如图 8-17 所示；控制面层厚度符合设计要求，且不应小于 40mm，灰饼上平面即楼地面上标高；如果房间较大，为保证整体面层平整度，必须拉水平线冲筋，宽度与灰饼宽度相同，用木抹子拍成与灰饼上表面相平、一致。

④ 刷结合层：在铺设面层前，宜涂刷界面剂处理或涂刷水胶比为 0.4~0.5 的水泥浆一层，且随刷随铺，一定将基层表面的水分清除，切忌采用在基层上浇水后洒干水泥的方法。

⑤ 搅拌混凝土：混凝土采用机械搅拌，应计量准确，搅拌要均匀，颜色一致，搅拌时间不小于 1.5min，混凝土的坍落度不应大于 3cm，混凝土的强度等级必须符合设计（以试验配合比为依据）。

图 8-16　分格缝

⑥ 铺混凝土面层：在铺设和振捣混凝土时，要防止破坏灰饼和冲筋；涂刷水泥浆结合层之后，紧跟着铺混凝土，简单找平后，用表面振动器振捣密实，然后用刮尺以灰饼或冲筋为基准找平，以控制面层厚度，如图 8-18 所示；当施工间歇超过规定的允许时间后，继续浇筑时应对已凝结的混凝土接槎处进行处理。

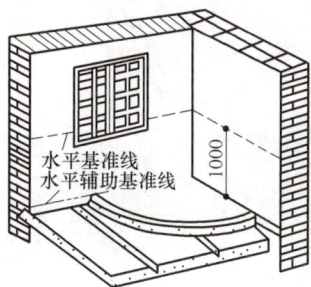

a)

b)

c)

图 8-17　弹基准线、贴灰饼和冲筋

a)

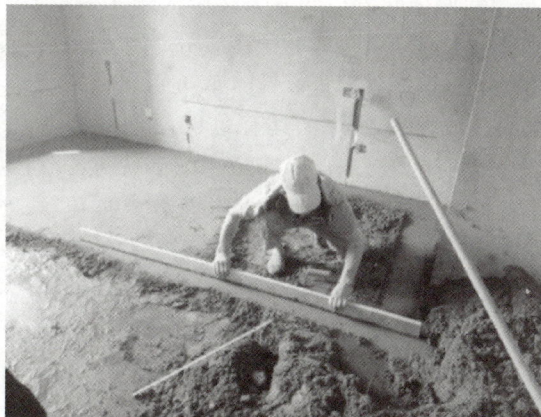

b)

图 8-18　铺混凝土面层

⑦ 搓平压光：刮平后，立即用木抹子将面层在水泥初凝前搓平压实，以内向外退着操作，并随时用 2mm 靠尺检查其平整度，偏差不应大于 5mm，初凝后，边角处用铁抹子分三遍压光，大面积采用地面压光机压光，如图 8-19 所示。由于机械压光压力较大，较人工而言，需稍硬一点，必须掌握好间隔时间，过早，容易扰动面层造成空鼓；过晚，达不到压光效果。另外，采用 C20 混凝土时，可采用随捣随抹的方法，要在压光前加适量的 1：2 或 1：2.5 的水泥砂浆干料。混凝土面层应在水泥初凝前完成抹平工作，水泥终凝前完成压光工作。

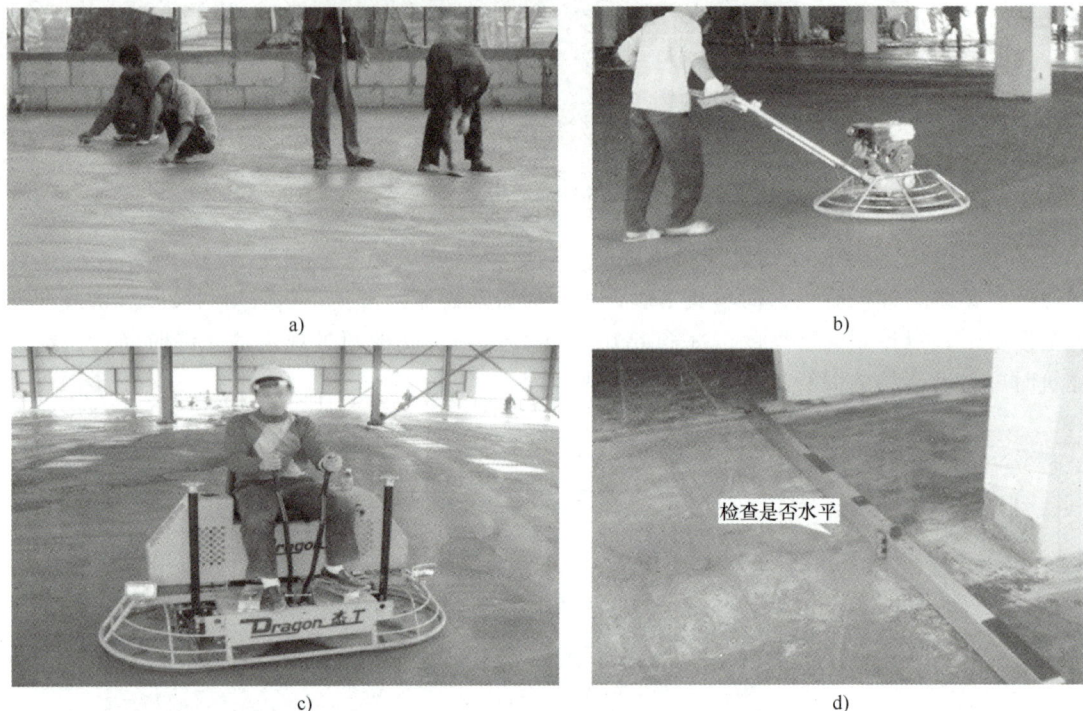

a)

b)

c)

检查是否水平

d)

图 8-19　搓平压光

⑧ 面层养护：混凝土面层浇捣完毕后，应在 12h 内加以覆盖和浇水，养护初期最好为喷水养护，后期可以浇水或覆盖，通常浇水次数以保持混凝土具有足够湿润状态为准；也可采用覆盖塑料布或盖细砂等方法保水养护，如图 8-20 所示。当混凝土抗压强度达到设计要求后方可正常使用，并注意后期的成品保护，确保面层的完整和不被污染。

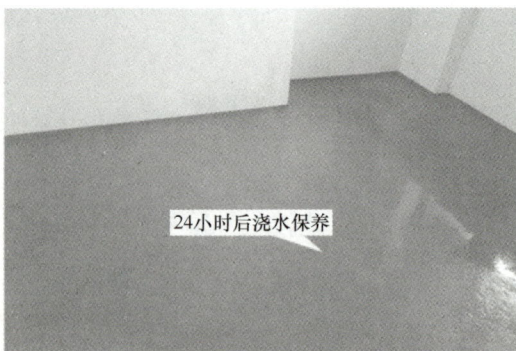

24小时后浇水保养

图 8-20　面层养护

5）质量检查。面层与下一层应结合牢固，无空鼓、裂纹，空鼓面积不大于 $400cm^2$，且每自然间（标准间）不多于 2 处可不计。

① 面层外观质量要求：表面不应有裂纹、脱皮、麻面、起砂等缺陷；坡度应符合设计要求，不得有倒泛水和积水现象。

② 水泥砂浆踢脚线与墙面应紧密结合，高度一致，出墙厚度均匀，局部空鼓长度不应大于300mm，且每自然间（标准间）不多于2处可不计。

③ 楼梯踏步的宽度、高度应符合设计要求。楼层梯段相邻踏步高度差不应大于10mm，每踏步两端宽度差不应大于10mm；旋转梯梯段的每踏步两端宽度的允许偏差为5mm。楼梯踏步的齿角应整齐，防滑条应顺直。

（2）水泥砂浆面层

1）水泥采用硅酸盐水泥、普通硅酸盐水泥，其强度等级不应小于42.5，不同品种、不同强度等级的水泥严禁混用；砂应为中粗砂，当采用石屑时，其粒径应为1~5mm，且含泥量不应大于3%。

2）水泥砂浆面层的体积比（强度等级）必须符合设计要求，且体积比应为1:2，强度等级不应小于M15；水泥砂浆面层的厚度应符合设计要求，且不应小于20mm。

3）除上述要求外，水泥砂浆面层的施工基本要求和水泥混凝土面层相同，要严格控制各个环节，因为水泥砂浆面层更容易空鼓，特别是采用机械压光时。

其他整体面层应用的较少，本书不再介绍。

4. 块体面层地面

板、块面层有砖面层、大理石面层和花岗石面层、预制板块面层、料石面层、塑料板面层、活动地板面层和地毯面层等面层，以砖面层、花岗石面层最为常见。

铺设板块面层时，其水泥类基层的抗压强度不得小于1.2MPa。

板块的铺砌方向、图案、串边等应符合设计要求，要事先进行预排，避免出现板块小于1/4边长的边角料，影响观感效果。

在面层铺设后，表面应覆盖、湿润养护7d，当板块面层的水泥砂浆结合层的抗压强度达到设计要求后方可正常使用。

板、块类踢脚线施工时，不得采用石灰砂浆打底，防止板块类踢脚线的空鼓。

（1）砖面层

1）一般要求。

① 砖面层有陶瓷马赛克、缸砖、陶瓷地砖和水泥花砖等。室内常用的是陶瓷地砖。有防腐蚀要求的砖面层要采用耐酸瓷砖、浸渍青砖、缸砖。

② 砖面层一般采用水泥砂浆结合层，也可以采用胶黏剂。为防止污染对人体的伤害，胶黏剂材料应符合《民用建筑工程室内环境污染控制标准》（GB 50325—2020）的规定。

2）施工准备。

① 材料要求。水泥采用硅酸盐水泥、普通硅酸盐水泥，其等级不小于42.5级；宜采用中砂或粗砂，含泥量不应大于3%；配制水泥砂浆的体积比（或强度等级）要符合设计要求；面层所用的板块的品种、质量符合设计要求。

② 施工机具。砂浆搅拌机、面砖切割机、机械清扫机、运输小车、刮杠（1~1.5m）、水平尺、施工线、铁锹、木抹子、铁抹子、木槌或橡皮锤等。

3）施工条件要求。

① 已对所覆盖的隐蔽工程进行验收且合格，并办理完隐蔽工程验收签证，特别是水电预埋管线和基层质量，如图8-21所示。

② 室内墙面上已弹好水平线控制线，一般采用建筑50线或1m（线下500mm或

a) 水管打压检查　　　　　　　　　　　　b) 管线固定

图 8-21　隐蔽工程验收

1000mm 为建筑地面上标高）。

③ 大面积铺贴方案已完成，样板间或样板块已通过验收合格。

4）施工工艺流程。

① 采用水泥砂浆结合层（干铺法）：基层处理→选砖→刷结合层→预排砖→铺控制砖→铺砖面层→养护→嵌缝→养护→贴踢脚板。

② 单块（张）的铺贴：搅拌干硬性砂浆→铺干硬性砂浆→搓平→干铺砖面层→砖面层背面抹水泥膏→铺贴砖面层。

5）施工工艺要求。

① 基层处理：清除基层表面的灰尘，铲掉基层上的浆皮、落地灰，清刷油污等杂物；修补基层达到要求，提前 1~2d 浇水湿透基层，可有效避免面层空鼓。

② 选砖：在铺贴前，应对砖的规格尺寸、外观质量、色泽等进行预选，清除不合格品；缸砖、陶瓷地砖和水泥花砖要浸水湿润，风干后待用。

③ 刷结合层：在铺设面层前，宜涂刷界面剂处理或涂刷水胶比为 0.4~0.5 的水泥浆一层，且随刷随铺，一定将基层表面的水分清除，切忌采用在基层上浇水后撒干水泥的方法。

④ 预排砖：为保证楼地面的装饰效果，预排砖是非常必要的工序。对于矩形楼地面，先在房间内拉对角线，查出房间的方正误差，以便把误差匀到两端，避免误差集中在一侧。靠墙一行面块料与墙边距离应保持一致。板块的排列应符合设计要求，当设计无要求时，应避免出现小于 1/2 板块边长的边角料。板块应由房间中央向四周或从主要一侧向另一边排列。图 8-22 所示为楼地面块材定位带（标筋）设置。

⑤ 铺控制砖：根据已定铺贴方案镶贴控制砖，一般纵横五块面料设置一道控制线，先铺贴好左右靠近基准行的块料，然后根据基准行由内向外挂线逐行铺贴。

⑥ 单块（张）的铺贴：

a. 采用人工或机械拌制干硬性水泥砂浆，拌和要均匀，以手握成团不泌水，手捏能自然散开为准；配合比按设计要求；用量要根据需要，在水泥初凝前用完。地面砖铺贴如图 8-23 所示。

b. 干硬性水泥砂浆结合层应用刮尺及木抹子压平打实，抹铺结合层时，基层应保持湿润，

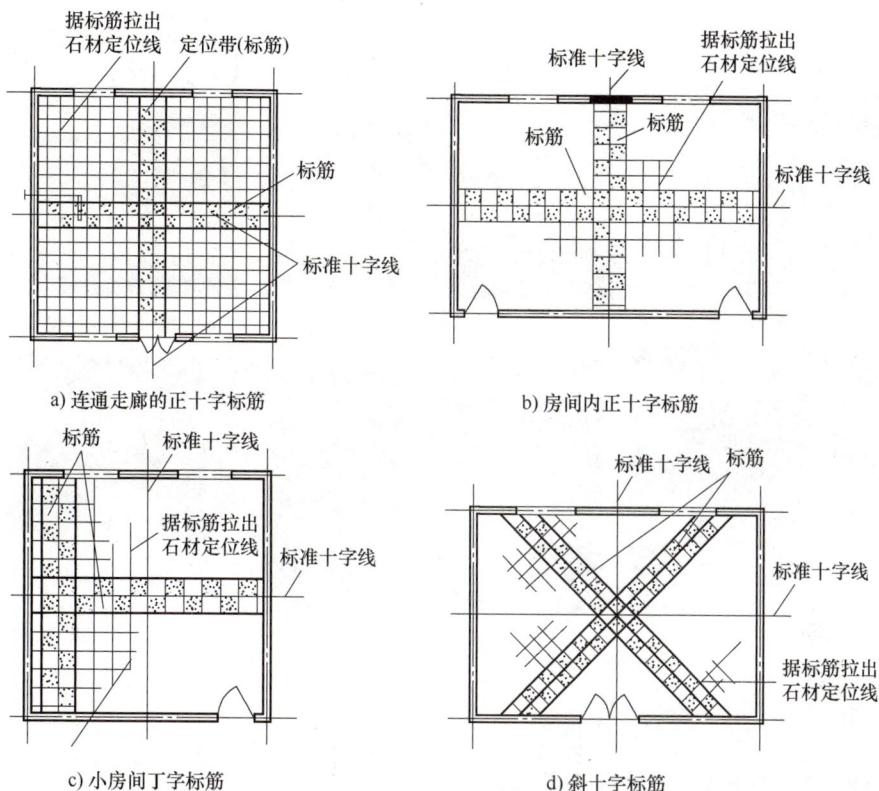

a) 连通走廊的正十字标筋

b) 房间内正十字标筋

c) 小房间丁字标筋

d) 斜十字标筋

图 8-22　楼地面块材定位带（标筋）设置

已刷素泥浆不得有风干现象，抹好后，以站上人只有轻微脚印而无凹陷为准，一块一铺。

c. 将地砖干铺在结合层上，调整结合层的厚度和平整度，使地砖与控制线吻合，与相邻地砖缝隙均匀、表面平整；然后取下地砖，用水泥膏（2~3mm 厚）满涂块料背面，对准挂线及缝子，将块料铺贴上，用橡皮锤敲至正确位置，挤出的水泥膏及时清理干净（缝比砖面凹 2mm 为宜）。

d. 陶瓷马赛克（锦砖、纸皮砖）要用平整木板压在块料上，用橡皮锤着力敲击至平正，将挤出的水泥膏及时清理干净，块料

图 8-23　地面砖铺贴

贴上后，在纸面刷水湿润，将纸揭去，并及时将纸屑清干净，拨正歪斜缝，铺上平木板，用橡皮锤拍平打实。

⑦ 块材的铺贴，如图 8-24 所示。

a. 嵌缝：待粘贴水泥膏凝固后，应采用同品种、同强度等级、同颜色的水泥填平缝用锯末、棉丝将表面擦干净至不留残灰为止，并做养护和保护。

b. 养护：在面层铺设或填缝后，表面应覆盖、保湿，其养护时间不应少于 7d，如图 8-25所示。

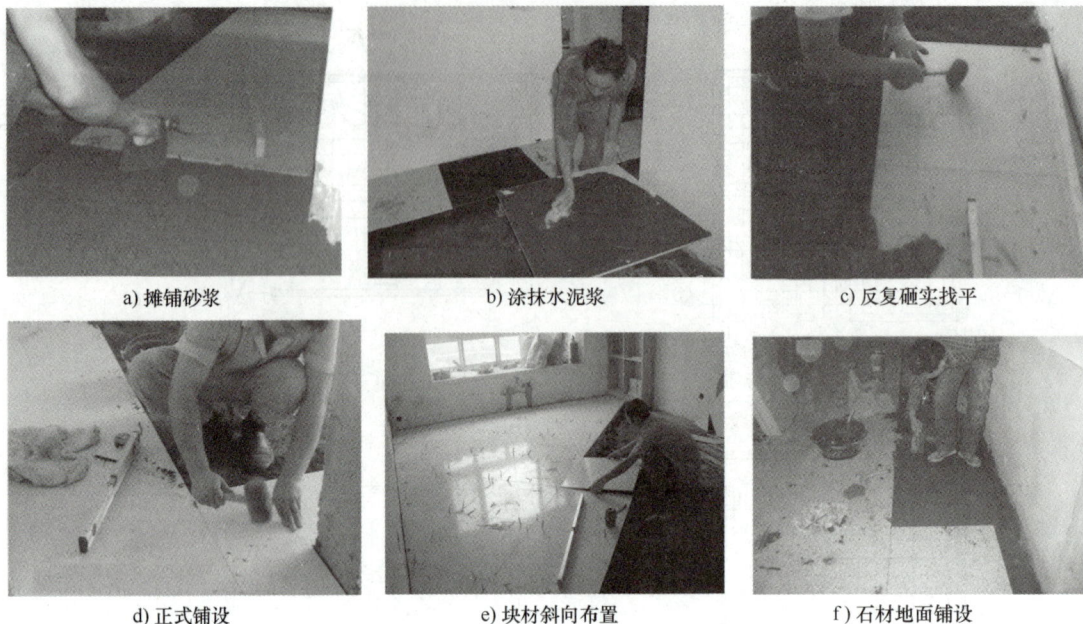

a) 摊铺砂浆　　　　　b) 涂抹水泥浆　　　　　c) 反复砸实找平

d) 正式铺设　　　　　e) 块材斜向布置　　　　　f) 石材地面铺设

图 8-24　块材铺贴

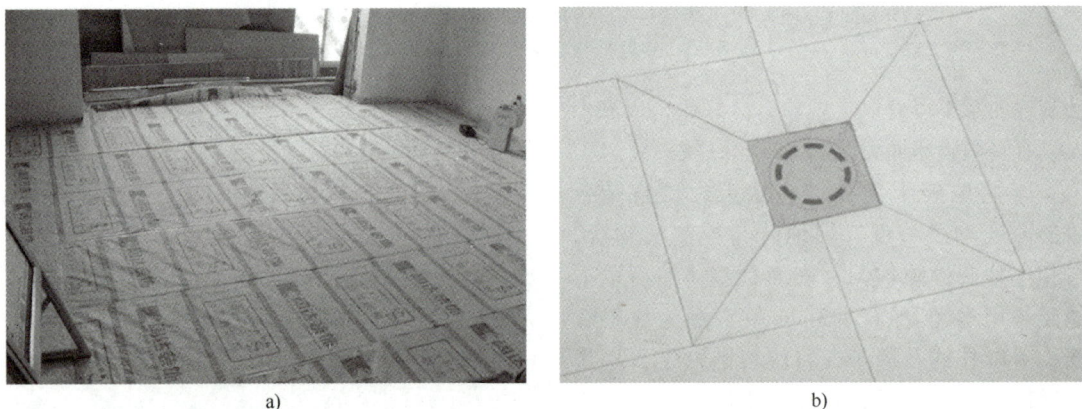

a)　　　　　　　　　　b)

图 8-25　地面养护及保护

　　c. 镶贴踢脚板：一般采用与地面块材同品种、同规格的材料，镶贴前先将板块刷水湿润，将基层浇水湿透，均匀涂刷素水泥浆，边刷边贴。在墙两端先各镶贴一块踢脚板，其上口高度应在同一水平线内，突出墙面厚度应一致，然后沿两块踢脚板上楞拉通线，用 1∶2 水泥砂浆逐块依顺序镶贴。踢脚板的尺寸规格应和地面材料一致，板间接缝应与地面接缝贯通，镶贴时随时检查踢脚板的平顺和垂直，擦缝做法同地面。

　　（2）大理石面层和花岗石面层

　　1）大理石和磨光花岗石板材不得用于室外地面，鉴于大理石为石灰岩用于室外易风化，磨光板材用于室外地面易滑伤人的特性，室外地面可采用麻面或机刨花岗石板。

　　2）天然大理石、花岗石的技术等级、光泽度、外观等质量要求应符合《天然大理石建筑板材》（GB/T 19766—2016）、《天然花岗石建筑板材》（GB/T 18601—2024）的规定。

3）板材有裂缝、掉角、翘曲和表面有缺陷时应予剔除，品种不同的板材不得混杂使用。

4）铺设大理石、花岗石面层前，板材应浸湿、晾干；结合层与板材应分段同时铺设。

5）大理石和花岗石面层的其他要求和施工方法（干铺）与砖面层基本相同，大理石和花岗石面层常设计各种花纹、图案纹理或串边。施工时更要认真预排，并绘制成图，编制材料加工单，根据加工单加工和铺贴面层，确保装饰效果。

6）预制板块面层、料石面层都可以参照砖面层采用干铺的施工方法。其他板、块料面层的要求和施工方法，本书不再介绍。

8.3.3 吊顶工程

吊顶指房屋居住环境的顶部装修，具有保温、隔热、隔声、吸声的作用，也是电气、通风空调、通信和防火、报警管线设备等工程的隐蔽层，如图 8-26 所示。

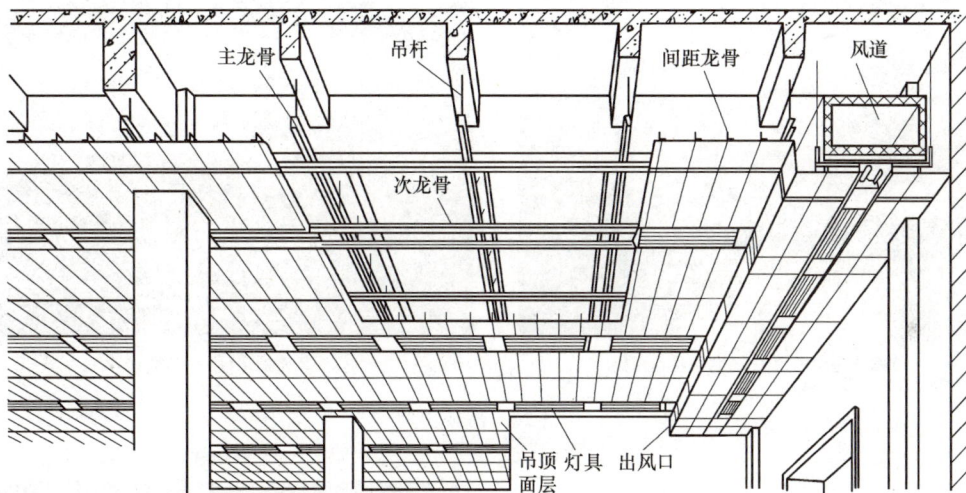

图 8-26 悬挂于楼板下的吊顶构造示意

1. 吊顶分类

吊顶分为直接式和悬吊式，由支承、基层和面层组成，如图 8-27 所示。

（1）直接式 直接在屋面板或者楼板结构底面上做饰面材料的室内顶面装饰装修形式称为直接式顶棚（顶面装饰在这种情况下称为"顶棚"而不称为"吊顶"）。它的优点是结构简单，构造层厚度小，施工方便，材料利用少，施工方便，造价低廉。其缺点是不能隐藏管线、设备。

（2）悬吊式 各种板材、金属、玻璃等悬挂在结构层上的一种吊顶形式。这种顶棚富于变化动感，给人一种耳目一新的美感，常用于宾馆、音乐厅、展馆、影视厅等吊顶装饰。常通过各种灯光照射产生出别致的造型，充溢出光影的艺术趣味。其主要由基层、悬吊件、龙骨和面层组成，如图 8-28 所示。

2. 相关构件及构造

以悬吊式为主进行介绍，如图 8-29 所示。

轻钢龙骨吊顶

a) 板块面层吊顶—活动式

b) 板块面层吊顶—扣板式

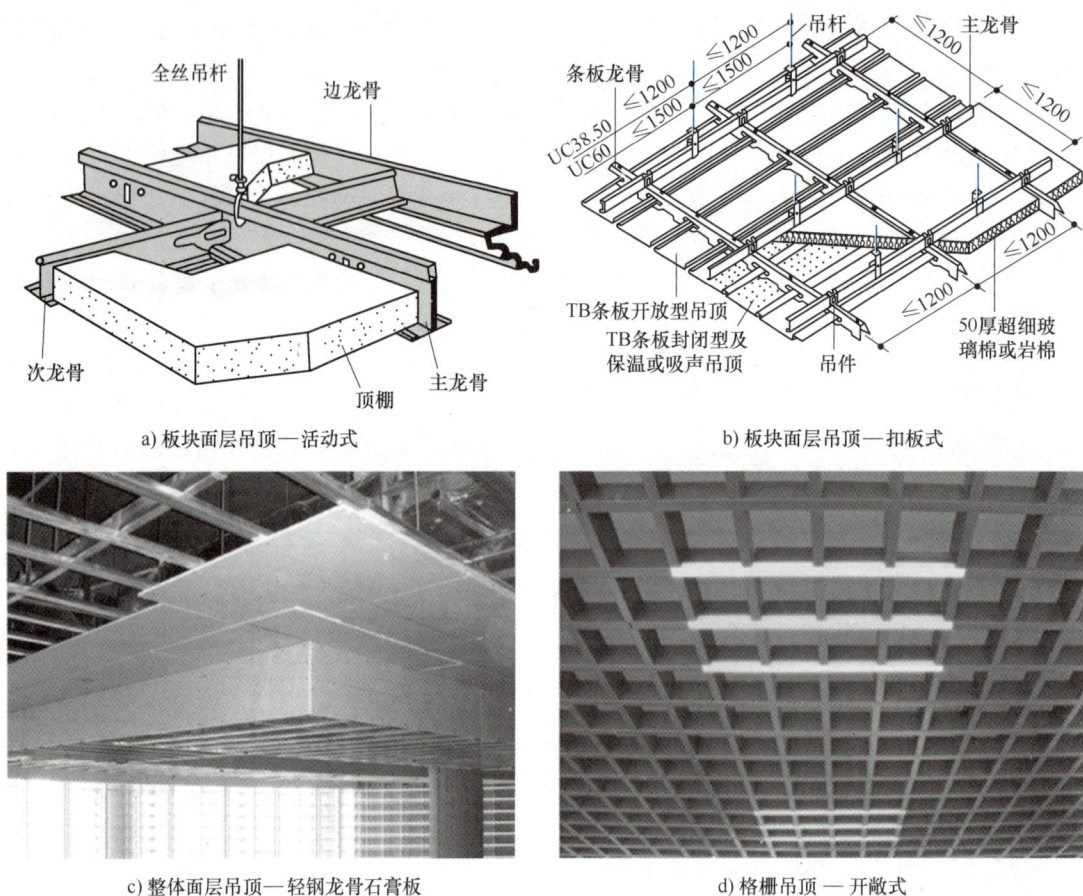

c) 整体面层吊顶—轻钢龙骨石膏板

d) 格栅吊顶—开敞式

图 8-27　吊顶类型

图 8-28　悬吊式吊顶效果图

（1）轻钢龙骨　按界面形式有 U 形、C 形、L 形龙骨，如图 8-30 所示。U 形龙骨为承载龙骨，是骨架主要受力构件。C 形龙骨为覆面龙骨，用作固定饰面层。L 形龙骨为边龙骨，用作固定边部饰面板。

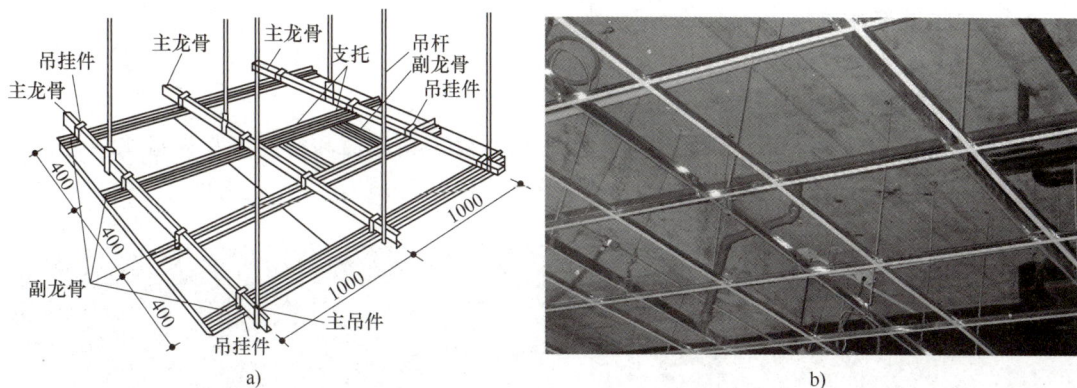

图 8-29　悬吊式吊顶安装示意

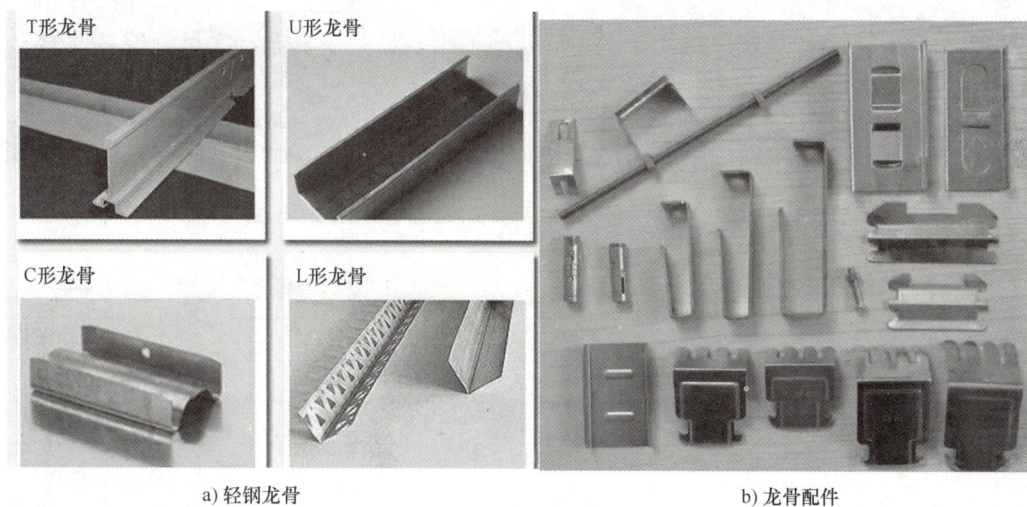

a) 轻钢龙骨　　　　　　　　　　　　b) 龙骨配件

图 8-30　轻钢龙骨及龙骨配件

（2）饰面板　饰面板材料如图 8-31 所示。

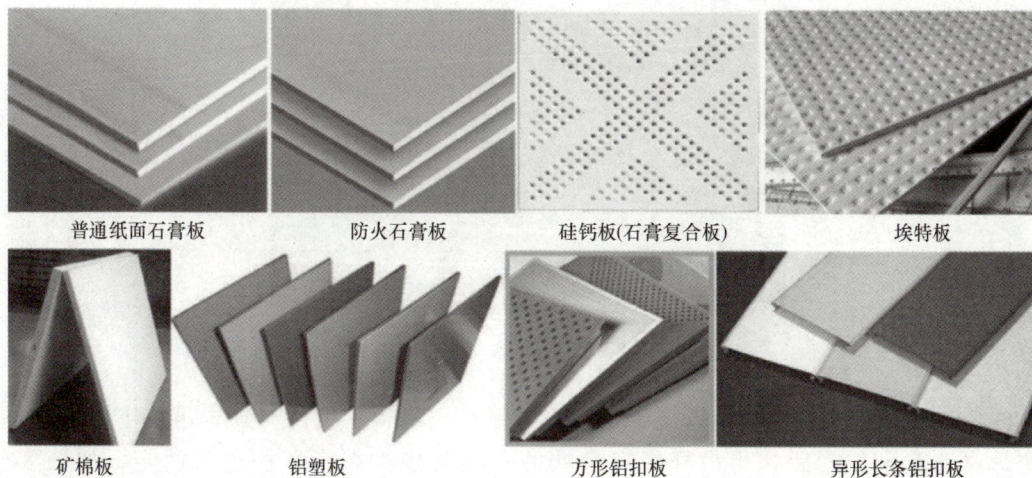

普通纸面石膏板　　　防火石膏板　　　硅钙板(石膏复合板)　　　埃特板

矿棉板　　　　　铝塑板　　　　方形铝扣板　　　异形长条铝扣板

图 8-31　饰面板材料

3. 施工工艺及注意事项

工艺流程：弹顶棚标高水平线→划分龙骨分档线→安装龙骨吊杆→安装主龙骨→安装次龙骨→安装罩面板。

（1）弹顶棚标高水平线　根据室内墙面的"50线"在墙面和柱面上复核量出顶棚设计标高，沿墙四周弹出顶棚标高水平线，如图 8-32 所示。

a)　　　　　　　　　　　　　　　　b)

图 8-32　弹顶棚标高水平线

50线是指：_____

_____

_____

_____

_____。

（2）划分龙骨分档线　按设计要求的龙骨间距，在弹好的顶棚标高水平线上划分龙骨分档线，如图 8-33 所示。

图 8-33　划分龙骨分档线

（3）安装龙骨吊杆　在吊点位置预埋胀管螺栓或吊钩、埋件，确定吊杆下端的标高，按龙骨位置及吊挂间距，将吊杆焊有角铁的一端与接板膨胀螺栓连接固定，如图 8-34 所示。

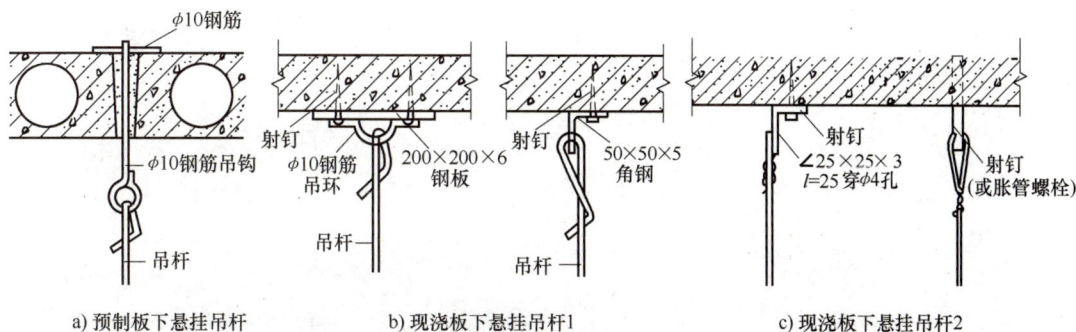

a) 预制板下悬挂吊杆   b) 现浇板下悬挂吊杆1   c) 现浇板下悬挂吊杆2

图 8-34　安装龙骨吊杆

吊杆距主龙骨端部距离不得大于_____mm，吊杆长度大于_____m时，应设置反支撑；吊杆、埋件应进行防锈处理。吊杆上部为网架、钢屋架或吊杆长度大于_____m时，应设钢结构转换层。

反支撑是指：_____

_____

_____

_____。

（4）安装主龙骨　龙骨的安装可先安主龙骨，后安次龙骨，也可主次龙骨一次安装；主龙骨与吊杆固定时（图 8-35），应用双螺母在螺杆穿过部位上、下固定，然后按标高线调整大龙骨的标高；大龙骨的接头位置不允许留在同一直线上，较大的房间应起拱，一般为 1/200。

图 8-35　安装主龙骨

（5）安装次龙骨　按弹好的次龙骨分档线卡放次龙骨吊挂件，将次龙骨通过吊挂件吊挂在主龙骨上，一般间距为 600mm，如图 8-36 所示。次龙骨需接长时，用次龙骨连接件在吊挂次龙骨处相接，调直固定。龙骨的收边分格应放在不被人注意的部位或吊顶的四周。

（6）安装罩面板　罩面板的安装有搁置式和锚固式两种，如图 8-37 所示。安装罩面板前须待顶棚内的管线验收合格后方可安装。安装前应按罩面板的规格分块弹线，从顶棚中间顺通长次龙骨方向先装一行罩面板作为基准，然后向两侧延伸分行安装，石膏板固定的自攻钉间距为 150~170mm。吊顶面也有做成虚实相间的形式，如图 8-38 所示。

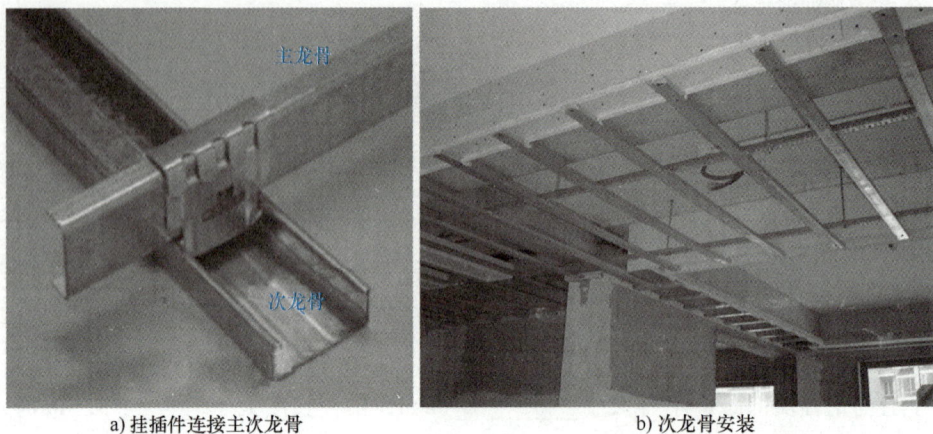

a) 挂插件连接主次龙骨　　　　　　　　b) 次龙骨安装

图 8-36　安装次龙骨

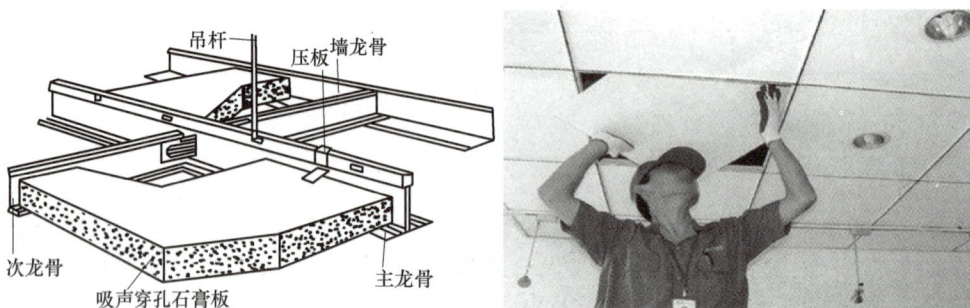

图 8-37　搁置式罩面板安装

图 8-38　虚实相间的格栅式顶棚

8.4　实训环节

8.4.1　吊顶工程施工技术交底文件编写

某大楼底层大厅采取轻钢龙骨纸面石膏板吊顶施工，根据环保、节能、消防等部门的要求，力求施工方便、美观大方、经济实用。针对轻钢龙骨纸面石膏板吊顶顶棚的施工特点，通过弹线、安装吊件及吊杆、安装龙骨及配件、石膏板安装等施工过程逐步完成。

问题：编写轻钢龙骨纸面石膏板吊顶施工技术交底文件，见表 8-2。

表 8-2 吊顶工程施工技术交底

工程名称		交底部位	
工程编号		日　期	

交底内容：

轻钢龙骨纸面石膏板吊顶技术交底

一、材料要求

二、主要机具

三、作业条件

四、操作工艺

五、质量标准

六、成品保护

七、应注意的质量问题

技术负责人：　　　　　　　交底人：　　　　　　　　接受交底人：

日期：　　　　　　　　　　日期：　　　　　　　　　日期：

8.4.2　墙面贴砖全国（世界）技能大赛训练

以第二届全国（世界）技能大赛瓷砖贴面项目技术工作文件为例。

1. 技术描述

瓷砖贴面项目是指选手运用识图放样切割技术和瓷砖镶贴技术，根据技术文件的要求及竞赛现场提供的设施条件和材料，完成墙体和地面的镶贴、地面的找平处理、墙与墙和墙与地交接处阴阳角的处理，以及小型墙体的组砌等任务。施作过程中，选手在识读竞赛图纸及相关说明后，须拟定合理的施工工艺流程计划；按图放样切割，按图完成墙面和地面的找平和镶贴及小型墙体的组砌，利用量测工具控制尺寸、水平、垂直、平整、平直和方正等精度；按要求对整个作品进行嵌缝，做到勾缝均匀一致，整个作品整洁无污染。

基本知识与能力要求见表 8-3。

表 8-3　基本知识与能力要求

	项目	相对重要性（%）
1	工作组织和管理	5
	个人需要了解并理解： • 安全、卫生和安全法律、义务、条例和文件 • 安全用电的原则 • 事故/急救/火灾/紧急事件的处理和汇报程序 • 必须使用个人防护设备的情况 • 所有手动和电动工具和设备的用途、使用、保养、维护和存储及其安全含义 • 材料的用途、使用、保养和储存 • "绿色"材料的可持续使用和循环使用的方法 • 在工作实践中最大限度地减少浪费和管理开支的途径 • 时间管理、工作流程和测量的程序 • 在所有工作实践中计划、准确、检查和注意细节的重要性 • 正直、可信的重要性 • 管理自己的持续专业发展的价值	
	个人需要能够： • 遵守健康、卫生和安全标准、规则和条例 • 识别并使用合适的个人保护器具，包括安全鞋、耳眼保护器具 • 安全地选择、使用、清洁、维护和储存手动和电动工具及设备 • 安全地选择、使用和储存所有材料 • 高效地规划工作区，并维持常规的整洁纪律 • 始终精准测量 • 在压力下有效地工作，并定期查验进展/效果，以符合最后期限 • 建立并始终维持高效的标准和工作进程	
2	交流和人际交往能力	5
	个人需要了解并理解： • 建立并维持客户信任的意义 • 相关行业的作用和要求 • 建立和维持信任及富有成效的工作关系的价值 • 迅速解决误解和矛盾需求的重要性	
	个人需要能够： • 设想并解读客户的愿望，提出建议来符合或改进客户的设计和预算要求，使其更可行 • 在有资格对历史遗产或建筑物施工时提出专业的技术咨询和指导 • 提供以前工作的资料以证明经历和专业技术的范畴及品质 • 为顾客提供成本和时间预算 • 介绍相关行业来支持顾客需求 • 了解其他行业及周边的需求并与之合作 • 在团队中高效工作以促进效率、生产力、质量和成本控制	

（续）

	项目	相对重要性（%）
3	问题解决、创造和创新能力	5
	个人需要了解并理解： • 在工作进程中可能发生的常见问题种类 • 问题解决的诊断方法 • 行业趋势和发展，包括新产品/室内设计、材料和设备	
	个人需要能够： • 定期检查工作，尤其注意精确度/标准，以最大限度地减小后期工作的问题 • 迅速识别和理解问题，并遵循自我管理的进程加以解决 • 挑战错误信息，以阻止问题的产生 • 在对恢复性项目作业时，提出创造性的解决办法 • 识别适当的机会，为提高产品和客户满意度总体水平而贡献意见 • 紧跟行业变化 • 表现出尝试新方法和迎接改变的意愿	
4	创作并解读图纸	5
	个人需要了解并理解： • 施工平面图中所必需的基本信息，包括剖面图、基准面、墙体结构、材料规范、深度尺寸、高度、进度表和规范 • ISO-A 或 ISO-E 标准图纸的解读和执行 • 检查缺失信息或错误、预料问题及在"放线"之前解决问题的重要性 • 几何学知识的作用和用途 • 数学过程和问题解决 • 预算里应包含的开支幅度	
	个人需要能够： • 准确地解读并产出建造信息 • 画出图纸略图（手绘和 CAD），包括立面图、平面图、剖面图和完整图 • 在木材上绘制准确的复杂图纸，以在墙壁/地板上做图案 • 识别图纸上的错误或者需要澄清的地方 • 检查并确定所需材料的数量 • 计算工作的成本和价格	
5	放样与测量	5
	个人需要了解并理解： • 放水平线、垂直线、斜线和曲线平面的方法，以形成平面区域、图案和图形	
	个人需要能够： • 检查测量墙壁/地板的尺寸是否与图纸说明一致 • 制作模板的排版	
6	准备工作	15
	个人需要了解并理解： • 材料的性能 • 如何从图纸和进度表中确定排水口位置、材料以及镶贴特性信息 • 为水槽、排水口和水沟测量、标记、放线的程序 • 材料的作用：废水配件、水槽、水沟、固定件和配件 • 内外打底砂浆的类型；选择不正确类型的影响；现场测试用砂	

（续）

项目	相对重要性（%）
• 单层抹灰的种类及使用防水和塑化剂的原因 • 装饰线条的种类,包括伸缩缝嵌条、阳角条和止水条 • 各种成分的特性,包括粘合剂、骨料、塑化剂和防水剂	
个人需要能够: • 清除原有瓷砖、水泥浆、水泥或粘合剂 • 填充所有洞孔/裂缝,清洁表面 • 配备排水系统:根据定位图、安装图和部件图确定高差和出口位置信息,安装水槽、出口、沟槽,修整表面和接缝 • 根据说明要求准备材料:包括砂子水泥混合,装饰线条 • 量取并拌制灰浆:以正确的比例拌制砂子和水泥 • 将灰浆抹于内外底层以提供指定的完成效果,包括抹三层灰和镶贴的关键点	
7　安装	40
个人需要了解并理解: • 安装的方法范围 • 用以保护现有成品表面的材料	
个人需要能够: • 通过使用保护材料和隔板,最大限度地减少对周围表面的损坏 • 将瓷砖安装到平面、斜面和曲面上 • 将边缘和角落所需瓷砖切割并成型,适应配件和管道,确保无碎裂或沙孔 • 将正确的粘合剂均匀地抹在瓷砖上,避免过量 • 将瓷砖贴在表面和地板上形成图案和图形,确保无变形 • 准确排列瓷砖,检查水平、垂直和方正,确保对齐和水平 • 准备并应用密封和灌浆嵌缝,确保接缝对称和均匀 • 移除多余的密封和嵌缝灌浆,对完成面进行清洁,提供良好的光洁度,以符合标准/客户要求 • 以适当的修整方法完成边侧和角落	
8　质量	20
个人需要了解并理解: • 手头上的任务所需要的质量标准 • 标准工作和瑕疵的本质及导致原因 • 质量检查的可用范围及方法 • 有效的补救和修理的替代方法	
个人需要能够: • 检查设备、结构和/或材料,以识别错误、缺陷或问题的性质和原因 • 运用逻辑和推理进行批判性思考,找出解决问题的不同方案、结论或方法的优缺点 • 识别实际的和潜在的问题 • 分析信息并对使用最佳解决方案的选择进行评价 • 做出决定并实行 • 对解决方案进行评估并将结果最优化	
合计	100

2. 试题、比赛安排与评判标准

（1）试题 本项目依据世界技能职业标准（WSOS）要求，以历届世界技能大赛、第一届全国技能大赛试题为参照，由裁判长根据工作对接情况，图案参考竞赛地天津市相关的地标性建筑等内容，组织编制本项目竞赛试题。裁判长于 2023 年 7 月 20 日组织全体裁判员进行线下集中技术工作对接，围绕试题的命题思路、关键考核要点等进行讨论，在充分听取全体裁判员的意见和建议后，编制和完善试题。经组委会技术工作组审定，试题不晚于赛前 4 周公布。同时，应全体裁判员要求，在试题正式公布前先公布样题用于训练，样题仅体现竞赛考核点。竞赛内容主要分为三大模块（图 8-39），各模块描述大致见表 8-4。

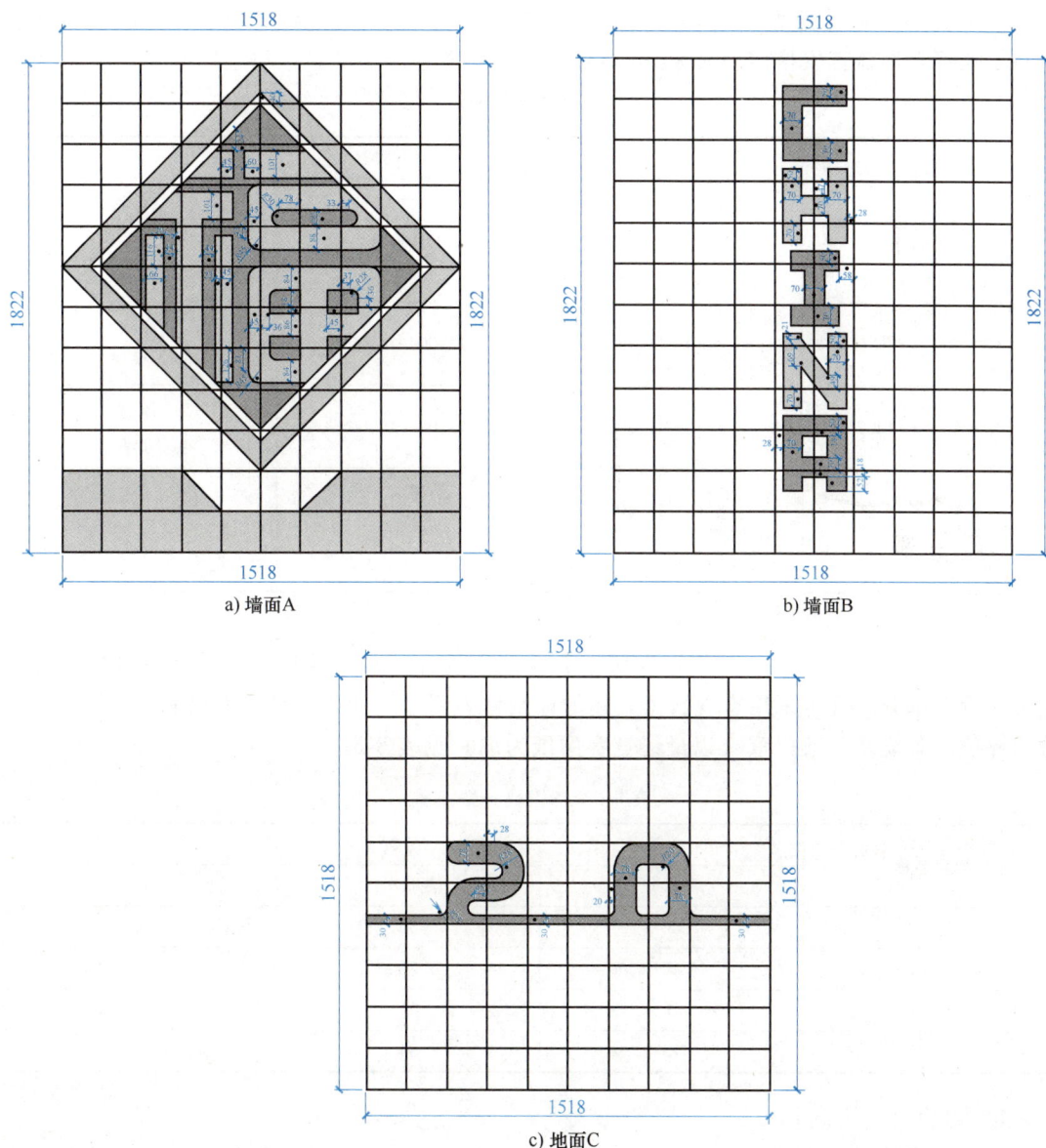

a) 墙面A

b) 墙面B

c) 地面C

图 8-39 竞赛的三大模块

表 8-4　竞赛模块描述

模块	模块描述
墙面 A	该模块为墙面镶贴，主要考核选手识图放样、瓷砖切割、镶贴、嵌缝，以及与 B、C 模块阴阳角的处理等内容
墙面 B	该模块为墙面镶贴，主要考核选手识图放样、瓷砖切割、镶贴、嵌缝，以及与 A、C 模块阴阳角的处理等内容
地面 C	该模块为地面镶贴，主要考核选手地面找平、识图放样、瓷砖切割、镶贴、嵌缝，以及与 A、B 模块阴阳角的处理等内容

（2）比赛安排　竞赛时长 16 个小时（暂定，以正式公布试题中的说明为准），分 3 天进行。比赛具体流程安排详见表 8-5（具体时间以赛务手册为准）。

表 8-5　赛程安排

时间	具体时段		
	上午	下午	晚上
赛前 2 天（C-2）	裁判会议	工具检查	
赛前 1 天（C-1）	工位抽签工具进场	场地准备识读图纸	
赛中第 1 天（C1）	8：30—11：30	13：00—16：00	评测 A 模块
赛中第 2 天（C2）	8：30—11：30	13：00—16：00	评测 B 模块
赛中第 3 天（C3）	8：30—12：30	评测 C 模块	
赛后 1 天（C+1）	技术点评		

注：各模块使用同一抽签工位。

（3）评判标准　本次评分规则参照世界技能大赛评分规则执行。本项目评分标准为测量和评价两部分。凡可采用客观数据表述的评判称为测量，凡需要采用主观描述进行的评判称为评价。各模块分数权重（以最终竞赛图纸为准）见表 8-6：

表 8-6　各模块分数权重

模块名称	分数		
	评价分	测量分	合计
墙面 A	5	30	35
墙面 B	5	30	35
地面 C	5	25	30
总计	15	85	100

1）评价分（主观）。

① 主观评分项包括文明施工、安全生产、按图施工、完整度、整体外观、整洁度、选砖、缝隙均匀度等方面。

② 评价分打分方式：4 名裁判员为一组（1 名为回避本参赛队时的添补裁判员），不得交流，各自单独评分，裁判员相互之间分差必须小于等于 1 分，否则需要给出确切理由并由裁判长协调进行重新评测，若有恶意打分的情况，严重者按竞赛技术规则相关条例进行违规处理。

③ 评价分评分标准见表 8-7。

表 8-7　评价分评分标准

权重分值	具体要求描述
0 分	规定时间内未完成全部作业，未按图施工，切割、镶贴严重错误，作品严重缺陷
1 分	规定时间内完成全部作业，作品低于行业标准水平
2 分	规定时间内完成全部作业且无错误，作品符合行业标准水平，且在某些方面高于行业标准水平
3 分	规定时间内完成全部作业且无错误，作品全方位超过行业标准水平，接近完美

2）测量分（客观）。

① 测量分打分方式：按模块设置若干个评分组，每组由 3 名以上裁判员构成。每个组所有裁判员一起量测并监督，在对该选手在该项中的实际得分达成一致后最终只给出一个分值。

② 测量分评分标准见表 8-8。

表 8-8　测量分评分标准

项次	项目特征描述	配分	标准值	测量值	得分
尺寸	准确无误为满分，误差每到 1mm 扣 0.5 分，扣完为止	1	抽签确定		
水平	准确无误为满分，误差每到 1mm 扣 0.5 分，扣完为止	1	0		
垂直	准确无误为满分，误差每到 1mm 扣 0.5 分，扣完为止	1	0		
平整	准确无误为满分，误差每到 1mm 扣 0.5 分，扣完为止	1	0		
平直	准确无误为满分，误差每到 1mm 扣 0.5 分，扣完为止	1	0		
方正	准确无误为满分，误差每到 1mm 扣 0.5 分，扣完为止	1	0		

3）评测点。客观评测中，应在每个模块比赛结束后，评分开始前，对当日所有可以作为评分的评分点进行抽签，对不同的模块按照各模块占总分的百分比抽取评分点进行测量。

4）评测工具。

① 尺寸：使用选手自备的量测工具评分（若无自备工具则使用赛场准备的工具）。

② 水平、垂直：使用选手自备的数显水平尺工具评分（若无自备数显工具则使用赛场准备的数显水平尺工具）。

③ 平整、平直、方正：使用选手自备的工具评分（若无自备工具则使用赛场准备的铝合金杆、拐尺）及赛场准备的塞尺。拐尺尺寸要求：600mm×400mm。

5）评判方法。

① 本项目评分流程采用世界技能大赛的评分方法进行。根据裁判长的分组分工，各评分小组独立对各自分配到的分项进行评分，互不影响、互不干预，过程评分与事后结果评分相结合，应及时对选手完成的作品评分。纸质数据不得修改、不得传阅，如有笔误修改，必须由该项评分小组所有裁判员签字确认。评价评分表和测量评分表应由每一个参与评判的裁

判员签字确认后提交给裁判长。

② 裁判长审核后将纸质评分表交录分员录分并打印。各组裁判员核对本小组的打印版评分表（系统录入后输出的成绩单）并签字确认，在全部模块竞赛结束后，由裁判长对总成绩表签字确认并通过系统锁定。比赛结束后，由裁判长将有相应裁判员签字的原始评分表、打印版评分表及总成绩表统一报送执委会技术保障工作部。

6）成绩并列。当选手最终比赛总分出现相同时，根据总的测量分分数高低排名；当总的测量分分数再次相同时，根据第一模块的测量分总分高低排名；当第一模块测量分总分依然相同时，根据第一模块的尺寸、水平、垂直、平整、平直和方正的测量分分数高低依次排名。

（4）公布方式　参照本项目世赛相关流程及第二届全国技能大赛技术规则，经全体裁判员线下集中技术工作对接会议共同商定后，确定采取可提前公布试题的方式公布本项目试题，试题不晚于赛前 4 周在执委会指定平台（https://203.0.105.187:8989/login）由裁判长公布。同时，为考验选手的临场应变能力，结合竞赛时间及场地、设施材料等情况，裁判长需对已公布的试题进行不超过 30% 的修改。赛前 2 天，裁判长召开全体裁判员会议，确定试题修改相关事宜。吸收和采纳会议中合理的意见建议后，裁判长裁决并于当晚绘制试题变更方案，于赛前 1 天组织全体裁判员对试题的变更方案签字确认，确定最终竞赛试题。

3. 竞赛细则

（1）裁判长职责

1）全面负责落实竞赛各项技术工作，带头坚持并维护竞赛公平公正。

2）解读考核试题及技术文件，牵头组织开展裁判员培训会议。

3）以分组形式安排裁判员任务分工，组织全体裁判员做好各项工作。

4）现场裁定有关裁判争议，协助仲裁组做出仲裁处理。

5）对扰乱赛场秩序、干扰选手操作、裁判执裁的人员，经裁判会议讨论后可使其离开竞赛场地。

6）裁判长在裁判员测评过程中，可对测评数据进行抽查，若数据存在偏差或出入较大时，与负责该数据的裁判组进行校对确认，经裁判会议讨论后可取消相应裁判员评分资格。

7）比赛过程中，A、B、C 三个模块由裁判分组进行评测，评分表由相应小组签字后交给裁判长，裁判长审核后交由录分员进行录入汇总，总成绩表由裁判长签字确认并通过系统锁定，最终由组委会确认后公布竞赛结果。

（2）裁判员职责

1）服从裁判长分组分工，具体承担比赛现场赛务工作，公平公正开展具体裁判和测评工作，并对本小组承担执裁工作的评判结果签字确认。

2）查看选手身份证和随身佩戴的对应工位号。

3）组织选手在赛前检查环境、设备、工具等，选手签字确认，审核选手自带设备工具是否符合要求，保障选手人身安全和设备正常使用。

4）协助裁判长解答技术及考核工作问题。

5）翔实记录选手考核过程，及时提出意见建议。

6）遵照执行考核回避、保密等规则及议定事项。

7）接受裁判长和监督仲裁组的抽查和监督。

（3）裁判员评判工作及纪律要求

1）裁判员出入赛场要佩戴胸牌，衣着整齐，举止大方，不大声喧哗，听从指挥，按照裁判长统一安排分组开展工作。

2）裁判员要严格遵守保密规定，正式比赛期间，不允许携带通信设备、智能设备、存储设备，比赛期间，不允许泄露任何比赛信息，不允许单独离开赛场或单独与场外人员交流沟通。

3）执裁过程中实行回避政策，各代表队推荐的裁判员不参与本代表队选手和本地区代表队选手的执裁、测量、评分等工作，不得与本代表队选手和本地区代表队选手现场交流、指导。

4）各项目裁判组在选手报到、检录阶段，要按照本项目比赛细则要求，对选手携带的工具等进行严格检查，避免选手违规携带物品进入赛场对比赛成绩造成影响。

5）每一阶段（模块）比赛结束，需参赛选手离场的，各项目裁判组要在裁判长带领下，会同技术保障组，对每个工位的设备、设施、比赛工件（成果）、工具、材料等进行全面检查，确认无误后统一安排选手退场。

6）执裁过程中，出现技术争议、测评争议等问题由裁判长负责解释并裁定。

（4）项目特别规定

1）赛题和配套文件均采用中文。

2）选手可以自备所有在设备设施清单中没有涵盖的设备、工具，这些物品需符合世赛要求，并必须在比赛前呈交裁判组检查。

3）比赛时选手自带的工具箱须放置在本人工位区域内，不能侵占走道。

4）正式比赛期间，除裁判长外任何人员不得主动接近选手及其工作区域，不许主动与选手接触与交流，选手有问题可向裁判反映。

5）选手在比赛中违反安全操作规定的必须立即改正，经裁判许可后方可继续比赛。

6）竞赛过程中，因参赛选手个人原因（如断锯条、上厕所等）导致竞赛中断，中断的时间计入参赛选手竞赛时间，不予补偿。

7）竞赛期间出现问题或争议，如参赛选手在竞赛中作弊、有违规行为或裁判员在执裁过程中徇私舞弊、有违公平公正行为等，均按照《中华人民共和国第二届职业技能大赛技术规则》相关条例进行问题或争议处理。即先在本项目内解决，处理意见须比赛现场全体裁判员表决，获全体表决裁判员半数以上方可通过。对项目内处理结果有异议的，在参赛选手成绩最终确认锁定前，各参赛团领队可向监督仲裁委出具署名书面反映材料并举证。所反映情况属技术性问题或争议的，仍交由本项目内解决，属非技术性问题或争议，由监督仲裁委作最终裁决。

4. 赛场、设施设备等安排

（1）赛场规格要求　本项目场地总面积 $1710m^2$（57m×30m），工位数量 29 个，每个工位面积 $21.5m^2$（4.3m×5m），工位面积和总个数以最终参赛人数为准，场地内分为竞赛操作区、选手休息区、材料储存区、工具清洗区、裁判会议室、录分室、技术保障室等区域。

（2）场地布局图　如图 8-40 所示，具体布局图以赛前技术交底时场地负责人说明和提供为准。

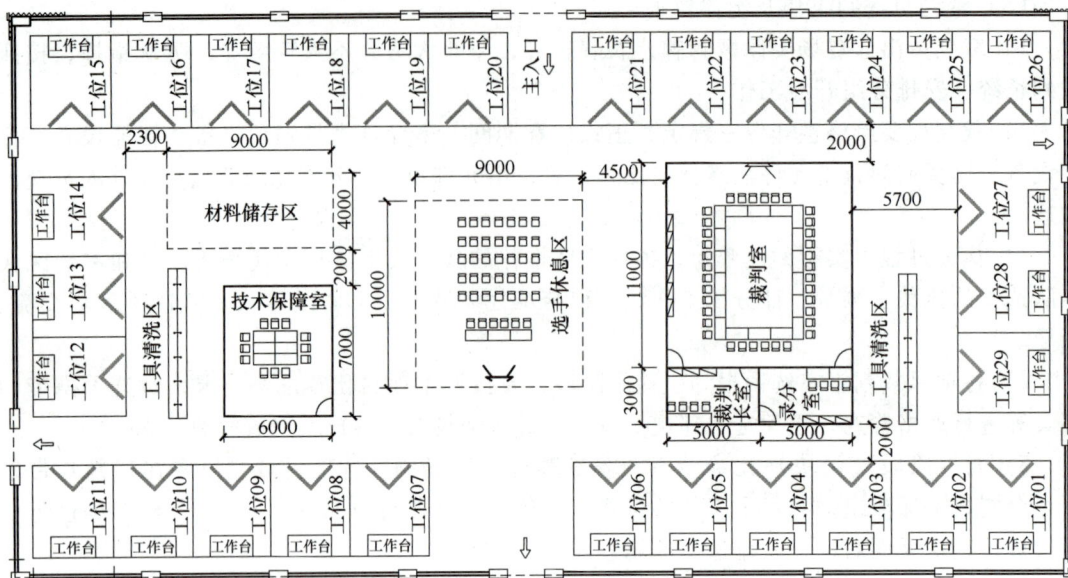

图 8-40　场地布局图

（3）基础设施清单

1）赛场提供的设施、设备清单，见表 8-9。

表 8-9　赛场提供设施、设备清单

序号	名称	型号	单位	数量
1	工作台（大）	2.0m×1.2m×0.7m	张	1
2	搅拌水桶	16L	只	2
3	方形无盖垃圾桶	40L	只	1
4	扫把、簸箕		套	1
5	塑料薄膜	2m×2m	张	1

注：场地提供一个 10A 5 孔插座，请自带相匹配的质量保证的接线板。由赛场提供的设施设备清单详见执委会指定平台（https://203.0.105.187:8989/login）查询。

2）赛场提供的材料清单，见表 8-10。

表 8-10　赛场提供材料清单

序号	材料名称	型号（要求）
1	釉面陶制砖	
2	瓷砖胶	适用于釉面陶制砖
3	填缝料	适用于本赛项嵌缝宽度
4	干拌砂浆	用于地面找平
5	泡沫砖	

注：详见执委会指定平台（https://203.0.105.187:8989/login）查询。

3）选手需自备的设备和工具，见表 8-11。

表 8-11 选手需自备的设备和工具

序号	工具类型	名称	型号	备注
1	放样工具	直尺、角尺等		
		圆规		
		油性记号笔		
		十字卡架		
2	切割工具	玻璃刀等		
		瓷砖钳		
		瓷砖圆规刀等		
		台式切割瓷砖带锯	立式线锯	带水切割
		手工锯		切割泡沫砖
		轻质砖电动手锯		切割泡沫砖
3	搅拌工具	飞机搅拌电钻		搅拌瓷砖胶
		铁锹		
4	镶贴工具	(锯齿)抹灰刀、小抹泥刀		
		托灰板		
		橡皮锤、铁锤		
5	量测工具	直尺、卷尺		
		水平尺(数显)		
		铝合金杆		
		拐尺		
6	嵌缝工具	手枪电钻		搅拌填缝料
		海绵抹子		
7	清洁工具	海绵、抹布等		
8	防护工具	安全鞋、耳塞、口罩、护目镜		
9	其他	纸胶带		
		夹具		
		砂带打磨机、砂纸等		打磨瓷砖

注:裁判长组织负责检查设备工具的裁判组按照以上清单表对参赛选手自带的设备、工具等进行检查,未明确在以上清单中的设备工具需向裁判长汇报,确认是否可以带入赛场。赛场配发的各类工具、材料,选手一律不得带出赛场。

4)禁止使用的设备和材料,见表 8-12。

表 8-12 禁止使用的设备和材料

序号	设备和材料名称
1	为竞赛带去的模板
2	手提式切割机、倒角机、角磨机
3	激光切割机
4	自动数控切割机

（续）

序号	设备和材料名称
5	喷水机（水刀）
6	用于切割泡沫砖的大型立式木工带锯机和台式切割机
7	干式切割机（符合世界技能组织健康安全指导规定除外）
8	选手不得携带和使用任何电子通信和存储设备

5. 安全、健康要求

（1）选手须自备的防护装备　参赛选手必须按照规定穿戴防护装备，见表8-13，不穿安全鞋不得进入竞赛区域。

表 8-13　防护装备

防护项目	图示	说明
眼睛的防护	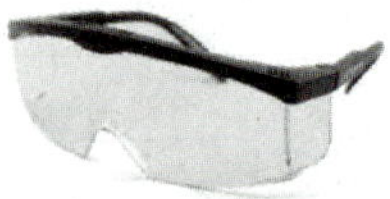	防溅入，近视眼镜不可替代
呼吸道的防护	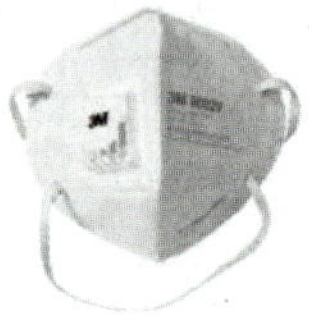	在进行瓷砖打磨、搅拌瓷砖胶等有粉尘施工时，必须佩戴
耳部的防护	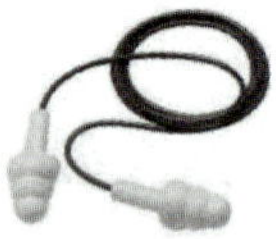	工作时不佩戴耳塞或耳罩会对听力造成损害
身体的防护		1. 必须是长裤； 2. 防护服必须紧身不松垮，达到三紧要求
足部的防护		防滑、防砸、防穿刺、防漏电

（2）赛场安全、健康安排　赛场按规定留有安全疏散通道，配备消防器械等应急处理设施设备和人员，张贴安全健康规定和图示。赛场提供安全照明和通风等设备实施。做好竞赛安全、健康和公共卫生及突发事件预防与应急处理等工作。

（3）赛场医药配备　竞赛现场设置救急站，配备专业医务人员和设备，做好医疗应急准备。

8.5 实训自评

如实填写表 8-14。

表 8-14 实训自评

姓名： 岗位职务： 班级： 学号： 组别：			
目标	掌握	了解	不会
学习装饰装修工程技术要求的基本知识			
学习装饰装修工程工艺的基本知识			
编写石膏板吊顶施工技术交底文件			
总结与提高			
你在整个任务完成过程中做得好的是什么？还有什么不足？有何打算？			
你在整个任务完成过程中出现了哪些问题？你是如何解决的？你还有什么问题不能解决？			
教师评价			

项目 9

防水工程

【导读】

　　某住宅工程为钢筋混凝土框剪结构，地上 28~30 层，地下 2 层，建筑结构安全等级为二级，建筑场地类别为Ⅳ类，工程框架抗震等级为三级，抗震设防烈度为 6 度，结构设计使用年限为 50 年。该工程基础类型为旋挖钻孔灌注桩。某日发现住宅地下室外墙（剪力墙）存在裂缝，部分裂缝有渗水现象。对此质量问题，建设单位高度重视，组织勘察、设计、监理、施工单位有关人员对地下室进行检查，共同记录墙体裂缝位置，分析裂缝成因，定性裂缝性质，提出了处理方案。

　　地下室混凝土施工质量对结构防水有着至关重要的作用，混凝土结构自防水是防水设防特别重要的一道防水措施。因此，从建筑材料、技术方案、人员操作技能、技术交底等方面做好事前控制，事中做好混凝土精确配料、控制运输和浇筑时间、精益浇筑工艺工序，事后确保养护制度的落实，施工时每一步要按方案、按规范精心组织施工，确保混凝土本身密实性。

9.1　实训目的

　　1）了解防水工程所用防水材料的种类与性能。

　　2）掌握卷材防水屋面和涂膜防水屋面的施工工艺。

　　3）掌握卫生间防水和地下室工程防水的材料和施工工艺、方法与质量要求。

　　4）能按照《建筑与市政工程防水通用规范》（GB 55030—2022）等相关规范进行防水工程质量的验收与质量控制。

9.2　实训内容

　　1）学习防水工程的技术要求和工艺的基本知识。

　　2）根据要求应用施工工具，遵守操作规程，完成防水工程的施工任务。

　　3）根据防水工程施工质量验收规范进行防水工程的质量检验。

　　4）分析并解决防水工程中常见的质量问题。

9.3 知识拓展

9.3.1 工程防水类别及等级

屋面刚性防水层   屋面内檐沟防水

1）工程防水应遵循因地制宜、_____、_____、综合治理的原则。

2）工程防水设计工作年限应符合下列规定：

① 地下工程防水设计工作年限不应低于_____。

② 屋面工程防水设计工作年限不应低于_____年。

③ 室内工程防水设计工作年限不应低于_____年。

④ 桥梁工程桥面防水设计工作年限不应低于桥面铺装设计工作年限。

⑤ 非侵蚀性介质蓄水类工程内壁防水设计工作年限不应低于 10 年。

3）工程防水类别按其防水功能重要程度分为甲类、乙类和丙类，具体划分应符合表 9-1 的规定。

表 9-1 工程防水类别

工程类型		工程防水类别		
		甲类	乙类	丙类
建筑工程	地下工程	有人员活动的民用建筑地下室，对渗漏敏感的建筑地下工程	除甲类和丙类以外的建筑地下工程	对渗漏不敏感的物品、设备使用或储存场所，不影响正常使用的建筑地下工程
	屋面工程	民用建筑和对渗漏敏感的工业建筑屋面	除甲类和丙类以外的建筑屋面	对渗漏不敏感的工业建筑屋面
	外墙工程	民用建筑和对渗漏敏感的工业建筑外墙	渗漏不影响正常使用的工业建筑外墙	—
	室内工程	民用建筑和对渗漏敏感的工业建筑室内楼地面和墙面	—	—

4）工程防水使用环境类别划分应符合表 9-2 的规定。

表 9-2 工程防水使用环境类别划分

工程类型		工程防水使用环境类别		
		Ⅰ类	Ⅱ类	Ⅲ类
建筑工程	地下工程	抗浮设防水位标高与地下结构板底标高高差 $H \geq 0$	抗浮设防水位标高与地下结构板底标高高差 $H < 0$	—
	屋面工程	年降水量 $P \geq 1300\text{mm}$	$400\text{mm} \leq$ 年降水量 $P < 1300\text{mm}$	年降水量 $P < 400\text{mm}$
	外墙工程	年降水量 $P \geq 1300\text{mm}$	$400\text{mm} \leq$ 年降水量 $P < 1300\text{mm}$	年降水量 $P < 400\text{mm}$
	室内工程	频繁遇水场合，或长期相对湿度 RH≥90%	间歇遇水场合	偶发渗漏水可能造成明显损失的场合

注：工程防水使用环境类别为Ⅱ类的明挖法地下工程，当该工程所在地年降水量大于 400mm 时，应按Ⅰ类防水使用环境选用。

5）工程防水等级依据工程防水类别和工程防水使用环境类别分为一级、二级、三级。暗挖法地下工程防水等级应根据工程防水类别、工程地质条件和施工条件等因素确定，其他工程防水等级不应低于表9-3的规定。

表9-3 工程防水等级划分

工程防水等级		工程防水使用环境类别		
		I 类	II 类	III 类
工程 防水 类别	甲类	一级	一级	二级
	乙类	一级	二级	三级
	丙类	二级	三级	三级

6）工程使用的防水材料应满足耐久性要求，卷材防水层应满足接缝剥离强度和搭接缝不透水性要求。

9.3.2 材料工程要求

1. 一般规定

1）防水材料的耐久性应与工程防水设计工作年限相适应。

2）防水材料的选用应符合下列规定：材料性能应与工程使用环境条件相适应；每道防水层厚度应满足防水设防的最小厚度要求；防水材料影响环境的物质和有害物质限量应满足要求。

3）外露使用防水材料的燃烧性能等级不应低于 B2 级。

2. 防水混凝土

1）防水混凝土的施工配合比应通过试验确定，其强度等级不应低于C25，试配混凝土的抗渗等级应比设计要求提高_____MPa。

2）防水混凝土应采取减少开裂的技术措施。

3）防水混凝土除应满足抗压、抗渗和抗裂要求外，尚应满足工程所处环境和工作条件的耐久性要求。防水混凝土应及时进行保湿养护，养护期不应少于_____天。

3. 防水卷材和防水涂料

1）防水材料耐水性试验后不应出现裂纹、分层、起泡和破碎等现象。

2）沥青类和高分子类材料的热老化试验性能应符合要求。

3）外露使用防水材料的人工气候加速老化试验后不应出现开裂、分层、起泡、黏结和孔洞等现象。

4）防水卷材搭接缝不透水性要求在规范规定的试验温度和水压力条件下，30min 内不透水。

5）卷材防水层和防水涂料层最小厚度应符合表9-4的规定。

表9-4 卷材防水层和防水涂料层最小厚度

防水卷材或防水涂料类型		最小厚度/mm
聚合物改性沥 青类防水卷材	热熔法施工聚合物改性防水卷材	3.0
	热沥青黏结和胶粘法施工聚合物改性防水卷材	3.0

（续）

防水卷材或防水涂料类型			最小厚度/mm
聚合物改性沥青类防水卷材	预铺反粘防水卷材（聚酯胎类）		4.0
	自粘聚合物改性防水卷材（含湿铺）	聚酯胎类	3.0
		无胎类及高分子膜基	1.5
合成高分子类防水卷材	均质型、带纤维背衬型、织物内增强型		1.2
	双面复合型		主体片材芯材1.5
	预铺反粘防水卷材	塑料类	1.2
		橡胶类	1.5
	塑料防水板		1.2
防水涂料	反应型高分子类防水涂料		1.5
	聚合物乳液类防水涂料		
	水性聚合物沥青类防水涂料		
	热熔施工橡胶沥青类防水涂料		2.0

4. 水泥基防水材料

1）外涂型水泥基渗透结晶型防水材料的性能应符合《水泥基渗透结晶型防水材料》（GB 18445—2012）的规定，防水层的厚度不应小于1.0mm，用量不应小于1.5kg/m^2。

2）地下工程使用时，聚合物水泥防水砂浆防水层的厚度不应小于6.0mm，掺外加剂、防水剂的砂浆防水层的厚度不应小于18.0mm。

9.3.3 防水设防要求

1. 基本规定

1）种植屋面和地下建（构）筑物种植顶板工程防水等级应为一级，并应至少设置一道具有耐根穿刺性能的防水层，其上应设置保护层。

2）地下工程迎水面主体结构应采用防水混凝土，并应符合下列规定：防水混凝土应满足抗渗等级要求；防水混凝土结构厚度不应小于250mm；防水混凝土的裂缝宽度不应大于结构允许限值，并不应贯通；寒冷地区抗冻设防段防水混凝土抗渗等级不应低于P10。

3）受中等及以上腐蚀性介质作用的地下工程应符合下列规定：防水混凝土强度等级不应低于C35；防水混凝土抗渗等级不应低于P8；迎水面主体结构应采用耐侵蚀性防水混凝土，外设防水层应满足耐腐蚀要求。

2. 明挖法地下工程

1）明挖法地下工程现浇混凝土结构防水做法应符合表9-5的规定。

表9-5 主体结构防水做法

防水等级	防水做法	防水混凝土	外设防水层		
			防水卷材	防水涂料	水泥基防水材料
一级	不应少于3道	为1道，应选	不应少于2道；防水卷材或防水涂料不应少于1道		
二级	不应少于2道	为1道，应选	不少于1道；任选		
三级	不应少于1道	为1道，应选	—		

注：水泥基防水材料指防水砂浆、外涂型水泥基渗透结晶防水材料。

2）叠合式结构的侧墙等工程部位，外设防水层应采用水泥基防水材料。

3. 建筑工程屋面

1）平屋面工程的防水做法应符合表 9-6 的规定。

表 9-6　平屋面工程的防水做法

防水等级	防水做法	防水层	
		防水卷材	防水涂料
一级	不应少于 3 道	卷材防水层不应少于 1 道	
二级	不应少于 2 道	卷材防水层不应少于 1 道	
三级	不应少于 1 道	任选	

2）屋面排水坡度应根据屋顶结构形式、屋面基层类别、防水构造形式、材料性能及使用环境等条件确定，并应符合下列规定：平屋面排水坡度应 ≥2%；当屋面采用结构找坡时，其坡度 ≥3%；混凝土屋面檐沟、天沟的纵向坡度 ≥1%。

4. 建筑室内工程

1）室内楼地面防水做法应符合表 9-7 的规定。

表 9-7　室内楼地面防水做法

防水等级	防水做法	防水层		
		防水卷材	防水涂料	水泥基防水材料
一级	不应少于 2 道	防水涂料或防水卷材不应少于 1 道		
二级	不应少于 1 道	任选		

2）室内墙面防水层不应少于 1 道。

3）有防水要求的楼地面应设排水坡，并应坡向地漏或排水设施，排水坡度不应小于 1.0%。

4）用水空间与非用水空间楼地面交接处应有防止水流入非用水房间的措施。淋浴区墙面防水层翻起高度不应小于 2000mm，且不低于淋浴喷淋口高度。盥洗池（盆）等用水处墙面防水层翻起高度不应小于 1200mm。墙面其他部位泛水翻起高度不应小于 250mm。

5）室内工程的防水构造设计应符合下列规定：地漏的管道根部应采取密封防水措施；穿过楼板或墙体的管道套管与管道间应采用防水密封材料嵌填压实；穿过楼板的防水套管应高出装饰层完成面，且高度不应小于 20mm。

9.3.4　卷材防水屋面

1. 卷材防水屋面的构造

卷材防水屋面的构造，如图 9-1 所示。

2. 防水材料的选择

（1）高聚物改性沥青防水卷材　高聚物改性沥青防水卷材是以合成高分子聚合物改性沥青为涂盖层，纤维织物或纤维毡为胎体，粉状、粒状、片状或薄膜材料为覆盖材料制成的可卷曲的片状材料。

（2）合成高分子防水卷材　合成高分子防水卷材是以合成橡胶、合成树脂或两者的混合体为基料，加入适量的化学助剂和填充料等，经不同工序加工而成的可卷曲的片状防水材

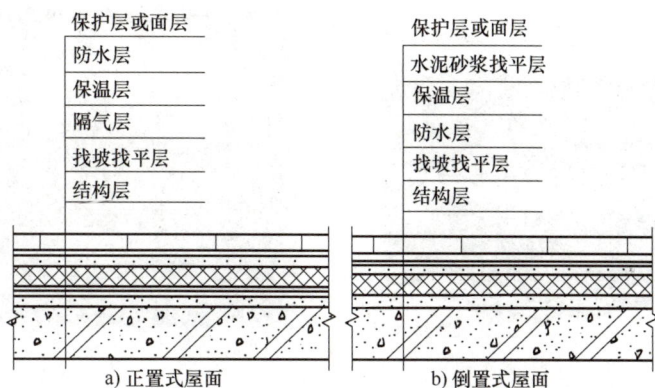

图 9-1　卷材防水屋面的构造

料；或把上述材料与合成纤维等复合，形成两层或两层以上的可卷曲的片状防水材料。

（3）基层处理剂

1）基层处理剂的选择应与所用卷材的材性相容。常用的基层处理剂有用于沥青卷材防水屋面的冷底子油，它的作用是使沥青胶与水泥砂浆找平层更好地黏结，其配合比（质量比）一般为石油沥青40%加柴油或轻柴油60%（俗称慢挥发性冷底子油），涂刷后12~48h即可干燥；也可用快挥发性冷底子油，配合比一般为石油沥青30%加汽油70%，涂刷后5~10h即可干燥。

2）涂刷冷底子油的施工要求为：在找平层完全干燥后方可施工，待冷底子油干燥后，立即做油毡防水层；否则冷底子油粘了灰尘后，应返工重刷。

3）用于高聚物改性沥青防水卷材屋面的基层处理剂是聚氨酯煤焦油系的二甲苯溶液、氯丁胶乳溶液、氯丁胶沥青乳液等。

4）用于合成高分子防水卷材屋面的基层处理剂，一般采用聚氨酯涂膜防水材料的甲料、乙料、二甲苯按 1∶1.5∶3 的比例配合搅拌，或者采用氯丁胶乳。

（4）胶黏剂　高聚物改性沥青防水卷材可选用橡胶或再生橡胶改性沥青的汽油溶液或水乳液作胶黏剂，其黏结剪切强度应大于 0.05MPa，黏结剥离强度应大于 8N/10mm。常用的胶黏剂为氯丁橡胶改性沥青胶黏剂。

合成高分子防水卷材可选用以氯丁橡胶和丁基酚醛树脂为主要成分的胶黏剂（如404胶等），或以氯丁橡胶乳液制成的胶黏剂，其黏结剥离强度不应小于15N/10mm，其用量以 0.4~0.5kg/m² 为宜。施工前也应查明产品的使用要求，与相应的卷材配套使用。

3. 材料进场检验

1）同一品种、型号和规格的卷材，抽样数量：大于1000卷抽取5卷；500~1000卷抽取4卷；100~499卷抽取3卷；小于100卷抽取2卷，如图9-2所示。

2）将受检的卷材进行规格、尺寸和外观质量检验，全部指标达到标准规定时即为合格。其中若有一项指标达不到要求，允许在受检产品中另取相同数量卷材进行复检，全部达到标准规定为合格。复检时仍有一项指标不合格，则判定该产品外观质量为不合格。

3）在外观质量检验合格的卷材中，任取一卷做物理性能检验，若物理性能有一项指标不符合标准规定，应在受检产品中加倍取样进行该项复检，如复检结果仍不合格，则判定该产品为不合格产品。

a)　　　　　　　　　　　b)

图 9-2　防水卷材外观

4. 卷材防水层施工

（1）清理基层　基层要保证平整，无空鼓、起砂，阴阳角应呈圆弧形，坡度符合设计要求，尘土、杂物要清理干净，保持干燥，如图 9-3 所示。将一块 $1m^2$ 卷材平坦干铺在找平层上，静置 3~4h 后掀开检查，找平层覆盖部位无水印即可铺设。

a)　　　　　　　　　　　b)

图 9-3　清理基层

（2）找平层施工　找平层为基层（或保温层）与防水层之间的过渡层，一般采用 1:3 的水泥砂浆或沥青砂浆。找平层的厚度取决于结构基层的种类，水泥砂浆厚度一般为 15~30mm，细石混凝土厚度一般为 30~35mm，强度等级不低于 C20，沥青砂浆厚度一般为 15~25mm。找平层质量的好坏直接影响到防水层的铺贴质量。要求找平层表面平整，无松动、起壳和开裂现象，与基层黏结牢固，坡度应符合设计要求，一般檐沟纵向坡度不应小于 1%，在水落口周围直径 500mm 范围内坡度不应小于 5%。两个面相接处均应做成半径不小于 100mm 的圆弧或斜面长度为 100~150mm 的钝角。找平层宜设置分格缝，缝宽为 20mm，分格缝宜留设在预制板支承边的拼缝处，缝间距为：采用水泥砂浆或细石混凝土时，不宜大于 6m；采用沥青砂浆时，不宜大于 4m。分格缝应嵌填密封材料，同时分格缝应附加 200~300mm 宽的卷材，如图 9-4 所示。

（3）喷涂基层处理剂（图 9-5）　基层处理剂利用汽油等溶液稀释胶黏剂制成，应搅拌均匀。基层处理剂可采用喷涂或涂刷的施工方法，喷涂应均匀一致，无露底。待基层处理剂干燥后，应及时铺贴卷材。喷涂时，应先用油漆刷对屋面节点、拐角、周边转角等细部进行涂刷，然后大面积涂刷。

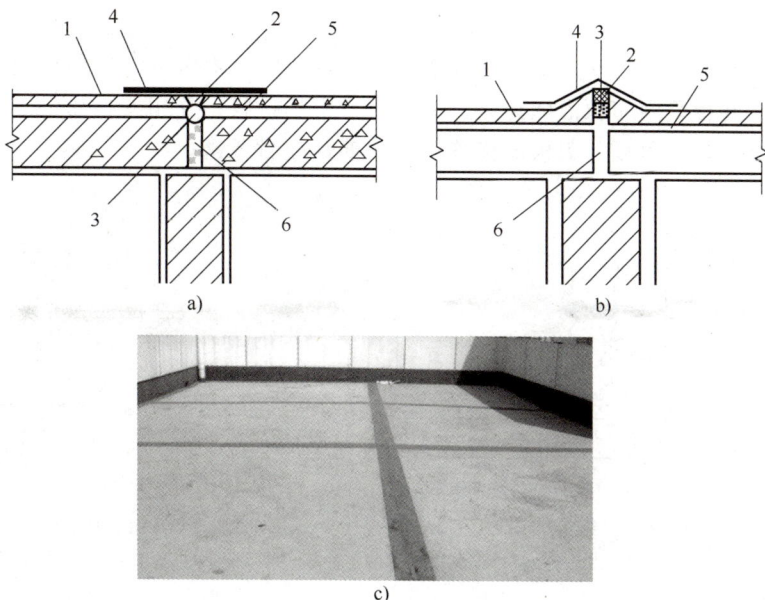

图 9-4　分格缝构造

1—刚性防水层　2—密封材料　3—背衬材料　4—防水材料　5—隔离层　6—细石混凝土

a) 冷底子油施工　　　　　　　b) 喷涂环氧改性沥青基层处理剂

图 9-5　喷涂基层处理剂

（4）细部处理

1）天沟、檐沟部位。天沟、檐沟部位铺贴卷材时，应从沟底开始，纵向铺贴，如沟底过宽，纵向搭接缝宜留设在屋面或沟的两侧。卷材应由沟底上翻至沟外檐顶部，卷材收头应用水泥钉固定，并用密封材料封严。如图 9-6 所示，沟内卷材附加层在天沟、檐口与屋面交接处宜空铺，空铺的宽度不应小于 200mm。

2）女儿墙泛水部位。当泛水墙体为砖墙时，卷材收头可直接铺压在女儿墙压顶下，压顶应做防水处理。也可在砖墙上预留凹槽，卷材收头端部应截齐并压入凹槽内，用压条或垫片钉牢。最大钉距不应大于 900mm，然后用密封材料将凹槽嵌填封严，凹槽上部的墙体也应抹水泥砂浆层做防水处理。当泛水墙体为混凝土时，卷材收头可采用金属压条钉牢，并用密封材料封严，如图 9-7 所示。需要注意的是，铺贴泛水的卷材应采取满粘法，

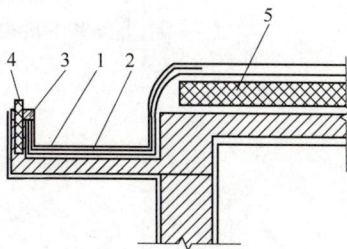

图 9-6　檐沟

1—防水层　2—附加层　3—水泥钉
4—密封材料　5—保温层

泛水高度不应小于250mm。

3）变形缝部位（图9-8）。变形缝的泛水高度不应小于250mm，其卷材应铺贴到变形缝两侧砌体上面，并且缝内应填泡沫塑料，上部应填衬垫材料，并用卷材封盖。变形缝顶部应加扣混凝土盖板或金属盖板，盖板的接缝处要用油膏嵌封严密。

女儿墙
（混凝土结构）

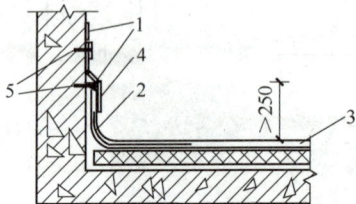

图9-7 女儿墙泛水收头

1—密封材料 2—附加层 3—防水层
4—水泥钉 5—防水处理

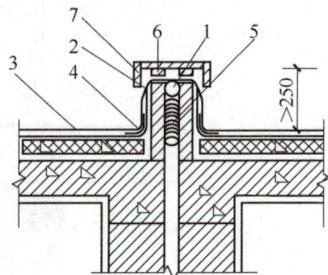

图9-8 变形缝

1—密封材料 2—金属或高分子盖板
3—防水层 4—金属压条 5—水泥钉
6—卷材封盖 7—泡沫塑料

4）水落口部位。水落口杯上口的标高应设置在沟底的最低处。铺贴时，卷材贴入水落口杯内不应小于50mm，涂刷防水涂料1~2遍，且使水落口周围直径为500mm的范围内坡度不小于5%；应在基层与水落口接触处留20mm宽、20mm深的凹槽，用密封材料嵌填密实，如图9-9所示。

5）伸出屋面的管道。管子根部周围做成圆锥台，管道与找平层相接处留20mm×20mm的凹槽，嵌填密封材料，并在卷材收头处用金属箍箍紧，密封材料封严，如图9-10所示。

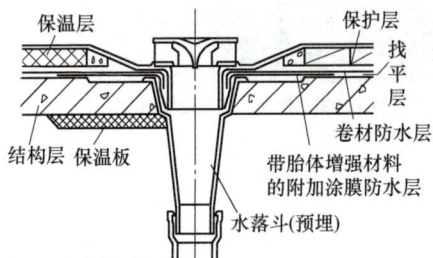

图9-9 直式水落口

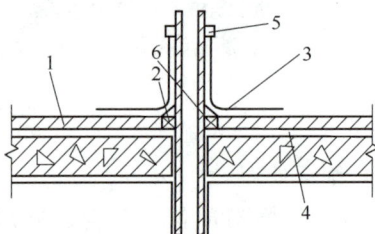

图9-10 伸出屋面的管道防水构造

1—刚性防水层 2—密封材料 3—防水卷材或涂膜
4—隔离层 5—金属箍 6—管道

6）无组织排水檐口。在排水檐口直径为800mm范围内卷材应采取满粘法，卷材收头压入预留的凹槽内，采用压条或垫片钉牢，最大钉距不应大于900mm，凹槽内用密封材料嵌填封严，并注意在檐口下端应抹出鹰嘴和滴水槽，如图9-11所示。

（5）卷材铺贴

1）铺贴方向。当屋面坡度小于3%时，卷材

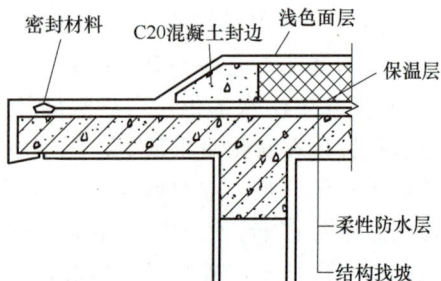

图9-11 无组织排水檐口

宜平行屋脊铺贴；当屋面坡度为 3%～15% 时，卷材可平行或垂直屋脊铺贴；当屋面坡度大于 15% 或屋面受振动时，卷材应垂直屋脊铺贴；上下层卷材不得相互垂直铺贴。

2）搭接方法及要求。卷材铺贴宜采用搭接法，上、下层及相邻两幅卷材的搭接缝应错开。平行于屋脊的搭接应顺流水方向，如图 9-12 所示；垂直于屋脊的搭接应顺主导风向，如图 9-13 所示。叠层铺设的各层卷材，在天沟与屋面的连接处，应采用叉接法搭接，搭接缝应错开，接缝宜留在屋面或天沟侧面，不宜留在沟底。

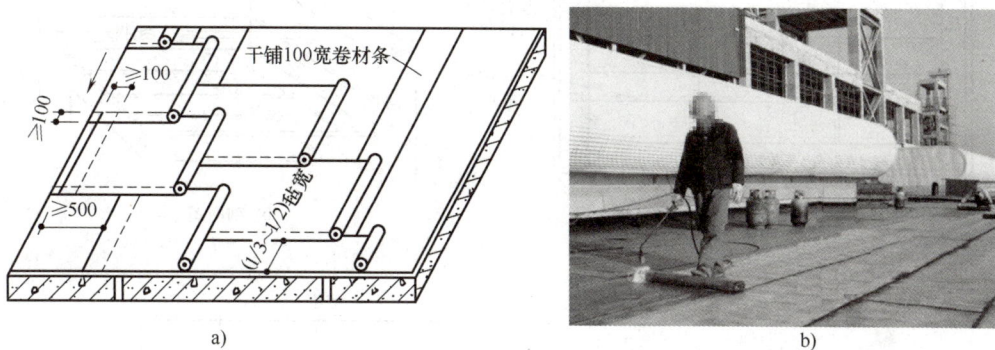

图 9-12　卷材平行于屋脊处铺贴搭接要求

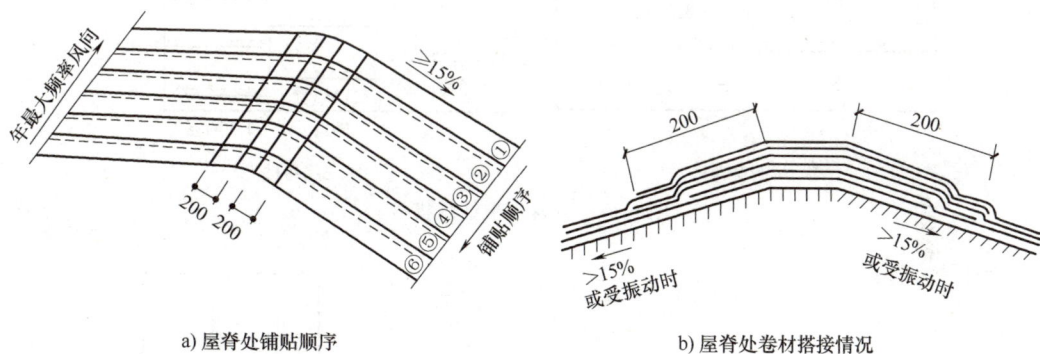

a) 屋脊处铺贴顺序　　　　　　b) 屋脊处卷材搭接情况

图 9-13　卷材垂直于屋脊处铺贴

各种卷材搭接宽度应符合要求，见表 9-8。

表 9-8　卷材搭接宽度

防水卷材类型	搭接方式	最小搭接宽度/mm
高聚物改性沥青防水卷材	热熔法、热沥青	100
	自粘搭接（含湿铺）	80
	胶黏剂、黏结料	100
	胶黏带、自粘胶	80
合成高分子防水卷材	单缝焊	60，有效焊接宽度不小于 25
	双缝焊	80，有效焊接宽度 10×2+空腔宽
	塑料防水板双缝焊	100，有效焊接宽度 10×2+空腔宽

相邻两幅卷材短边搭接缝应错开不小于 500mm，上下两层卷材纵向应错开 1/3 或 1/2 幅卷材宽度，如图 9-14 所示。平行于屋脊铺贴可一幅卷材一铺到底，工作面大、接头少、效率高，利用了卷材横向抗拉强度高于纵向抗拉强度的特点，防止卷材因基层变形而产生裂缝，宜优先采用。在阴阳角处，卷材铺贴按照图 9-15 所示进行裁剪后铺贴。

a) 平面图

b) 剖面图

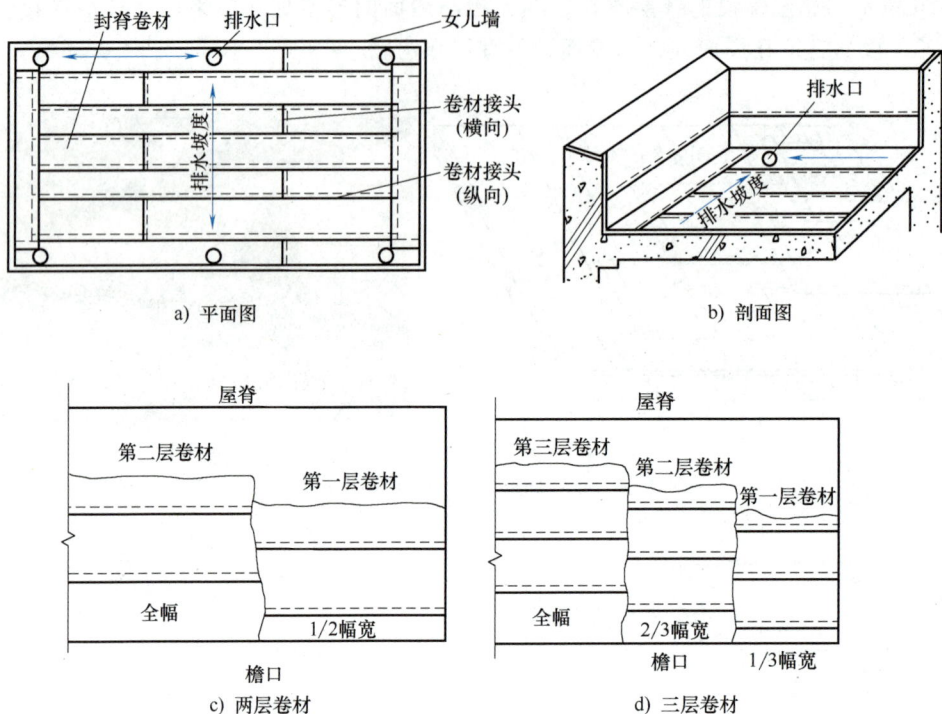

c) 两层卷材

d) 三层卷材

图 9-14　卷材水平铺贴搭接

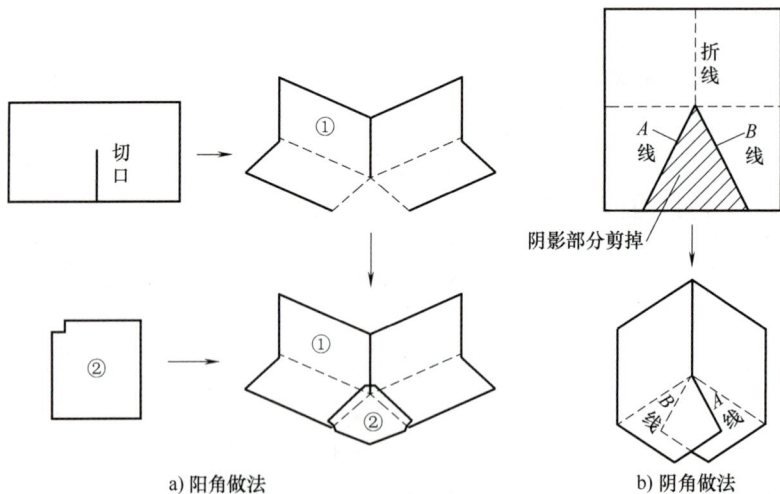

a) 阳角做法

b) 阴角做法

图 9-15　阴阳角卷材剪贴方法

3）高聚物改性沥青防水卷材防水，其施工方法主要有冷粘法、热熔法和自粘法三种。

① 冷粘法。将卷材放在弹出的基准线位置上，一般在基层上和卷材背面均涂刷胶黏剂，

根据胶黏剂的性能，控制胶黏剂涂刷与卷材铺贴的间隔时间，边涂边将卷材滚动铺贴。胶黏剂应涂刮均匀，不漏底、不堆积。用压辊均匀用力滚压，排除空气，使卷材与基层紧密粘贴牢固。卷材搭接处用胶黏剂满涂封口，滚压粘贴牢固。接缝应用密封材料封严，宽度不应小于 10mm。采用冷粘法施工时，应控制胶黏剂涂刷与卷材铺贴的间隔时间，以免影响黏结力和黏结的牢固性，卷材与基层连接方式有满粘、空铺、条粘、点粘四种，如图 9-16 所示。

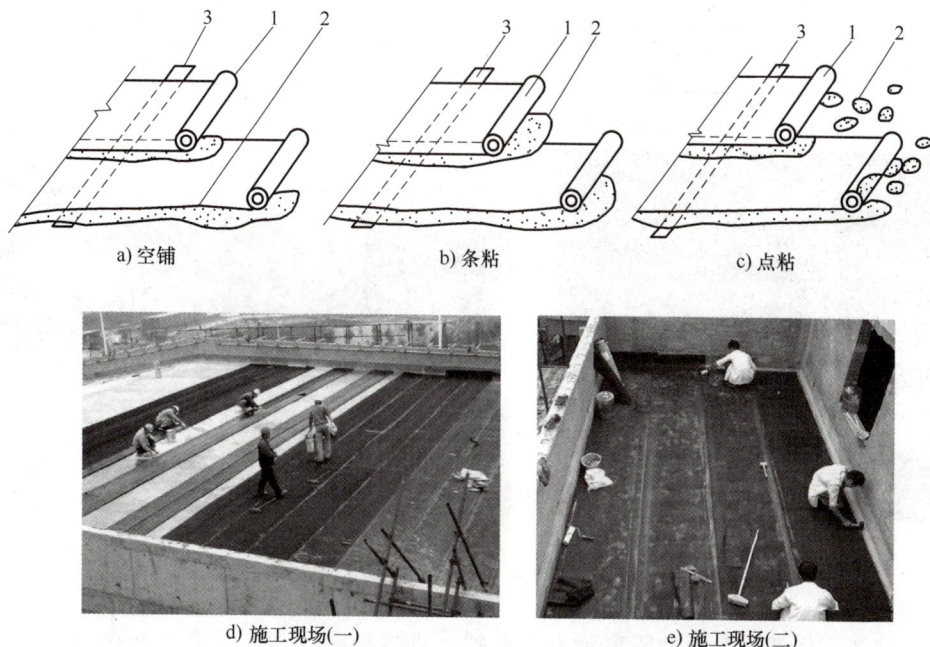

a) 空铺　　　　　　　　b) 条粘　　　　　　　　c) 点粘

d) 施工现场(一)　　　　　　　　e) 施工现场(二)

图 9-16　冷粘法施工

1—卷材　2—玛蹄脂　3—附加卷材

② 热熔法。热熔法工艺不得用于地下密闭空间、通风不畅空间、易燃材料附近的防水工程。将卷材放在弹出的基准线位置上，并用火焰加热烘烤卷材底面，加热器的喷嘴距卷材面的距离应适中，幅宽内加热应均匀，以卷材表面熔融至光亮黑色为准，不得过分加热卷材，如图 9-17 和图 9-18 所示。滚动时应排除卷材与基层之间的空气，压实使之平展并粘贴牢固，如图 9-19 所示。卷材的搭接部位以均匀地溢出改性沥青为准。搭接部位必须把下层的卷材搭接边 PE 膜、铝膜或矿物粒清除干净。厚度小于 3mm 的卷材，严禁采用热熔法施工；应在施工现场备有灭火器材，严禁烟火，易燃材料应有专人保存管理。

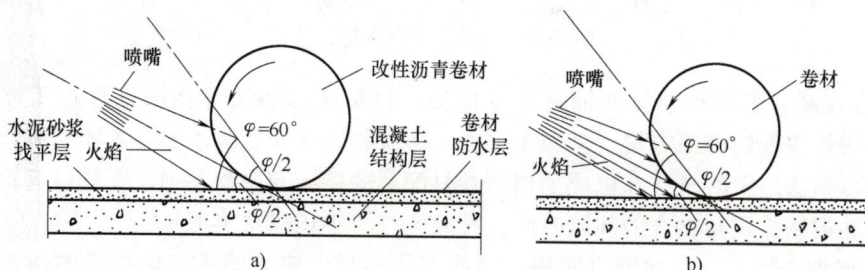

图 9-17　熔焊火焰与卷材和基层表面的相对位置

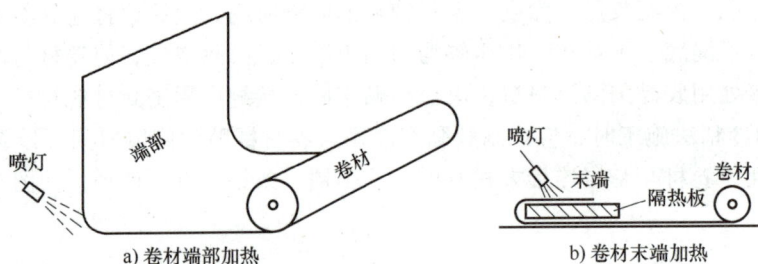

图 9-18　热熔卷材端部铺贴

图 9-19　热熔法施工

③ 自粘法。将卷材背面的隔离纸剥开撕掉，直接粘贴在弹出的基准线位置上，排除卷材下面的空气，滚压平整，粘贴牢固，如图 9-20 所示。低温施工时，立面、大坡面及搭接部位宜采用热风机加热，加热后随即粘贴牢固。接缝口用密封材料封严，宽度不应小于 10mm。

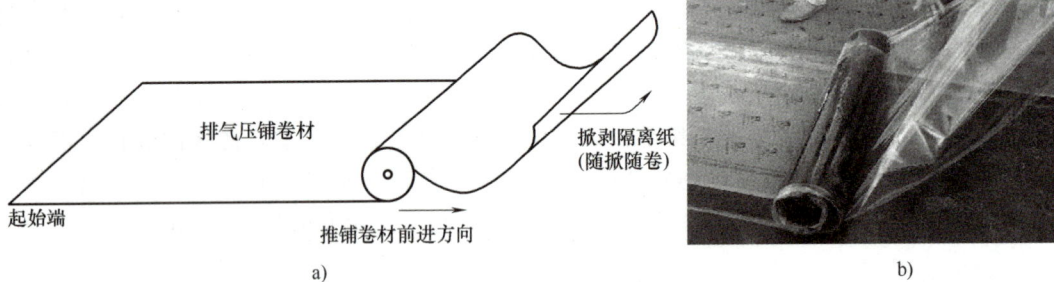

图 9-20　自粘型卷材滚铺法施工

4）合成高分子防水卷材的铺贴为冷粘法、自粘法和热风焊接法三种施工方法，冷粘法、自粘法是主要的施工方法，其施工方法与高聚物改性沥青防水卷材基本相同，如图 9-21 所示。但冷粘法施工时搭接部位应采用与卷材配套的接缝专用胶黏剂，在搭接缝粘合面上涂刷均匀，并控制涂刷与粘合的间隔时间，排除空气，辊压黏结牢固。

（6）保护层施工　卷材铺设完毕，经检查合格后，应立即进行保护层的施工，及时保护防水层免受损伤，从而延长卷材防水层的使用年限。常用的保护层有涂料保护层，绿豆砂

a) 三元乙丙橡胶防水卷材   b) 自粘法铺贴

图 9-21 合成高分子防水卷材施工

保护层，细砂、云母或蛭石保护层，混凝土预制板保护层，水泥砂浆保护层，细石混凝土保护层。

9.3.5 涂膜防水施工

涂膜防水施工是在屋面、卫生间、地下室等基层上涂刷防水涂料，经固化后形成一层有一定厚度和弹性的整体涂膜，从而达到防水目的的一种防水形式，如图 9-22 所示。防水涂料的特点：防水性能好，固化后无接缝；施工操作简便，可适应各种复杂的防水基面；与基面黏结强度高；温度适应性强；施工速度快，易于修补等。

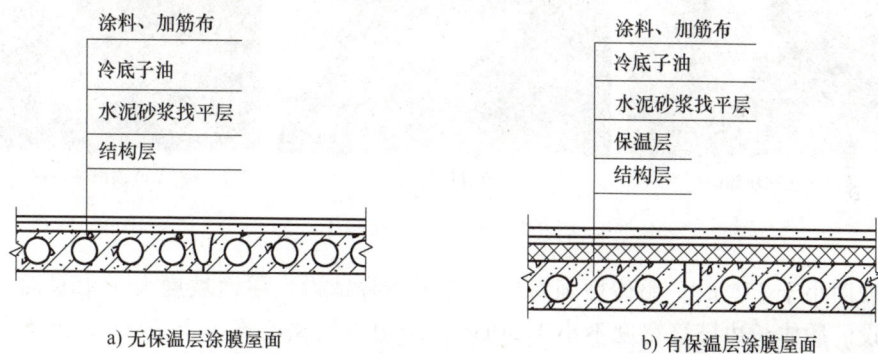

a) 无保温层涂膜屋面   b) 有保温层涂膜屋面

图 9-22 涂膜防水屋面构造

1. 基层要求

基层必须平整，如果基层凹凸不平或局部隆起，在做涂膜防水层时，其厚薄就会不均匀。基层凸起部分，使防水层过薄，凹陷部分，使防水层过厚，易产生皱纹。

2. 材料要求

（1）进场防水涂料和胎体增强材料的抽样复验

1）同一规格、品种的防水涂料，每 10t 为一批，不足 10t 者按一批进行抽样。胎体增强材料，每 3000m^2 为一批，不足 3000m^2 者按一批进行抽样。

2）防水涂料和胎体增强材料的物理性能检验，全部指标达到标准规定时，即为合格。若有一项指标达不到要求，允许在受检产品中加倍取样进行该项复检；如复检结果仍不合格，则判定该产品为不合格产品。

（2）防水涂料和胎体增强材料的储运、保管

1）防水涂料包装容器必须密封，容器表面应标明涂料名称、生产厂名、执行标准号、生产日期和产品有效期，并分类存放。

2）反应型和水乳型涂料储运和保管的环境温度不宜低于5℃。

3）溶剂型涂料储运和保管的环境温度不宜低于0℃，并不得日晒、碰撞和渗漏；保管环境应干燥、通风，并远离火源；仓库内应有消防设施。

4）胎体增强材料储运、保管的环境应干燥、通风，并远离火源。

3. 涂膜防水层施工

涂膜防水层施工（图9-23）程序：基层检查及处理→涂刷基层处理剂→节点和特殊部位附加增强处理→涂布防水涂料、铺贴胎体增强材料→防水层清理与检查整修→保护层施工。

涂料施工一般采用手工抹压、涂刷或喷涂等方法进行。涂膜应根据防水涂料的品种分遍涂布，防水层与基层黏结牢固、表面平整、涂刷均匀，无流淌、皱折、鼓泡、露胎体和翘边等缺陷，涂膜防水层必须由两层以上涂层组成，每层应刷2~3遍，上一层涂层干燥成膜后方可涂后一遍涂料，不可一次涂成。

a) 手工抹压涂刷　　　　　　b) 涂刷均匀　　　　　　c) 表面平整

图 9-23　涂膜防水层施工

屋面坡度小于15%时，胎体增强材料平行于屋脊铺设，屋面坡度大于15%时，应垂直于屋脊铺设。胎体长边搭接宽度不小于50mm，短边搭接宽度不小于70mm，上下层不得相互垂直铺设，搭接缝应错开不小于幅宽的1/3。胎体增强材料及铺设如图9-24所示。

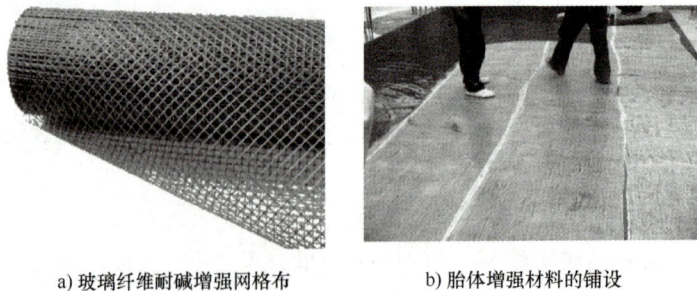

a) 玻璃纤维耐碱增强网格布　　　　b) 胎体增强材料的铺设

图 9-24　胎体增强材料及铺设

在涂层结膜硬化前，不得在其上行走或堆放物品。雨天或涂层干燥结膜前可能下雨刮风时不得施工，不宜在气温高于35℃及日均气温低于5℃时施工。

9.3.6　地下室防水

1. 结构自防水

结构自防水是依靠建（构）筑物结构（底板、墙体、楼顶板等）材料自身的密实性，以及采取坡度、伸缩缝等构造措施，辅以嵌缝膏、埋设止水带或止水环等细部构造，起到结构构件自身防水的作用。结构本身既是承重围护结构，又是防水层。因此，它具有施工方便、工期较短、改善劳动条件和节省工程造价等优点，一般地下工程都是通过防水混凝土材料和细部构造施工来达到整体防水目的的。

（1）防水混凝土的一般要求　防水混凝土是通过混凝土本身的憎水性和密实性，来达到防水目的的一种混凝土，它既是防水材料，又是承重材料和围护结构的材料。

1）防水混凝土使用的水泥，应按以下原则选用：

① 水泥强度等级不低于32.5级，且不得使用过期或受潮结块的水泥，不同品种或强度等级的水泥不能混用。

② 在不受侵蚀介质和冻融作用时，宜采用普通硅酸盐水泥、硅酸盐水泥、火山灰质硅酸盐水泥、粉煤灰硅酸盐水泥，如采用硅酸盐水泥必须掺用外加剂（高效减水剂）。

③ 在受冻融作用时应优先选用普通硅酸盐水泥，不宜采用火山灰质硅酸盐水泥和粉煤灰硅酸盐水泥。

2）应根据工程需要掺入引气剂、减水剂、密实剂、膨胀剂、防水剂、复合型外加剂等外加剂，具体掺量和品种应通过实验室试验确定。

3）防水混凝土除了满足设计要求的强度等级，还要满足一定的抗渗等级。防水混凝土的抗渗等级应符合规定。

（2）防水混凝土结构应满足的要求

1）结构厚度不小于250mm。

2）裂缝宽度不得大于0.2mm，且不能贯通。

3）钢筋保护层厚度迎水面不应小于50mm。

2. 防水混凝土的施工

防水混凝土施工主要经过拌和、浇筑、振捣、养护等步骤。

防水混凝土的拌和必须采用机械搅拌，搅拌时间要超过2min，保证拌和均匀。掺有外加剂的防水混凝土的搅拌时间应按相应的外加剂技术要求或实验室混凝土试验确定的最佳搅拌时间来确定。

防水混凝土尽量连续浇筑，少留施工缝。留设施工缝时，应注意如下两点：

1）顶板、底板不宜留施工缝，顶拱、底拱不宜留纵向施工缝，墙体水平施工缝不应留在剪力与弯矩最大处或底板与侧墙的交接处，应留在高出底板表面不小于300mm的墙体上，墙体有孔洞时，施工缝距孔洞边缘不宜小于300mm。拱墙结合的水平施工缝，宜留在起拱线以下150~300mm处，如图9-25所示。先拱后墙的施工缝可留在起拱线处，但必须加强防水措施。

2）垂直施工缝应避开地下水和裂隙水较多的地段，并宜与变形缝相结合。

防水混凝土的振捣必须采用机械振捣，振捣时间宜为10~30s，以混凝土开始泛浆和不冒泡为最佳，避免漏振、欠振和过振，保证混凝土的密实。掺有引气剂或引气型减水剂时，

a)   b)

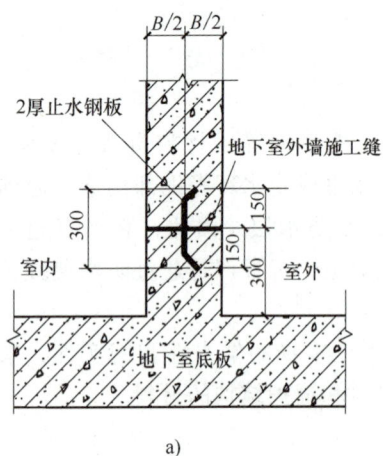

图 9-25　地下室墙体水平施工缝

应采用高频插入式振捣器振捣。墙体模板的固定要使用止水穿墙螺杆，防止地下水从螺杆渗透进地下室内，如图 9-26 和图 9-27 所示。

图 9-26　螺杆穿墙止水措施

a)   b)

图 9-27　地下室外墙后浇带

地下室墙体水平施工平口缝防水基本构造如图 9-28 所示。对于中埋式止水带，钢板止水带 $L \geqslant 150\text{mm}$，橡胶止水带 $L \geqslant 200\text{mm}$，钢边橡胶止水带 $L \geqslant 120\text{mm}$；对于遇水膨胀止条，7d净膨胀率不宜大于最终膨胀率的60%，最终膨胀率宜大于220%；对于外贴防水层，外贴止水带厚度为≥150mm，外涂防水涂料厚度为200mm，外抹防水砂浆 $L=200mm$；对于预埋注浆管，施工时要注意注浆时机，一般在混凝土浇筑28d后、结构装饰施工前注浆。

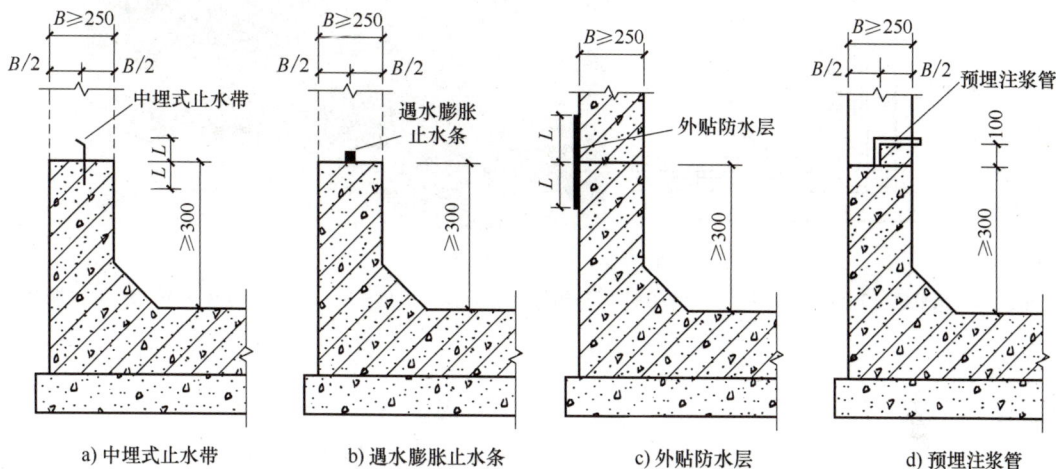

a) 中埋式止水带　　b) 遇水膨胀止水条　　c) 外贴防水层　　d) 预埋注浆管

图9-28　防水混凝土施工平口缝防水构造

防水混凝土进入终凝时要立即进行养护，防水混凝土水泥用量较多，收缩性较大，如果早期脱水或养护中缺乏必要的温、湿条件，会对抗渗性影响很大。一般浇筑4~6h后，防水混凝土进入终凝阶段，立即覆盖并浇水养护。浇筑3d内每天应浇水3~6次，3d后每天2~3次，养护天数不少于14d。

3. 地下室卷材防水施工

设置防水层就是在结构的外侧按设计要求设置防水层，以达到防水的目的。常用的防水层有水泥砂浆防水层、卷材防水层、沥青胶结料防水层和金属防水层，可根据不同的工程对象、防水要求、设计要求及施工条件选用不同的防水层。卷材防水层具有较好的韧性和延性，防水效果较好。其基本要求与屋面卷材防水层相同。

（1）材料要求　宜采用耐腐蚀油毡，油毡选用要求与防水屋面工程施工相同。沥青胶结料和冷底子油的选用、配制方法与石油沥青油毡防水屋面工程施工基本相同。沥青的软化点应高出基层及防水层周围介质可能达到最高温度的20~25℃，且不低于40℃。

（2）卷材防水层铺贴　柔性防水层采用卷材防水层，目前在地下工程的防水工程中选用高聚物改性沥青防水卷材和合成高分子防水卷材，柔性防水层的缺点是发生渗漏后修补较为困难。卷材防水层施工的铺贴方法，按其与地下防水结构施工的先后顺序分为外防外贴法和外防内贴法两种。

1）外防外贴法，是将立面防水卷材直接铺设在防水结构的外墙外表面，如图9-29和图9-30所示。施工程序：浇筑垫层→砌永久性保护墙→砌300mm高临时保护墙→墙上粉刷水泥砂浆找平层→转角处铺贴附加防水层→铺贴底板防水层→浇筑底板和墙体混凝土→防水结构外墙水泥砂浆找平层→立面防水层施工→验收、保护层施工。

2）外防内贴法，是在浇筑混凝土垫层后，将永久性保护墙全部砌好，将卷材铺贴在垫层和永久性保护墙上，如图9-31所示。

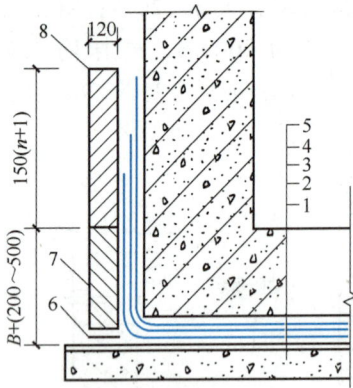

图 9-29　外防外贴法构造

1—垫层　2—找平层　3—卷材防水层　4—保护层　5—构筑物　6—干铺油毡一层　7—永久性保护墙　8—临时性保护墙

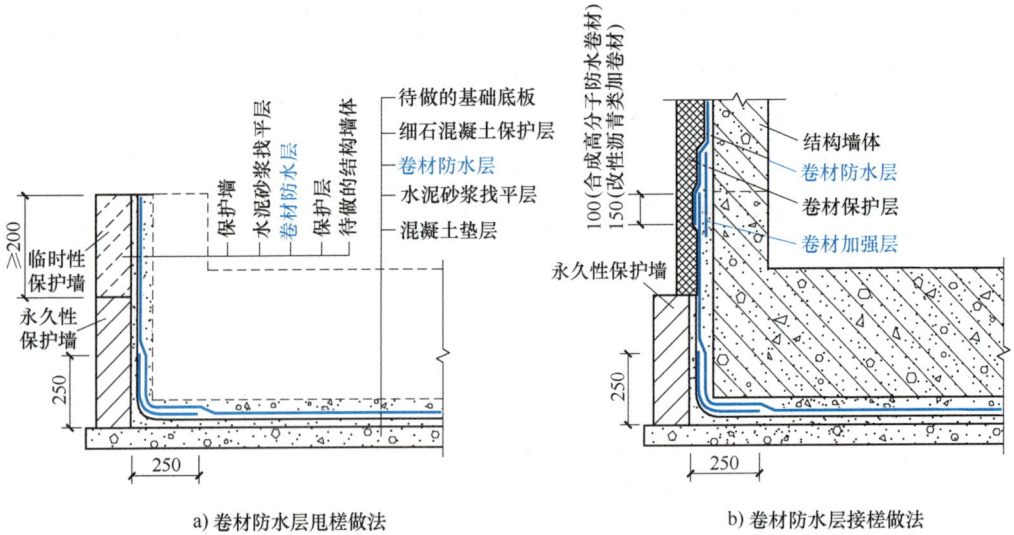

a) 卷材防水层甩槎做法　　　　　　　　　　　b) 卷材防水层接槎做法

图 9-30　卷材防水层搭接做法

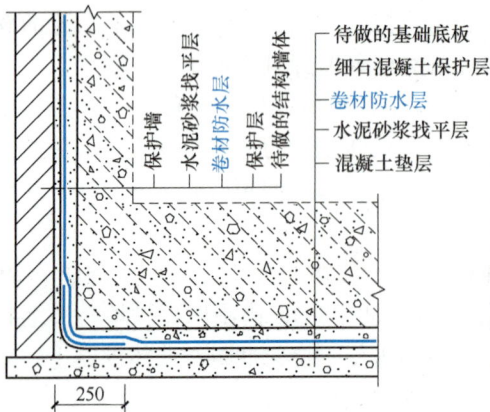

a)　　　　　　　　　　　　　　　　　　　b)

图 9-31　外防内贴法构造

9.3.7　防水工程质量验收

1）防水工程施工完成后应按规定程序和组织方式进行质量验收。

2）防水工程验收时，应核验下列文件和记录：设计施工图、图纸会审记录、设计变更文件；材料的产品合格证、质量检验报告、进场材料复验报告；施工方案；隐蔽工程验收记录；工程质量检验记录、渗漏水处理记录；淋水、蓄水或水池满水试验记录；施工记录；质量验收记录。

3）防水工程质量检验合格判定标准应符合表9-9的规定。

表 9-9　防水工程质量检验合格判定标准

工程类型		工程防水类别		
		甲类	乙类	丙类
建筑工程	地下工程	不应有渗水，结构背水面无湿渍	不应有滴漏、线漏，结构背水面可有零星分布的湿渍	不应有线流、漏泥沙，结构背水面可有少量湿渍、流挂或滴漏
	屋面工程	不应有渗水，结构背水面无湿渍	不应有渗水，结构背水面无湿渍	不应有渗水，结构背水面无湿渍
	外墙工程	不应有渗水，结构背水面无湿渍	不应有渗水，结构背水面无湿渍	—
	室内工程	不应有渗水，结构背水面无湿渍	—	—

4）地下工程、建筑屋面、建筑室内、道桥工程等排水系统应通畅。

5）防水隐蔽工程应留存现场影像资料，形成隐蔽工程验收记录，防水隐蔽工程检验内容应符合表9-10的规定。

表 9-10　隐蔽工程检验内容

工程类型	隐蔽工程检验内容
明挖法地下工程	1. 防水层的基层 2. 防水层及附加防水层 3. 防水混凝土结构的施工缝、变形缝、后浇带、诱导缝等接缝防水构造 4. 防水混凝土结构的穿墙管、埋设件、预留通道接头、桩头、格构柱、抗浮锚索（杆）等节点防水构造 5. 基坑的回填
建筑屋面工程	1. 防水层的基层 2. 防水层及附加防水层 3. 檐口、檐沟、天沟、雨水口、泛水、天窗、变形缝、女儿墙压顶和出屋面设施等节点防水构造
建筑室内工程	1. 防水层的基层 2. 防水层及附加防水层 3. 地漏、防水层铺设范围内的穿楼板或穿墙管道及预埋件等节点防水构造

6）防水工程检验批质量验收合格应符合下列规定（表9-11）：

① 主控项目的质量应经抽查检验合格。

② 一般项目的质量应经抽查检验合格。有允许偏差值的项目，其抽查点应有80%或以上在允许偏差范围内，且最大偏差值不应超过允许偏差值的1.5倍。

③ 应具有完整的施工操作依据和质量检查记录。

表 9-11　卷材防水层检验批质量验收记录

单位(子单位)工程名称			分部(子分部)工程名称		屋面/防水与密封	分项工程名称		卷材防水层
施工单位			项目负责人			检验批容量		
分包单位			分包单位项目负责人			检验批部位		
施工依据				验收依据		《屋面工程质量验收规范》(GB 50207—2012)		

		验收项目	设计要求及规范规定	最小/实际抽样数量	检查记录	检查结果
主控项目	1	防水卷材及其配套材料的质量	设计要求	—		
	2	防水层	不得有渗漏或积水现象	—		
	3	卷材防水层的防水构造	设计要求	—		
一般项目	1	搭接缝牢固，密封严密，不得扭曲等	第6.2.13条	—		
	2	卷材防水层的收头	第6.2.14条	—		
	3	卷材搭接宽度	−10mm	—		
	4	屋面排气构造	第6.2.16条	—		

施工单位检查结果	专业工长(施工员)： 项目专业质量检查员： 　　　　　年　　月　　日
监理(建设)单位验收结论	专业监理工程师 (建设单位项目专业负责人)： 　　　　　年　　月　　日

7）建筑屋面工程在屋面防水层和节点防水完成后，应进行雨后观察或淋水、蓄水试验，并应符合下列规定：

① 采用雨后观察时，降雨应达到中雨量级标准。

② 采用淋水试验时，持续淋水时间不应少于2h。

③ 檐沟、天沟、雨水口等应进行蓄水试验，其最小蓄水高度不应小于20mm，蓄水时间不应少于24h。

8）建筑外墙工程墙面防水层和节点防水完成后应进行淋水试验，并应符合下列规定：

① 持续淋水时间不应少于30min。

② 仅进行门窗等节点部位防水的建筑外墙，可只对门窗等节点进行淋水试验。

9）建筑室内工程在防水层完成后，应进行淋水、蓄水试验，并应符合下列规定：

① 楼、地面最小蓄水高度不应小于20mm，蓄水时间不应少于24h。

② 有防水要求的墙面应进行淋水试验，淋水时间不应少于 30min。

③ 独立水容器应进行满池蓄水试验，蓄水时间不应少于 24h。

④ 室内工程厕浴间楼地面防水层和饰面层完成后，均应进行蓄水试验。

9.4　防水工程施工方案实例

1. 工程概况

某医院综合病房楼工程，建筑面积 50019m²，地下 1 层、地上 16 层，建筑物檐高 67.04m，采用筏形基础，地下室防水采用微膨胀混凝土自防水和外贴双层 SBS 卷材防水相结合，主体为框架剪力墙体系。屋面采用两道 SBS 卷材防水，上铺麻刀灰隔离层，面贴缸砖保护，该屋面防水工程经质量检验坡度合理，排水通畅，女儿墙、泛水收头顺直、规矩，管道根部制作精致，经过一个夏季的考验，未发现有渗漏现象，防水效果较好。

2. 屋面构造层次

1）缸砖面层，1∶1 水泥砂浆嵌缝。

2）麻刀灰隔离层。

3）2 道 SBS 卷材防水层。

4）20mm 厚 1∶3 水泥砂浆找平层。

5）1∶6 水泥焦渣找坡层，最薄处 30mm 厚，坡度为 3%。

6）60mm 厚聚苯板保温层。

7）现浇混凝土楼板。

3. 施工工艺流程

屋面防水层的施工工艺流程：基层清理→涂刷基层处理剂→细部节点处理→铺贴防水卷材→收头密封→蓄水试验→隔离层施工→保护层施工。

1）清理基层。铲除基层表面的凸起物、砂浆疙瘩等杂物，并将基层清理干净。在分格缝处埋设排气管，排气管要安装牢固，封闭严密；排气道必须纵横贯通，不得堵塞，排气孔设在女儿墙的立面上，如图 9-32 所示。

2）涂刷基层处理剂。基层处理剂采用溶剂型橡胶改性沥青防水涂料，涂刷时要厚薄均匀，在基层处理剂干燥后，才能进行下一道工序。

3）细部节点处理。在大面积铺贴卷材防水层之前，应对所有的节点部位先进行防水增强处理。

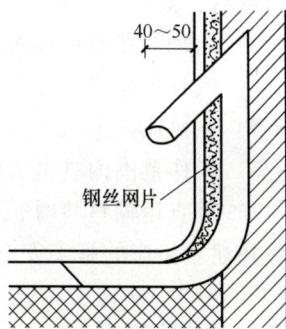

图 9-32　排气孔

4）铺贴防水卷材。采用热熔法施工，火焰加热器加热卷材时应均匀，不得过分加热或烧穿卷材；卷材表面热熔后应立即滚铺卷材，卷材下面的空气应排尽，并辊压黏结牢固，不得空鼓；卷材接缝部位必须溢出热熔的改性沥青胶；铺贴的卷材应平整顺直，搭接尺寸准确，不得扭曲、皱折。

5）收头密封。防水层的收头应与基层黏结并固定牢固，缝口封严，不得翘边。

6）蓄水试验。按标准试验方法进行。

7）隔离层、保护层施工。将防水层表面清理干净，铺设缸砖保护层。保护层与女儿墙山墙之间应预留宽度为30mm的缝隙，并用密封材料嵌填密实。

4. 质量要求

（1）材料要求　所用防水材料的各项性能指标均必须符合设计要求（检查出厂合格证、质量检验报告和试验报告）。

（2）找平层质量要求　找平层必须坚固、平整、粗糙，表面无凹坑、起砂、起鼓或酥松现象，表面平整度用2m的直尺检查，面层与直尺间最大间隙不应大于5mm，并呈平缓变化；要按照设计要求准确留置屋面坡度，以保证排水系统通畅；在平面与凸出物的连接处和阴阳角等部位的找平层应抹成圆弧，以保证防水层铺贴平整、黏结牢固；防水层作业前，基层应干净、干燥。

（3）卷材防水层铺贴工艺要求　铺贴工艺应符合标准、规范的规定和设计要求，卷材搭接宽度准确。防水层表面应平整，不应有孔洞、皱折、扭曲、损（烫）伤现象。卷材与基层之间、边缘、转角、收头部位及卷材与卷材搭接缝处应粘贴牢固，封边严密，不允许有漏熔、翘边、脱层、滑动、空鼓等缺陷。

（4）细部构造要求　雨水口、排气孔、管道根部周围、防水层与凸出结构的连接部位及卷材端头部位的收头均应粘贴牢固、密封严密。

（5）质量控制　施工过程中应坚持"三检制"（自检、互检、专检），即每一道工序完成后，应由专人进行检查，合格后方可进行下一道工序的施工。竣工的屋面防水工程应进行闭水或淋水试验，不得有渗漏和积水现象。

5. 劳动组织与安全

1）由经过上岗培训合格的防水专业操作人员施工，5人为一个操作组：1人定位铺设卷材、2人持枪热熔卷材，1人辊压排气，1人封边。

2）施工用防水材料及辅助材料属于易燃品，故在存料库及现场要严禁烟火，并应配备灭火器材，对操作人员进行灭火器具使用和灭火知识培训。

3）向加热器具内灌燃料时要避免溢出或洒在地面上，防止点火时引起火灾。

4）汽油火焰枪的点火枪嘴不得面对人，以免造成烫伤事故。

5）在挑檐、檐口等危险部位施工时，施工人员必须佩戴安全带。

6）操作范围内有电力线路时，四周应设防护，以免触电。

7）垂直运输材料时，应采取防护措施防止高空坠落等事故发生。施工班组应设有安全员，并建立相应的施工安全制度。施工前安全员应对班组进行安全交底。

9.5　实训环节

9.5.1　全国住房城乡建设行业职业技能防水工大赛训练

1. 赛项介绍

（1）赛项描述　防水工是使用工具或机具，进行建筑物、构筑物等防水和渗漏治理施工的人员。

（2）赛项标准　试题以国家职业技能标准《防水工》（职业编码：6-29-02-08）三级/高级工及以上职业技能等级的要求为基础，适当增加相关新知识、新技术、新技能等内容。试题聚集防水卷材施工、防水涂料施工、防水材料性能、防水规范规定、屋面防水、地下工程防水、室内防水、节点防水处理、渗漏水堵漏、质量检查与验收、安全文明施工等理论知识与施工操作内容，侧重对防水材料的施工、质量标准规定的掌握及应用能力的考核。

（3）参赛选手应具备的能力　参赛选手应具备识图知识和建筑防水工程构造图知识，常用防水材料知识，常用工具、机械知识，防水材料施工知识，渗漏治理知识，安全生产知识，相关法律法规知识等。

2. 竞赛内容

防水工赛项为单人赛，包括理论知识考试和技能操作考核两部分，其中理论知识考试成绩占总成绩的 30%，技能操作考核成绩占总成绩的 70%。

（1）理论知识考试

1）理论知识考考试类型。理论知识考试试题分为单项选择题、多项选择题和判断题。理论知识考试实行百分制，共 80 题，其中单项选择题 40 题，多项选择题 20 题，判断题 20 题。

2）理论知识考试时间。理论知识考试时间为 60 分钟。

3）理论知识考试方式。理论知识采用闭卷笔纸答题方式考试。

4）题库与试卷。理论知识考试题库 400 题，考试试卷分 A、B 卷，各 80 题。理论知识考试题库及标准答案公开发布，供参赛选手参考。

（2）技能操作考核

1）技能操作考核时间。技能操作考核时间为 240 分钟，含选手在比赛过程中休息、饮水、如厕等活动占用的时间。

2）技能操作考核样题。本赛项的技能操作考核分两个模块：聚氯乙烯（PVC）防水卷材施工（以下简称"PVC 防水卷材"）操作、聚合物水泥防水涂料（以下简称"JS 防水涂料"）操作。

3）考核模型。

① PVC 防水卷材模型：模拟屋面平面、女儿墙立面、水平阴角、竖向阳角、竖向阴角、三度阴角、二度阴角+一度阳角、出屋面管道。PVC 防水卷材模型用不小于 15mm 木板制成，如图 9-33 所示，图中排水坡度为示意，并非实际模型有坡度。

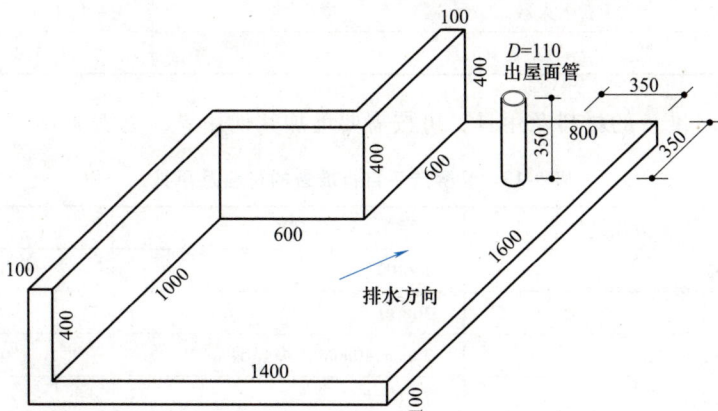

图 9-33　PVC 防水卷材铺贴模型

② JS 防水涂料模型：模拟女儿墙节点，包括屋面平面、女儿墙立面、水平阴角、水落口，涂料防水操作模型，如图 9-34 所示。

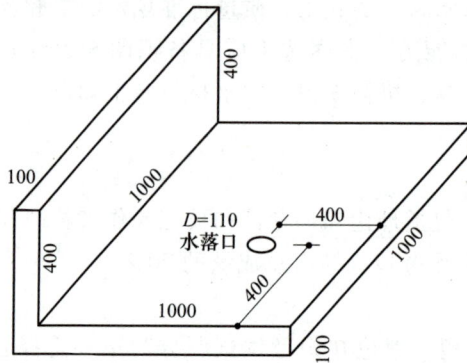

图 9-34　JS 防水涂料模型

4）技能操作考核材料与用具。赛场提供的 PVC 防水卷材及操作用具应符合标准要求，见表 9-12。

表 9-12　组委会准备的材料及用具

序号	材料及用具	规格	数量	
1	防水卷材	PVC 防水卷材 P 类，1.5mm 厚，2m 宽	2.2m×2m	每人
2		PVC 防水卷材 H 类，1.5mm 厚，2m 宽	1m×2m	每人
3	U 形压条	1×25×2000	1 根	每人
4	收口压条	2×20×2000	1.5 根	每人
5	C 形垫片	82×40	6 片	每人
6	固定螺钉	6.3×32 自攻钉	30 颗	每人
7	金属箍	直径 110mm	1 个	每人
8	螺钉旋具头	T30	1 个	每人
9	密封胶	600mL 腊肠式	1 只	每人
10	防爆插座	220V/16A(三相和二相插口各一个)	1 个	每人
11	灭火器	干粉灭火器	1 只	每 5~10 人
12	表中工具		至少一套备用	

参赛选手自行准备的材料及用具，可按需要增加其他用具，见表 9-13。

表 9-13　参赛选手自行准备的材料及用具

序号	材料及用具	规格	数量
1	热风焊枪	1600W	自行确定
2	压辊	30×30	自行确定
3	焊嘴	20mm，40mm，焊绳焊嘴	自行确定
4	钢丝刷	7~10 寸	1 只
5	钩针		1 把

（续）

序号	材料及用具	规格	数量
6	螺钉旋具	十字、一字	各1把
7	电动螺钉旋具	充电式	1把
8	钢锯		1把
9	剪刀	7~9寸	1把
10	尺子	卷尺、钢尺	各1把
11	密封胶枪	腊肠式	1把
12	防护用品	工作服、工作鞋、手套	自行确定

赛场提供的材料及用具应符合标准要求，见表9-14。

表9-14 赛场提供的材料及器具

序号	材料及用具	规格	数量	
1	防水涂料	JS防水涂料（Ⅱ型）	5kg液料+规定粉料	
2	无纺布	50g/m² 化纤无纺布	2.5m²	每人
3	配料搅拌桶	10~20L（可利用材料包装桶）	1个	
4	220V电源及插座	用于涂料搅拌	二插+三插	
5	表9-12中工具		至少一套备用	

参赛选手自行准备的卷材及重复用具不再列出，见表9-15。

表9-15 参赛选手自行准备的卷材及用具

序号	卷材及用具	规格	数量
1	电动搅拌器/搅拌桨头	20L手持式电动涂料搅拌器	1套
2	毛刷	50~100mm宽	自行确定
3	滤网	用于过滤涂料粉团	自行确定
4	墙纸刀、剪刀	常规	自行确定
5	美纹纸或胶带	30~50mm宽	自行确定
6	防护用品见表9-13		自行确定

3. 技能操作考核基本要求

PVC防水卷材要求如下：

（1）考核准备 防护品佩戴包括工作服、手套、工作鞋等。做好考核用具、防水材料及辅助材料、模具等检查工作。

（2）技术要求 包括模具平面有排水坡度标识，卷材应顺水搭接；卷材铺贴区域为模型的大平面、立面，除立面金属压条收头外，其他边卷材与模型临边齐平；模板立面已涂刷胶黏剂，可作卷材操作临时固定，现场不提供胶黏剂。

平面T形接缝需要打补丁处理，要求包括：

1）基层立面已涂刷胶黏剂，可以采用热风枪加热粘接卷材。

2）所有平面卷材采用1.5mm厚P类PVC防水卷材。平面卷材上翻至立面30mm（图

9-35）。竖向阴角多余部分剪除，竖向阳角可留有缺口。

3）出屋面管道部位破开平面卷材穿入，不得从管顶套入。

4）平面 A 块卷材应采用 C 形垫片和 SW 螺钉固定，垫片中心距卷材边为 30mm，间距 250mm，以水平阴角为起点排距（图 9-35）。

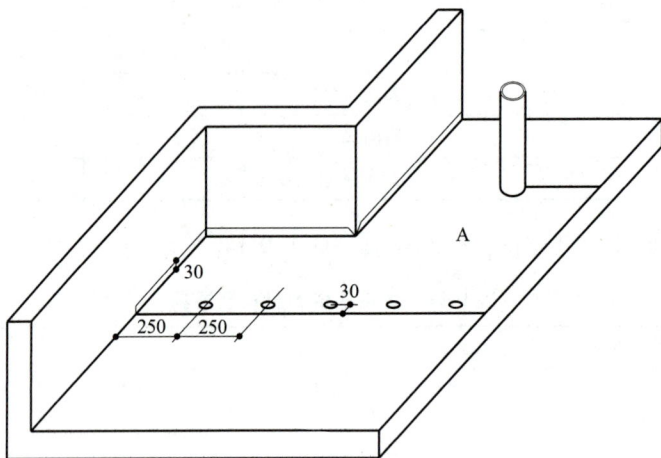

图 9-35　平面卷材及搭接边固定

5）平面卷材长边采用机械固定，有固定件的接缝宽度为 120mm，无固定件的接缝宽度为 80mm（图 9-36）。

6）平面卷材在水平阴角部位采用 U 形压条 SW 螺钉固定。压条距立面应≤3mm，压条上每 250mm 用螺钉固定。压条端头至竖向阴角和竖向阳角 150~180mm 处断开（图 9-36）。

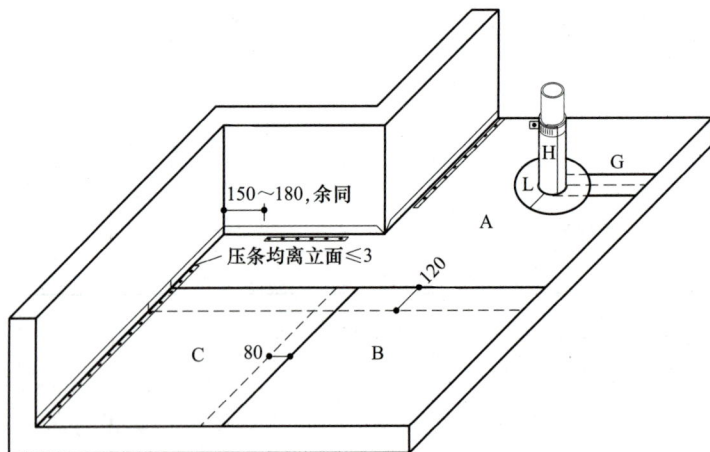

图 9-36　平面卷材搭接及阴角固定

7）平面卷材穿管破口处应采用卷材 G 盖缝，宽度为 120mm，骑缝均分铺贴（图 9-37）。G 盖缝条两长边与卷材 A 焊接，有效焊接宽度≥10mm。出屋面管道根部应采用开口圆环 L 节点处理，圆环边宽度为 80mm，中间开洞与管道紧贴，圆环开口处搭接宽度为 5~10mm，圆环 L 外圈与卷材 A 的有效焊接宽度≥10mm。管道采用卷材包裹，包裹卷材自行搭接及焊缝宽度为 30mm。包管卷材至管根应加热拉伸与平面卷材搭接，搭接宽度≥15mm。

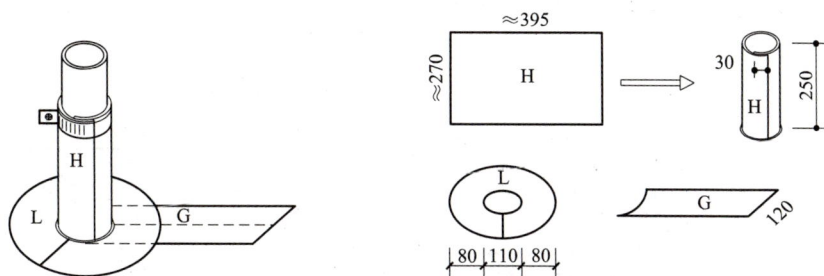

图 9-37 出屋面管防水卷材做法

8）所有立面和节点处理采用 1.5 厚 H 类 PVC 防水卷材。立面卷材下翻至平面 120mm，盖住 U 形压条。立面卷材由 2 块组成，竖向搭接宽度 80mm（图 9-38）。立面卷材上口采用收口压条固定，压条上口与卷材平齐，固定螺钉间距小于 200mm，压条上口打密封胶，密封胶应连续饱满。出屋面管金属箍与卷材上口齐平，并施打密封胶，密封胶应连续饱满。

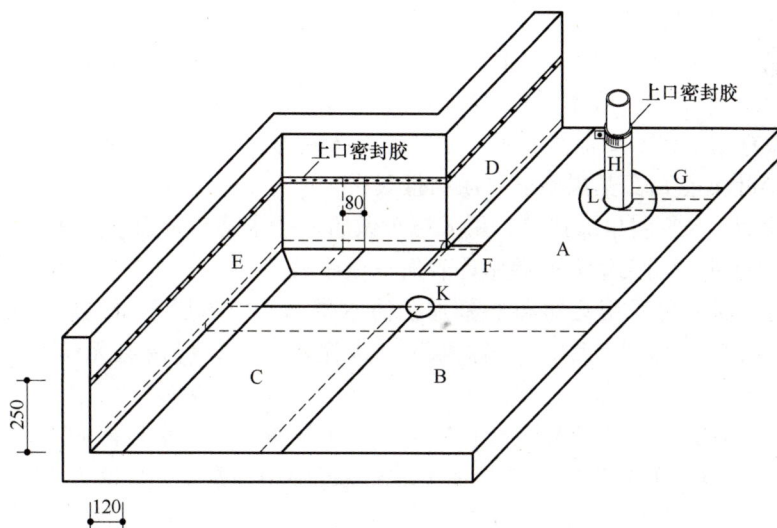

图 9-38 立面防水搭接及卷材压条收口密封

9）立面卷材 E 在"竖向阴角+2 水平阴角"部位应采用规定的标准搭接法进行裁剪搭接。预留宽度应不小于 50mm，折角按 45°裁剪，折角应焊接密实无孔洞（图 9-39）。

10）卷材 A 与卷材 D 的阳角部分，在平面应打上转角补丁 F，补丁通过热塑拉伸，形成竖向阳角覆盖，与平面焊接宽度≥10mm（图 9-40）；卷材 A/B/C 的 T 形接缝用 H 类直径 100mm 卷材补丁，补丁与下面卷材有效焊接宽度≥10mm。

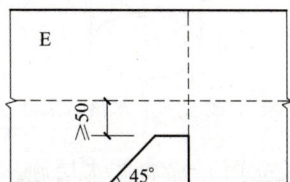

图 9-39 立面防水阴角处理

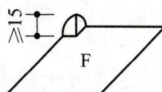

图 9-40 竖向阳角+2 水平阴角补丁

11）PVC 卷材防水层铺贴完成最终样式如图 9-41 所示。

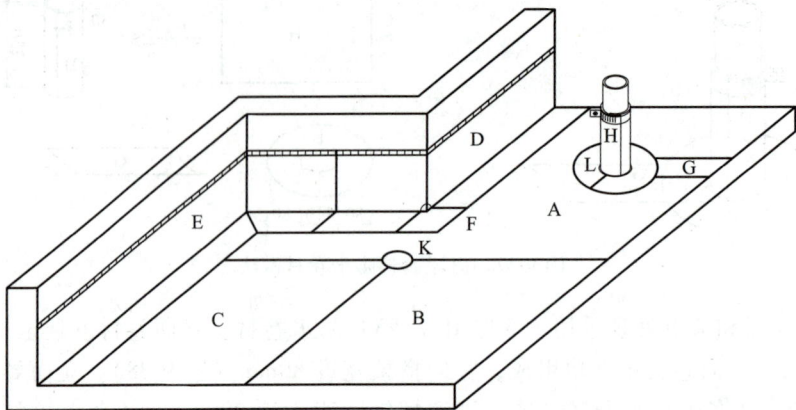

图 9-41　PVC 卷材防水层铺贴完成样式

JS 防水涂料比赛要求：

1）考核准备。防护品佩戴应包括工作服、手套、工作鞋等，护目镜等其他防护品由个人根据需要佩戴。对工具、防水材料及辅助材料、模具、电源等进行检查。

2）防水涂料施工技术要求及说明。涂料施工区域为模型的大平面、女儿墙立面，上下左右各边留出 50mm 空白。基层不需要涂刷打底层。

3）操作顺序：水平阴角加强层，用无纺布做胎基—水落口加强层，用无纺布做胎基—立面与平面涂料防水，用无纺布做胎基—表面一道涂料。

4）平面与立面阴角采用无纺布胎基加强防水层 A，加强层平面宽度与立面高度均为 250mm。加强层采用"涂料+无纺布+涂料"一次完成，涂料应浸透无纺布，不得有露白（图 9-42）。

5）水落口加强防水层采用无纺布 B 做胎基，无纺布深入水落口内 80mm，平面部分无纺布采用"裙分"开衩的方法粘贴在平面上，裙分开叉 12 等分，长度为 50mm。无纺布筒内搭接宽度为 30mm（图 9-43）。

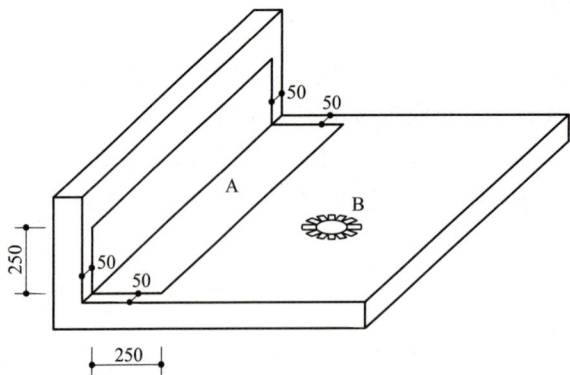

图 9-42　阴角加强层

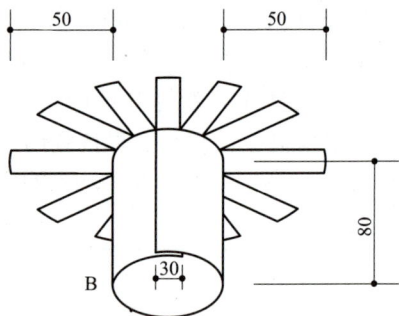

图 9-43　水落口加强层

6）在阴角加强层防水涂料表干后，进行大面（平面及立面）涂料防水层施工。大面涂料防水采用无纺布 C 做胎体增强，"涂料+无纺布+涂料"作为一道工序连续完成，待涂层表干后，全部表面涂刷最后一道涂料。立面与平面的无纺布为连续整块。平面无纺布C在水落口部位应采用"瓜分"的方法将无纺布破开，并向水落口内弯折贴实。水落口无纺布应均匀"瓜分"12等分。

7）JS涂料防水层施工完成样式如图9-44所示。

8）模具要求。模具用15mm厚木板及木档制作，木板表面应平整，模具强度应能承受上人施工作业的要求。出屋面管道及下水落口均采用直径为110mm的硬质PVC管制作，并固定在模具上，不得摇晃或跌落。

9）工位面积及布置要求。工位应符合防水施工操作、模具工具摆放、材料裁剪等需要，长度及宽度不小于3200mm×3200mm，工位平面布置如图9-45所示。

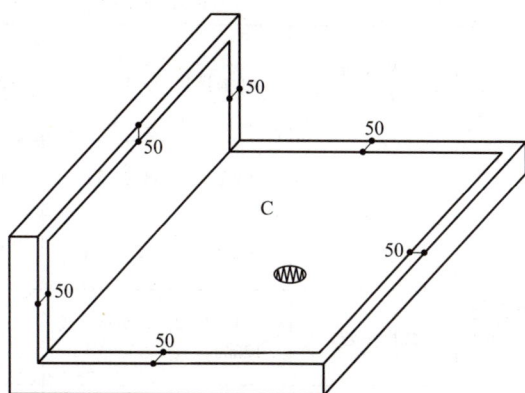

图9-44 JS涂料防水层施工完成样式

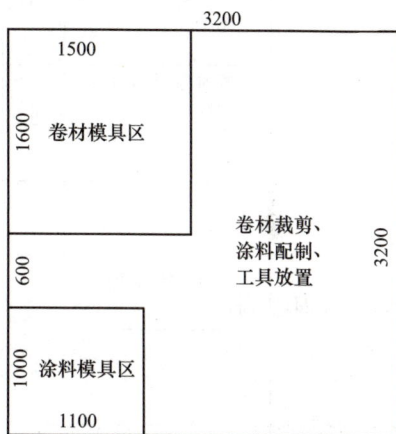

图9-45 工位平面布置

4. 考核评分方法

PVC防水卷材技能操作考核单项满分为100分，JS防水涂料技能操作考核单项满分为100分，安全、熟练及其他满分为100分，三项得分比例分别是：PVC防水卷材65%，JS防水涂料25%，安全、熟练及其他10%，三项累加得分为技能操作考核个人总分（表9-16）。PVC防水卷材技能操作考核单项满分为100分，见表9-17。JS防水涂料技能操作考核单项满分为100分，见表9-18。材料节约、安全及文明施工满分为100分，见表9-19。最终分数四舍五入，计整数分值。

表9-16 技能操作考核各项成绩比例分配

项目	单项分值	比例	满分
PVC防水卷材	100	65%	65
JS防水涂料	100	25%	25
安全、文明、熟练及其他	100	10%	10
合计得分	—	—	100

表9-17 PVC防水卷材技能操作考核标准及评分

序号	内容		满分	标准/检测	扣分	
1	卷材搭接宽度和方向	平面卷材A、B搭接宽度；平面卷材A、C搭接宽度	4	120mm±3mm	各检1处，共检2处	110（含）~117mm或123~130mm（含）	−1
						<110mm或>130mm	−2

（续）

序号	内容		满分	标准/检测		扣分	
1	卷材搭接宽度和方向	平面卷材 B、C 搭接宽度	2	80mm±3mm	检 1 处	70（含）~77mm 或 83~90mm（含）	-1
						<70mm 或 >90mm	-2
		立面卷材 E、C 搭接宽度；立面卷材 D、A 搭接宽度	4	120mm±3mm	各检 1 处，共检 2 处	110（含）~ 117mm 或 123~130mm（含）	-1
						<110mm 或 >130mm	-2
		立面卷材 E、D 搭接宽度	2	80mm±3mm	检 1 处	70（含）~77mm 或 83~90mm（含）	-1
						<70mm 或 >90mm	-2
		平面卷材 A、B 搭接宽度；平面卷材 A、C 搭接宽度	4	顺水搭接	各检 1 处，共检 2 处	逆水搭接	-2
2	卷材固定件	C 形垫片固定牢度	3	垫片牢固无松动	全检	松动一个（最多-3）	-1
		C 形垫片固定间距	2	间距 250mm±5mm	任检 2 处	<245mm 或 >255mm	-1
		C 形垫片固定平直	2	垫片边缘距卷材边缘 10mm±2mm	共检 2 处	不直 或 < 8mm 或 >12mm	-1
3	卷材接缝焊接	平面卷材 A 与卷材 B；平面卷材 A 与卷材 C；平面卷材 B 与卷材 C；立面卷材 D 与卷材 A；立面卷材 E 与卷材 C；立面卷材 E 与卷材 D	18	有效焊接 ≥25mm	平立面各检 1 处，共检 6 处	有效宽度<25mm	-3
4	阴角处理	折角角度	2	45℃±5℃	检 1 处	<35℃ 或 >55℃	-2
		折角顶端	2	不得焊接	检 1 处	预留顶端焊死	-2
		阴角裁剪尺寸	2	预留宽度 ≥50mm	检 1 处	<35mm	-2
		折角焊接密实	4	折角焊接密封严密	检 1 处	无虚焊孔洞	-4
5	阳角处理	阳角上翻高度	3	高度≥15mm	检 1 处	<15mm	-3
		补丁 F 四边焊接	4	剥离有效焊接宽度≥10mm	检 2 处	<10mm	-2
6	卷材 A/B/C 搭接	圆形补丁尺寸	1	直径 100mm±5mm	检 1 处	<95℃ 或 >105℃	-1
		补丁焊接	2	焊缝宽度 ≥10m	检 1 处	<10mm	-2

（续）

序号	内容		满分	标准/检测		扣分	
7	U形压条固定	螺钉间距	3	钉子间距≤250mm	3段各检1处	一处>250mm	-1
		端头距阴阳角间距	3	端头距阴阳角转角间距150~180mm	任检3处	每一处<150mm或>180mm	-1
		U形压条贴紧女儿墙	3	U形压条与女儿墙间隙≤3mm	3段各检1处	间隙>3mm	-1
8	收口压条固定	螺钉间距	3	固定螺钉间距≤200mm	3段各检1处	>200mm	-1
		接头或转角端头压条间隙	2	间隙≤2mm	检2处	>2mm	-1
		平齐顺直	2	压条上口高度250mm±5mm	检2处	<245mm或>255mm	-1
		密封胶	2	密封胶光滑饱满无溢胶	检2处	不光滑、缺胶或溢胶	-1
9	出屋面管道节点防水	管道穿A卷材	2	应破口	检1处	无破口套入	-2
		盖缝条G居中粘贴	2	单边60mm±5mm	检1处	<55mm或>65mm	-2
		盖缝条G两长边与卷材A焊接	4	有效焊缝宽度≥10m	检2处	<10mm	-2
		圆环L与卷材A焊接	2	焊缝宽度≥10m	检1处	<10mm	-2
		圆环L破口拉伸焊接	2	焊缝宽度5~10mm	检1处	<5mm或>10mm	-2
		卷材H包裹管道高度	2	250mm±5mm	检1处	245~240mm（含）或255~260mm（含）	-1
						<240mm或>260mm	-2
		包裹管道卷材H搭接及焊缝宽度	3	30mm±5mm	检1处	<25mm或>35mm	-3
		卷材H管根与圆环L搭接宽度	2	有效焊缝宽度≥10m	检1处	<10mm	-2
		管道卷材H上部收头金属箍固定	2	金属箍固定牢固无松动	检1处	无金属箍或金属箍未箍紧，可转动	-2

表 9-18 JS 防水涂料技能操作考核标准及评分

序号	内容		满分	标准/检测		扣分	
1	无纺布加强层A裁剪尺寸	水平阴角加强层，立面高度	10	250mm±5mm	检1处	245~235mm或255~265mm	-4
						<235mm或>265mm	-10
		水平阴角加强层，平面宽度	10	250mm±5mm	检1处	245~235mm或255~265mm	-4
						<235mm或>265mm	-10

（续）

序号	内容		满分	标准/检测		扣分	
2	水落口节点防水	无纺布胎基B深入管内	10	80mm±10mm	检1处	70~60mm 或 90~100mm	−4
						<60mm 或 >100mm	−10
		无纺布胎基B上翻至平面"裙分"处理	6	破开不小于12份	检1处	≤12份	−6
			6	"裙分"长度50mm±5mm	检1处	<45mm 或 >55mm	−6
3	平面无纺布水落口处理	平面无纺布C水落口采用"瓜分"开孔	6	分12份	检1处	≤8份	−6
4	平面及立面大面防水层	平立面无纺布胎基铺贴	10	平面和立面无纺布为一整块	检1处	分块铺贴	−10
5	涂料防水层表观质量	涂层均匀、涂料将无纺布浸透不露白；无生粉颗粒；无堆积；立面无流挂、周边收头平直，防水层面无皱褶	6	涂层均匀，无纺布浸透不露白	检2处	1处不均匀或露白	−3
			6	无生粉颗粒		2粒生粉颗粒	−3
						3粒及以上生粉颗粒	−6
			6	阴角及其他部位涂料无堆积		1处涂料堆积	−3
						2处及以上涂料堆积	−6
			6	立面无流挂		1处涂料流挂	−3
						2处及以上涂料流挂	−6
			6	防水层面无皱褶		1处皱褶	−3
						2处及以上皱褶	−6
			12	留边50mm±5mm	共6边	<45mm 或 >55mm	−3

表 9-19　材料节约、安全及文明施工评分

序号	内容	满分	标准/检测		扣分	
1	材料节约	40	PVC防水卷材P类2.2m×2m		超用>2.2m×2m	−10
			PVC防水卷材H类1m×2m		超用>1m×2m	−10
			防水涂料5kg		超用>5kg	−10
			无纺布4m×1m		超用>2.5 m×1m	−10
2	安全	30	人身安全		操作过程发生自己或造成他人割破手、扭伤等伤害	−30
3	文明施工	30	穿着工作服、工作鞋		穿着不利于施工操作的服饰和无罗口的长袖、工作服不扣纽扣敞开着、穿着不利于施工操作的拖鞋等	−10
			佩戴安全帽		未佩戴安全帽	−10
			完工后工位物品摆放整齐地面干净，无垃圾		未进行清理	−10

5. 评分注意事项

1）考核评分。竞赛结束在进行评分工作之前，由裁判长将裁判员依照量测与记录的任

务进行分组。

2）裁判的具体评判依据应符合竞赛技术文件的要求。

3）评分工作进行时量测的结果必须有另一位非量测的裁判人员进行数据复核。

4）评分结果的记录，应有一位非记录裁判员对数据复核。

5）考核成绩经裁判员评定后，由工作人员依据裁判员签名评分记录原件输入成绩。考核成绩如有疑义，需经裁判员3人以上提议，由裁判长召集所有裁判员重新评定；如无法达成共识，请监督仲裁委员裁决，一旦确认任何人不得再提修改或异议。

6. 考场规则

1）参赛选手应提前15分钟携带认可的自备工具，持身份证及抽取的工位号进入赛场。着装及安全帽的佩带应符合安全要求。考核正式开始后，迟到15分钟及以上的选手，不得进入赛场。

2）裁判长在选手候赛时间内将考核任务书下发到各工位，参赛选手根据任务书的要求合理计划安排。

3）参赛选手应听从裁判长发布考核开始指令后正式开始操作，充分利用现场提供的所有条件完成竞赛任务。

4）除非赛项要求，选手应使用赛场提供的设备和工具。可根据自己所参加赛项，携带本技术文件中所列的个人设备和工具进入赛场。不得损坏、拆卸、改装赛场提供的设备和工具，违者取消比赛资格。

5）在考核过程中，选手应遵守安全操作规程，接受裁判员的监督和警示，确保人身安全。因参赛选手个人误操作造成或可能造成人身安全事故或设备故障时，裁判长有权中止选手竞赛。如非参赛选手因素出现的设备或工具故障而无法继续竞赛时，可为参赛选手更换设备或工具（选手自带设备和工具赛场不负责更换），并给参赛选手补足所耽误的考核时间。

6）参赛选手如提前结束考核，应举手向裁判员示意，由裁判员进行结果时间记录。参赛选手结束考核后不得再进行任何操作，离场后也不得再进入赛场。

7）裁判长在竞赛结束前15分钟进行考核剩余时间提醒，裁判长发布竞赛结束指令后，未完成操作的参赛选手应立即停止。

8）参赛选手应按照程序提交考核结果，裁判员在考核结果的规定位置做标记，并经双方签字确认。

9）竞赛过程中，领队、指导教师等非参赛选手不得进入考核场地。

7. 安全文明事项

1）赛场应按规定设置消防等安全设施，参赛选手应穿长袖、长裤腿工装，平底工作鞋，安全帽、手套等劳动保护用品，佩戴齐全，不得有能表明身份的标识。

2）考核任务完成后，应及时清理现场，并将剩余材料搬运到指定地点。场地提供的工具应按要求摆放整齐。

3）赛场内除指定的监考裁判、工作人员外，其他人员未经组委会同意不得进入赛场。

4）参赛选手在技能操作中应确保安全文明、无事故。

8. 基本要求

1）赛场环境。赛场除应满足参赛选手工位面积外，还需满足裁判巡视检测通道、应急通道，安全出口、疏散通道等标识规范、清晰，应急照明完好无损。

2）安全教育。参赛选手参赛前应接受过系统的职业安全教育；赛前裁判长应宣读竞赛规则、安全注意事项。各参赛代表团领队人员应按规定时间节点，组织参赛选手报名检录，以及在整个竞赛期间管理好参赛选手，提醒参赛选手注意人身健康与财物安全。

3）环境保护。赛场应保持环境整洁卫生，垃圾集中存放、分类处理。参赛选手要做好个人劳动保护，按照要求穿戴工作服装、安全鞋、手套、安全眼镜等劳保用品，遵守职业规范。

9.5.2 防水工程常见质量问题分析

分析表 9-20 中防水工程一些常见质量问题，填写防治措施。

表 9-20 防水工程常见质量问题分析

常见问题	现象	防治措施
卷材防水层开裂	沿预制板支座、变形缝、挑檐处出现规律性或不规则裂缝	
沥青胶流淌	沥青胶软化、使卷材移动而形成皱褶或被拉空、沥青胶在下部堆积或流淌	
防水层鼓泡	防水层出现大量大小不等的鼓泡、气泡，局部卷材与基层或下层卷材脱空	
沥青胶老化、龟裂	沥青胶出现变质、裂缝等情况	

9.6 实训自评

如实填写表 9-21。

表 9-21 实训自评

姓名： 岗位职务： 班级： 学号： 组别：			
目标	掌握	了解	不会
防水工程的技术要求和工艺的基本知识			
完成防水工程施工任务			
进行防水工程的质量检验			
分析并解决防水工程常见质量问题			
总结与提高			
你在整个任务完成过程中做得好的是什么？还有什么不足？有何打算？			
你在整个任务完成过程中出现了哪些问题？你是如何解决的？你还有什么问题不能解决？			
教师评价			

参 考 文 献

［1］ 杨谦，武强. 建筑施工技术［M］. 北京：北京理工大学出版社，2015.

［2］ 张超，赵航. 建筑施工技术综合实务［M］. 北京：北京理工大学出版社，2018.

［3］ 刘彩峰. 建筑施工专业综合实务［M］. 北京：北京理工大学出版社，2018.

［4］ 中华人民共和国住房和城乡建设部. 混凝土结构工程施工质量验收规范：GB 50204—2015［S］. 北京：中国建筑工业出版社，2015.

［5］ 中华人民共和国住房和城乡建设部. 砌体结构工程施工质量验收规范：GB 50203—2011［S］. 北京：中国建筑工业出版社，2011.

［6］ 中华人民共和国住房和城乡建设部. 建筑装饰装修工程质量验收标准：GB 50210—2018［S］. 北京：中国建筑工业出版社，2018.

［7］ 中华人民共和国住房和城乡建设部. 建筑与市政工程防水通用规范：GB 55030—2022［S］. 北京：中国建筑工业出版社，2022.

［8］ 中华人民共和国住房和城乡建设部. 回弹法检测混凝土抗压强度技术规程：JGJ/T 23—2011［S］. 北京：中国建筑工业出版社，2011.

［9］ 中华人民共和国住房和城乡建设部. 建筑施工扣件式钢管脚手架安全技术规范：JGJ 130—2011［S］. 北京：中国建筑工业出版社，2011.

［10］ 中华人民共和国住房和城乡建设部. 建筑施工承插型盘扣式钢管脚手架安全技术标准：JGJ/T 231—2021［S］. 北京：中国建筑工业出版社，2021.